T0181308

ifaa-Edition

ifaa-Research

Reihe herausgegeben von

ifaa – Institut für angewandte Arbeitswissenschaft e. V., Düsseldorf, Deutschland

Die Buchreihe ifaa-Research berichtet über aktuelle Forschungsarbeiten in der Arbeitswissenschaft und Betriebsorganisation. Zielgruppe der Buchreihe sind Wissenschaftler, Studierende und weitere Fachexperten, die an aktuellen wissenschaftlich-fundierten Themen rund um die Arbeit und Organisation interessiert sind. Die Beiträge der Buchreihe zeichnen sich durch wissenschaftliche Qualität ihrer theoretischen und empirischen Analysen ebenso aus wie durch ihren Praxisbezug. Sie behandeln eine breite Palette von Themen wie Arbeitsweltgestaltung, Produktivitätsmanagement, Digitalisierung u. a.

Jessica Schweiger

Präventive Schwachstellenanalytik mit Methodenzuweisung zur Produktivitätsoptimierung von Fertigungsbetrieben der Automobilzulieferindustrie

Jessica Schweiger
Bensheim, Deutschland

ISSN 2364-6896 ISSN 2364-690X (electronic)
ifaa-Edition
ISSN 2662-3609 ISSN 2662-3617 (electronic)
ifaa-Research
ISBN 978-3-662-68768-0 ISBN 978-3-662-68769-7 (eBook)
https://doi.org/10.1007/978-3-662-68769-7

Die Deutsche Nationalbibliothek verzeichnet diese Publikation in der Deutschen Nationalbibliografie; detaillierte bibliografische Daten sind im Internet über http://dnb.d-nb.de abrufbar.

Planung/Lektorat: Alexander Grün
Springer Vieweg ist ein Imprint der eingetragenen Gesellschaft Springer-Verlag GmbH, DE und ist ein Teil von Springer Nature.
Die Anschrift der Gesellschaft ist: Heidelberger Platz 3, 14197 Berlin, Germany

Das Papier dieses Produkts ist recyclebar.

Vorwort – Schwachstellen im Betrieb frühzeitig erkennen

Frau Dr. Schweiger beschreibt im vorliegenden Band der Buchreihe ifaa-Research einen Paradigmenwechsel in der Unternehmensführung: Statt der traditionellen, reaktiven Analyse von Vergangenheitsdaten rücken moderne, präventive und prognostizierende Ansätze in den Fokus. Schwachstellen im Betrieb werden frühzeitig erkannt – Probleme treten gar nicht erst ein.

Die aktuelle Herausforderung vieler Industrieunternehmen besteht darin, durch die Nutzung digitaler Technologien Innovations- und Produktivitätspotenziale zu erschließen und gleichzeitig Reibungsverluste bei der Einführung und Nutzung zu vermeiden, die Kompetenzen der Mitarbeiter zu ergänzen und weiterzuentwickeln sowie das technische System so zu gestalten, dass die Arbeit der Beschäftigten möglichst optimal unterstützt wird.

Die Digitalisierung, mit Begriffen wie Industrie 4.0 und Künstliche Intelligenz, spielt mittlerweile eine zentrale Rolle im betrieblichen Produktions- und Produktivitätsmanagement. Dies insbesondere aufgrund des wachsenden globalen Wettbewerbsdrucks, zunehmender Flexibilisierungszwänge und unvorhergesehenen Lieferketteninstabilitäten. Unternehmen erkennen die Notwendigkeit, ihre Prozesse systematisch zu gestalten, zu analysieren und zu optimieren. Im Gegensatz zu früheren Ansätzen, die sich auf die Optimierung von Teilprozessen konzentrierten, liegt der Fokus heute auf einer ganzheitlichen Betrachtung des Produktionssystems. Eine wichtige Voraussetzung für die Produktivitätsoptimierung ist die Schaffung einer Kultur der ständigen Suche nach Verschwendung und Prozessorientierung. **Es ist von Bedeutung, Schwachstellen in Prozessen, Abläufen, in der Organisation und im Arbeitssystem präventiv zu identifizieren, bevor sie zu Problemen werden.**

Der digitale Fortschritt erfordert einen Paradigmenwechsel in der Unternehmensführung, insbesondere in den Bereichen Planung, Prognose und Reporting. Statt der traditionellen, reaktiven Analyse von Vergangenheitsdaten rücken moderne, präventive und prognostizierende Ansätze in den Fokus. Unternehmen müssen aus einer Flut von Daten die relevanten Informationen herausfiltern, um entsprechende Schwachstellen zu identifizieren und die richtigen Maßnahmen zur Fehlervermeidung abzuleiten. Big Data und Predictive Analytics ermöglichen es, automatisierte und hochwahrscheinliche Prognosen zu erstellen. Sie bieten auch die Grundlage für zukunftsorientierte Entscheidungsfindung. Eine hohe Qualität der Informationen ist entscheidend für den Erfolg dieser neuen Ansätze und für den reibungslosen Betriebsablauf. Gegenwärtig werden Daten bereits für die frühzeitige Erkennung von Problemen genutzt, jedoch nur auf Mikroebene und nicht in Makro-Arbeitssystemen oder kompletten Fertigungsbereichen. Mit der Digitalisierung wächst die Datenmenge exponentiell, aber es fehlt eine Gesamtkonzeption, um relevante Daten herauszufiltern und produktivitätssteigernde Methoden darauf anzuwenden.

Verlangt wird eine Struktur, die einerseits die gezielte Datenerfassung an verschiedenen Elementen eines Arbeitssystems ermöglicht und andererseits die Echtzeitauswertung dieser Daten unterstützt, bei der ein Fertigungsbereich ganzheitlich betrachtet wird. Hier setzt die Publikation von Frau Dr. Schweiger an.

Beschrieben wird eine Schwachstellenanalytik als ganzheitlicher Ansatz zur Produktivitätsoptimierung. Diese Analytik soll im Kontext der Digitalisierung und des Machine Learnings dazu beitragen, verbliebene Produktivitätspotenziale systematisch auszuschöpfen. Insbesondere in der Automobilzulieferindustrie, die einem hohen Wettbewerbsdruck ausgesetzt ist, kann dieser Ansatz von großem Nutzen sein. Das Ziel ist die Erstellung eines ganzheitlichen Algorithmus, der von der Kennzahl über die Schwachstellenidentifikation zur (Lösungs-/Verbesserungs-)Methode führt. Diese Analytik berücksichtigt sowohl Mikro- als auch Makro-Arbeitssysteme und beinhaltet Kriterien zur Arbeitsaufgabe, Arbeitsablauf, Eingaben und Ausgaben. Ziel der Analytik ist es, eine Schwachstelle rechtzeitig zu identifizieren und mittels zugeordneter Lösungsmethode zu beseitigen. Präventiv werden dadurch möglich eintretende Störungen reduziert und einhergehende Produktivitätsverluste vermieden.

Prof. Dr.-Ing. habil. Sascha Stowasser
ifaa – Institut für angewandte Arbeitswissenschaft e. V.

Präventive Schwachstellenanalytik mit Methodenzuweisung zur Produktivitätsoptimierung von Fertigungsbetrieben der Automobilzulieferindustrie

zur Erlangung des akademischen Grades einer

DOKTORIN DER INGENIEURWISSENSCHAFTEN
(Dr.-Ing.)

an der KIT-Fakultät für Maschinenbau des Karlsruher Instituts für Technologie (KIT) genehmigte

DISSERTATION

von

Jessica Schweiger

Tag der mündlichen Prüfung: 10. November 2023
1. Referent: Prof. Dr. Sascha Stowasser
2. Referentin: Prof. Dr. Dr.-Ing. Dr. h. c. Jivka Ovtcharova

Kurzfassung

Unternehmen jeder Branche und Größe bieten hohes Potenzial zur Produktivitätssteigerung in den Fertigungsbereichen. Im Laufe dieser Arbeit wird aufgezeigt, wie mit einer ganzheitlichen Schwachstellenanalytik und passender Zuweisung von anzuwendenden Methoden zur Schwachstellen-beseitigung, Potenziale der Produktivitätssteigerung identifiziert und erreicht werden können. Digitalisierung und vornehmlich Künstliche Intelligenz helfen dabei als unterstützende Kraft.

In dieser Arbeit bezeichnen Schwachstellen die Diskrepanz zwischen einem vorhandenen Ist- und dem gewünschten Soll-Zustand, die zu Störungen in der Wertschöpfung und damit zu Produktivitätsminderung führen könnten. Dazu zählen auch unerkannte Verschwendungen beziehungsweise nicht ausgeschöpfte Potenziale des Lean Managements. Die gezielte Schwachstellenanalyse ist Voraussetzung für die korrekte Auswahl und Anwendung von entsprechenden Methoden zur Produktivitätsoptimierung. Insbesondere vor dem Hintergrund des aktuellen digitalen Fortschritts sollten Schwachstellen theoretisch innerbetrieblich erkennbar sein, aber entsprechend anzuwendende Methoden sind meist im Unternehmen nicht bekannt oder erlernt. Daher wird im Rahmen dieser Dissertation ein systematischer Weg von der Schwachstelle zur richtigen Methode gewiesen. All diese Inhalte wurden in einer Schwachstellenanalytik erarbeitet. Diese dient zur Verfeinerung der Modelle im Machine Learning in Form abgelegter Wissensbestandteile basierend auf Big Data, ergänzt durch die Nachbildung eines Teils des menschlichen Problemlösungsverhaltens in Form von strukturierten Entscheidungsabläufen.

Die folgenden Forschungslücken wurden in dieser Dissertation adressiert:

- Es gilt die betrieblichen (potenziellen) Schwachstellen zu identifizieren und zu behandeln, nicht die bereits aufgetretenen Störungen.
- Es existieren viele Einzelmethoden, die bislang nicht vollumfänglich kriteriengeleitet und situationsspezifisch zugewiesen werden.
- Eine Schwachstellenanalytik als neue ganzheitliche Vorgehensweise im Kontext der Digitalisierung wird bei der Ausschöpfung verbliebener Produktivitätspotenziale im Rahmen des Machine Learnings unter-stützen.

Im Aufbau startet diese Dissertation zunächst mit Begriffsdefinitionen zum detaillierteren Verständnis der Schwachstellenanalytik. Im weiteren Verlauf wird eine Struktur betrieblicher Schwachstellen erarbeitet, ergänzt durch einen entsprechenden Kennzahlenkatalog sowie Methodenkatalog. Dabei wird ein erhebliches Mengengerüst erkennbar:

- Die Erarbeitung einer grundlegenden Struktur betrieblicher Schwach-stellen zeigt einen Schwachstellenkatalog mit 297 potenziellen Schwachstellen,
- der Kennzahlenkatalog beinhaltet 264 bekannte Kennzahlen und
- der Methodenkatalog enthält 551 verschiedene Methoden.

Die Erforschung und Evaluation der Schwachstellenanalytik erfolgte anhand eines exemplarischen Stanzkontaktes. Die grundlegende Prozessfähigkeit wurde bestätigt. Anschließend wurden gezielt Korrelationen untersucht und eine Ampelprognose entwickelt. Die Verifizierung erfolgte mittels eines erneuten Datensets desselben Produktes. Die Schwachstellenanalytik wurde in ihren Grundzügen mathematisch formuliert. Die Erprobung anhand eines Montage-Prozesses bestätigte die Reproduzierbarkeit und Funktionalität der Schwachstellenanalytik. Letztlich können erhebliche Produktivitätspotenziale belegt und so der Mehrwert der Schwachstellenanalytik zur Modell-verfeinerung von Machine Learning in Fertigungsbereichen bestätigt werden.

Inhaltsverzeichnis

Abbildungsverzeichnis

Tabellenverzeichnis

Formelverzeichnis

Abkürzungen

5G	Fünfte Generation der Datenübertragung
5M	Mensch, Maschine, Mitwelt, Methode, Messsystem
5V	Volume, Variety, Velocity, Veracity, Value
Abb.	Abbildung
ACIA	Alliance for Connected Industries and Automation
AI	Artificial Intelligence
AIAG	Automotive Industry Action Group
BI	Business Intelligence (Geschäfts-Intelligenz)
CAM	Component and Aggregate Manufacturer
CPL	Lower Capability Index (Unterer Prozessfähigkeitsindex)
CPU	Upper Capability Index (Oberer Prozessfähigkeitsindex)
CS	Customer Service (Kundenservice)
csv	comma-separated values
d	Tag
DIN	Deutsches Institut für Normung e. V.
dSPC	Digital Statistical Process Control (digitale statistische Prozesskontrolle)
EFQM	European Foundation for Quality Management
EG	Eingriffsgrenze
EN	Europäische Norm
ERA	Entgeltrahmenabkommen
ERP	Enterprise Resource Planning
E/SC	Einkauf und Supply Chain
FB	Fensterbreite
ID	Identifikationsnummer
ifaa	Institut für angewandte Arbeitswissenschaft e. V.
ifak	Institut für Automation und Kommunikation e.V.
ifo	Leibniz-Institut für Wirtschaftsforschung an der Universität München e.V. (abgekürzt für **I**nformation und **Fo**rschung)
IoT	Internet of Things
ISO	International Organization for Standardization
IT	Informationstechnologie
F	Finanzen

GENESIS	Grundlegende Effektivitätsverbesserung nach einer Schulung in Schlanker Organisation, Produktion und Verwaltung
h	Stunde
HR	Human Resources (Personalabteilung)
K	Kennzahl
KI	Künstliche Intelligenz
KIT	Karlsruher Institut für Technologie
KPB	Kompaktverfahren Psychische Belastung
KVP	Kontinuierlicher Verbesserungsprozess
m	Monat
M	Methode
mat	Microsoft Access Tabelle
min	Minute
ML	Machine Learning
MTM	Methods-Time Measurement
MS	Microsoft Corporation
OEE	Overall Equipment Efficiency
OEG	Obere Eingriffsgrenze
OEM	Original Equipment Manufacturer
OPS	Operations (Produktion)
OTG	Obere Toleranzgrenze
OWG	Obere Warngrenze
PCB	Printed Circuit Board
PDCA	Plan – Do – Check – Act
PE	Produktentwicklung
PN	Part Number (Teilenummer)
ppm	Parts per Million
PPS	Produktionsplanung und -steuerung
Q	Qualität
R	Recht
RADAR	Results – Approach – Deployment – Assessment – Review
REFA	Verband für Arbeitsgestaltung, Betriebsorganisation und Unternehmensentwicklung e. V. (ehemals **Re**ichsausschuss **f**ür **A**rbeitszeitermittlung)
s	Sekunde
S	Schwachstelle
S&OP	Sales & Operations Planning (Sales- & Produktionsplanung)

S&PM	Sales & Produktmanagement
SSA	Schwachstellenanalytik
SPC	Statistical Process Control (Statistische Prozesskontrolle)
SQL	Structured Query Language
TE	TE Connectivity ('TE' - ursprünglich Tyco Electronics)
TEOA	TE Operating Advantage
TQM	Total Quality Management
txt	Text
UEG	Untere Eingriffsgrenze
UTG	Untere Toleranzgrenze
UWG	Untere Warngrenze
V	Verifizierung
VDA	Verband der Automobilindustrie e.V.
VDE	Verband der Elektrotechnik Elektronik Informationstechnik e.V.
VDI	Verein Deutscher Ingenieure e.V.
VDMA	Verband Deutscher Maschinen- und Anlagenbau
y	Jahr
ZVEI	Verband der Elektro- und Digitalindustrie e.V.

Vorwort

Betriebliches Produktivitätsmanagement gewinnt an immer mehr Bedeutung, insbesondere dem stetig wachsenden und globalen Wettbewerbsdruck geschuldet. Daher erkennen Unternehmen die Notwendigkeit der Gestaltung ihrer betrieblichen Prozesse mittels entsprechender methodischer Unterstützungen entlang ihrer langfristig gesetzten strategischen Ausrichtung. In diesem Sinne sind auch die Planung und Kontrolle der Produktivität unerlässlich.[1]

In der Vergangenheit standen insbesondere die Optimierung von Teilprozessen im Vordergrund. Das moderne Produktivitätsmanagement ist hingegen gekennzeichnet durch eine ganzheitliche Betrachtung und Umsetzung eines Produktionssystems mit dem Ziel, eine konsequente Produktivitätssteigerung im gesamten Wertstrom zu erreichen[2], wobei die Digitalisierung als Treiber und Unterstützer eine wesentliche Rolle spielt. Schlagwörter wie Industrie 4.0, Smart Factory, Big Data Analytics und Künstliche Intelligenz sind im jetzigen digitalen Zeitalter nicht mehr wegzudenken. Schließlich werden Unternehmen immer komplexer und damit wachsen auch die Anzahl der verfügbaren Daten und Informationen rasant. Es gilt fortan, die korrekten beziehungsweise wichtigen Daten aus dem riesigen Pool („Big Data") auszuwählen, auszuwerten und entsprechende Entscheidungen zu treffen beziehungsweise Maßnahmen und Methoden anzuwenden.

Eine wesentliche Voraussetzung für die Produktivitätsoptimierung sind die Schaffung einer Kultur und Führung zur stetigen Verschwendungssuche und Prozessorientierung. Infolge von Kurzlebigkeit und schnell wechselnder Schwerpunkte kann jedoch übergeordnetes und umfassendes Methodenwissen und -verständnis verloren gehen. Daher ist hier ein systematischer Methodeneinsatz gemäß dem Reifegrad des Unternehmens anzusetzen.[3] Es ist wichtig zu erkennen, dass nicht das (bereits reale) Problem die anzuwendende Methode zieht, sondern dass basierend auf Echtzeitdaten Schwachstellen identifiziert werden können und eben diese die anzuwendenden Methoden bestimmen.

Oftmals legen Unternehmen mehr Fokus auf immer schlankere Organisationsstrukturen als auf effizientere produktions- und produktivitätserhöhende Methoden.[4] Folgend führt dies zum Stagnieren oder gar zum beträchtlichen Abbau bis hin zum vollständigen Verschwinden des methodischen Wissens zur Prozessgestaltung. Eben dieser Abbau der Methodenkompetenz in Zusammenspiel mit einer schwach-strukturierten Prozessgestaltung stehen eindeutig im Widerspruch zu den Anforderungen an die Unternehmen im Wettbewerb um innovative Produkte und Dienstleistungen sowie effiziente, wandlungsfähige Prozesse standhaft zu bleiben.[5] Die Lösung: Eine systematische Produktivitätsentwicklung. Das heißt im Detail, eine ganzheitliche, methodische Planung, Steuerung als auch Kontrolle der unternehmerischen Produktivitätsoptimierung unter Berücksichtigung von Mensch, Material und Maschine zu etablieren.[6] Standardisierung spielt dabei

---

[1] (Stowasser, 2013), S. 5

[2] (Stowasser, 2013), S. 6

[3] (Stowasser, 2013), S. 7

[4] (Stowasser, 2013), S. 13

[5] (Stowasser, 2013), S. 14

[6] (Stowasser, 2013), S. 23

eine wichtige Rolle: Arbeitsabläufe können einheitlich unterwiesen werden. Gleichzeitig wird eine allgemein gültige und transparente Grundlage für die kontinuierliche Verbesserung der Prozesse geschaffen.[7] Eine weitere wichtige Voraussetzung ist die Methodenkompetenz, sprich die „Fähigkeit zur Anwendung von Methoden der Zeitwirtschaft, zur Ermittlung arbeitswirtschaftlich relevanter Daten bis hin zu einer modernen, ganzheitlichen Gestaltung von Produktionsprozessen entlang des Wertstroms".[8]

Insbesondere vor dem Hintergrund der zunehmenden Digitalisierung wird es künftig möglich sein, eben solche Daten und Informationen abzugreifen und auszuwerten, die bis dato nicht zur Produktivitätsoptimierung genutzt werden konnten, was im Rahmen dieser Arbeit der Ausarbeitung der Schwachstellenanalytik dienlich sein wird.

Ziesemer sagte auf der Jahrestagung des ZVEI im Jahre 2018: „Der Trend in Richtung Digitalisierung und Vernetzung beschleunigt sich weiter. Dabei werden Branchengrenzen durchbrochen, beispielsweise setzen produzierende Unternehmen stark auf IT-Lösungen und Konzepte von Machine Learning (ML) und Künstliche Intelligenz (KI). Es bedeutet für viele Unternehmen Chance und Risiko zugleich: Entweder man behält den Anschluss und ist dabei oder eben nicht.[9] Weiter stellt er fest, dass KI einer der Schlüsselfaktoren für Industrie 4.0 ist. KI hat eine extrem große wirtschaftliche Bedeutung für Sprach- und Bilderkennung, Spracheingabe und Autonomie. Diese Aspekte haben gleichwertige Bedeutung in der Produktionsumgebung.[10] Zusätzlich werden Produktlebenszyklen kontinuierlich kürzer.[11] Daher ist eine hohe und vor allem schnelle Adaptionsfähigkeit gefragt. Lange Lernkurven können sich Unternehmen nicht mehr leisten. Letztlich bestätigt Vollmuth, dass „neue Konzeptionen, Instrumente und Techniken eingesetzt werden müssen, damit die Ertrags- und Finanzkraft der Unternehmen wieder verbessert und ihre beiden wichtigsten Ziele, die Sicherung der Rentabilität und der Liquidität, erreicht werden können."[12]

[7] (Stowasser, 2013), S. 26, Vgl. HEM-PEN u.a. 2010, S. 27

[8] (Stowasser, 2013), S. 29, Vgl. Methodensammlung von Baszenski 2012

[9] (Ziesemer, 2018)

[10] (Ziesemer, 2018)

[11] (Weber, 2018)

[12] (Vollmuth,1997), S. 5

1 Einleitung

Unternehmen jeder Branche und Größe bieten noch immer großes Potenzial zur Produktivitätssteigerung in den Fertigungsbereichen. Im Laufe dieser Arbeit wird aufgezeigt, dass mittels Digitalisierung als unterstützende Kraft, sowie einer Gesamtkonzeption entsprechender Schwachstellenanalytik (SSA), gefolgt von Zuweisung anzuwendender Methoden, Potenziale der weiteren Produktivitätssteigerung identifiziert und erreicht werden können. Die folgenden Kapitel erörtern die Motivation, die Problemstellung und forschungsleitenden Fragen, sowie das Vorgehen dieser Arbeit.

1.1 Motivation

Bereits Ackoff stellte folgende These auf: "We fail more often because we solve the wrong problem than because we get the wrong solution to the right problem."[13] In diesem Zusammenhang kann eine Analogie zur Medizin gezogen werden: Mediziner diagnostizieren Krankheiten (Probleme im Organismus), gefolgt von einer gezielten Therapie (Behandlung der identifizierten Probleme). Dabei hätte die Krankheit bereits durch die Diagnose von Schwachstellen (beispielsweise Blutwerte oder Bewegungsmangel) früher erkannt werden können. Ähnlich verhält es sich auch in der Industrie: Unternehmen setzen auf kontinuierliche Verbesserung, wodurch die Anwendung von Verbesserungsmethoden zur schrittweisen Produktivitätssteigerung führen soll. Der Kontinuierliche Verbesserungsprozess (KVP) reagiert allerdings erst dann, wenn das Problem beziehungsweise die Störung bereits existiert. Fortschrittlich wäre demnach, wenn bereits zuvor die Schwachstelle, welche letztlich zum Problem führte, identifiziert und methodische Gegenmaßnahmen präventiv ergriffen werden könnten. Sinnvoll ist eine Katalogisierung der Schwachstellen einer Industriebranche, die im Rahmen einer Schwachstellenanalytik zu den passenden Methoden führt.

Zeigt sich beispielsweise bei der finalen Qualitätskontrolle, dass die Maßhaltigkeit des Produktes nicht eingehalten ist, so hätte dies bereits durch die konsequente Beobachtung von sich negativ entwickelnden Ausschussraten an den Einzelwerkzeugen entdeckt werden können.

Ackoff sagte auch: „A wrong solution to the right problem is generally better than the right solution to the wrong problem, because one usually gets feedback that enables one to correct wrong solutions, but not wrong problems. Wrong problems are perpetuated by right solutions to them."[14] Diese Dissertation verfolgt diesen Ansatz: Arbeitssysteme beziehungsweise Fertigungsbereiche sollen gezielt mittels eines definierten Schwachstellenkatalogs geprüft werden und so präventiv mit entsprechenden Methoden verbessert werden, ehe mögliche Probleme überhaupt auftreten. Dabei ist ein wesentlicher Bestandteil, Informationen zu potenziellen Schwachstellen in der Fertigung in Echtzeit abzugreifen, d.h. die Auswahl und Analyse der „richtigen“ Daten aus dem verfügbaren „Big Data Pool“.

[13] (Ackoff, 1974), S. 8

[14] (Ackoff, 1999), S. 177

J. Schweiger, *Präventive Schwachstellenanalytik mit Methodenzuweisung zur Produktivitätsoptimierung von Fertigungsbetrieben der Automobilzulieferindustrie*, ifaa-Edition, https://doi.org/10.1007/978-3-662-68769-7_1

In dieser Arbeit bezeichnen Schwachstellen die Diskrepanz zwischen einem Ist- und dem gewünschten Soll-Zustand, die zu Problemen in der Wertschöpfung und damit zu Produktivitätsminderung führen könnten. Dazu zählen auch unerkannte Verschwendungen beziehungsweise nicht ausgeschöpfte Potenziale des Lean Managements. Damit ist eine gezielte Schwachstellenanalyse Voraussetzung für die korrekte Auswahl und Anwendung von entsprechenden Methoden zur Produktivitätsoptimierung. Insbesondere vor dem Hintergrund des aktuellen digitalen Fortschritts, sollten Schwachstellen theoretisch innerbetrieblich erkennbar sein, aber entsprechend anzuwendende Methoden sind meist nicht bekannt.

Daher gilt es im Rahmen dieser Dissertation einen systematischen Weg von der Schwachstelle zur richtigen Methode zu weisen. Der jeweilige Anwender soll zielsicher und nachvollziehbar in dokumentationsfähiger Form von der aktuellen, nicht optimalen Betriebssituation (Schwachstelle) zur Problemlösung (Methode) geleitet werden. Schröter stellte bereits vor einigen Jahrzehnten folgende Grundannahme auf, welche im Verlauf dieser Arbeit nochmals aufgegriffen wird: Zu jeder eindeutig definierten betrieblichen Problemsituation kann nur eine einzige oder geringe Auswahl optimaler Methoden gehören.[15] Dabei wird es notwendig sein, eine objektive, kriteriengeleitete Auswahl von Methoden zu entwickeln, die gemäß der identifizierten Schwachstelle zugewiesen werden können.

All diese Inhalte sollen als Schwachstellenanalytik erarbeitet werden. Diese dient letztlich zur Verfeinerung der Modelle im Machine Learning in Form abgelegter Wissensbestandteile basierend auf Big Data, ergänzt durch die Nachbildung eines Teils des menschlichen Problemlösungsverhaltens in Form von strukturierten Entscheidungsabläufen.[16]

Maßgeblich für die Auswahl der anzuwendenden Methoden im Rahmen der Entscheidungsabläufe ist ein nahezu komplettierter Katalog existenter beziehungsweise vor Ort verfügbarer Methoden. Bislang gibt es viele Einzelableitungen (wie KVP, Lean Management, EFQM oder Six Sigma) und bereichsspezifische Methodensammlungen (beispielsweise ausschließlich bezogen auf Produktion oder Qualität), jedoch keine ganzheitliche Methodensammlung, die der übergreifenden Produktivitätsverbesserung dienlich sein könnte. Im Folgenden werden einige Autoren zitiert, die diese Lücke belegen.

Schröter stellt fest, dass „in vielen Fällen die Erkennung von Schwachstellen und folgende Problemlösungen vom aktuellen Wissens- und Erfahrungsstand einzelner ausführender und/oder leitender Mitarbeiter abhängen. Hinzu kommt der Aspekt, dass bereits über 500 verfügbare Einzelmethoden (einschließlich Analyse- als auch Gestaltungsmethoden) existieren.[17]

Die ifaa Methodensammlung umfasst ‚nur' 97 *häufig* angewandte Methoden. „Insgesamt fehlt aber ein Überblick über praktikable Methoden und deren Eignung für spezielle betriebliche Fragestellungen."[18] Hier wurde also die Lücke einer fehlenden übergreifenden Methodensammlung bereits erkannt, allerdings fehlt der Bezug zu konkreten Betriebssituationen und Arbeitssystemen, sowie ein kriteriengeleitetes Vorgehen zur Zuweisung der anzuwendenden Methode.

[15] (Schröter, 1989), S. 170

[16] (Schröter, 1989), S. 171

[17] (Schröter, 1989), S. 167

[18] (ifaa, 2008), S. 8

Auch Klaus, Staberhofer und Rothböck bestätigen, dass „die überwiegende Mehrheit der Unternehmen [...] zur Realisierung der veränderten Zielsetzungen in der Leistungserbringung nach wie vor auf die *gleichen* Methoden und Verfahren setzt."[19]

Nagel erörtert ebenfalls: „Das [...] nicht annähernd alle Methoden beschrieben werden konnten, versteht sich von selbst." Und weiter: „Sollte ein geneigter Leser der Ansicht sein, dass eine wichtige praxiserprobte Methode in dieser Ausarbeitung fehlt, so wäre ihm der Verfasser für einen entsprechenden Hinweis sehr dankbar. Vor dem Hintergrund der heutigen Erkenntnisse wird keine Methode die jeweiligen Praxisprobleme zur absoluten Zufriedenheit lösen können."[20]

Ulrich Thonemann stellt in seinem Buch ‚Operations Management, Konzepte, Methoden und Anwendungen' „[...] Werkzeuge vor, die *häufig* im Operations Management eingesetzt werden."[21]

Becker leitet den Inhalt seines Buches ‚Prozesse in Produktion und Supply Chain optimieren' wie folgt ein: „Dieses Buch soll Manager, Prozessverantwortliche und Projektleiter anregen, Prozesse systematisch zu verbessern [...] und zu besserer Leistung führen. Das Buch beschreibt *zahlreiche* Hilfsmittel, mit denen Prozesse in Produktion und Supply Chain verbessert werden können."[22]

Ähnlich beschreiben Schuh, Zeller und Stich in Ihrem Vorwort: „Das Buch bietet einen schnellen und einfachen Zugriff auf die *wichtigsten* Methoden und unterstützenden Beispiele."[23]

Claus, Herrmann und Manitz bestätigen gleichermaßen: „Gegenstand des vorliegenden Buches sind *ausgewählte* Planungsmodelle sowie Ansätze und Verfahren zur Lösung von Planungsproblemen der operativen Produktionsplanung und -steuerung."[24]

Schmidt vermittelt in seinem Praxisleitfaden *ausgewählte* Grundlagen und Methoden der effizienten Gestaltung von Montagearbeitsplätzen.[25]

Schmelzer und Sesselmann stellen fest: „Bei den genannten Managementkonzepten und -methoden spielen Prozesse eine wichtige Rolle. Gemessen an den Dimensionen der Prozessorientierung decken sie jedoch nur Teilaspekte ab und erzielen nur isolierte Wirkungen."[26]

Und schließlich schreiben Jochem, Mertins und Knothe: „Heute existiert eine immense Vielfalt an Methoden [...], die aus der Unternehmenspraxis nicht mehr wegzudenken sind. Dies induziert einerseits einen erhöhten Bedarf an Herangehensweisen zur systematischen Auswahl [...] und andererseits die Notwendigkeit, sowohl die Software als auch die Prozesse selbst so interoperabel zu gestalten, dass sie [...] einfach zusammenwirken können."[27]

---

[19] (Klaus, Staberhofer, Rothböck, 2007), S. V

[20] (Nagel, 1990), S. 12

[21] (Thonemann, 2015), S. 602

[22] (Becker, 2018), S. V

[23] (Schuh, Zeller, Stich, 2022), S. VI

[24] (Claus, Herrmann, Manitz, 2021), S. V

[25] (Schmidt, 2022), S. 1

[26] (Schmelzer, Sesselmann, 2020), S. 45

[27] (Jochem, Mertins, Knothe, 2010), S. 24ff.

Im Rahmen der Schwachstellenanalytik wird der Fokus auf die Automobilzulieferindustrie gesetzt. In der Automobilindustrie herrscht ein großer Wettbewerb, dass jegliche Schwachstelle ein Hindernis für den wirtschaftlichen Erfolg darstellt. Fandel, Francois und Gubitz bestätigen: „Unter dem Druck des Wettbewerbs ist dabei permanent auf eine gewinnmaximierende Produktion, ihre kostenminimale Umsetzung sowie weiterhin darauf zu achten, dass die Lagerbestände, Rüst- uns Liegezeiten reduziert werden und die Kapazitätsauslastung der Maschinen möglichst hoch ausfällt."[28]

Ferner genießt Deutschland nach wie vor hohes Ansehen als Land der Automobilindustrie. Aber auch hier ist einerseits die Branche stark abhängig von Kunden und Lieferanten, die den Wettbewerbsdruck weiter bestärken. Andererseits ist Deutschland eindeutig ein Hochlohnland. Daher ist eine gezielte, sehr strukturierte Vorgehensweise der Schlüssel, um sämtliche Produktivitätspotenziale ausschöpfen zu können.

Laut Weber ist „[...] ein kostenbewussterer Umgang mit den Ressourcen und noch stärker optimierte Produktionsprozesse als zentrale Möglichkeiten zum Bestehen der Deutschen Unternehmen im globalen Wettbewerb [...] ein Schlüsselfaktor."[29]

Die zu schließenden Forschungslücken dieser Arbeit können wie folgt zusammengefasst werden:

- Wie können systematisch betriebliche Schwachstellen identifiziert und behandelt werden, nicht die bereits aufgetretenen Probleme?
- Wie können die exakt anzuwendenden Einzelmethoden kriteriengeleitet und situations- bzw. schwachstellenspezifisch zugewiesen werden?

Wie kann eine Schwachstellenanalytik als neue ganzheitliche Vorgehensweise im Kontext der Digitalisierung bei der Ausschöpfung verbliebener Produktivitätspotenziale im Rahmen des Machine Learnings unterstützen?

1.2 Problemstellung und forschungsleitende Fragen

Die Corona-Pandemie beschleunigt die digitale Transformation in den Unternehmen der Automobilzulieferindustrie. Gegenwärtig bleiben die digitalen Potenziale noch zu wenig genutzt. Nach Recherche lassen sich einige bedeutende Sachverhalte erkennen: Es werden bereits Daten abgegriffen zum Zwecke der frühzeitigen Erkennung potenziell eintreffender Probleme. Dies geschieht bislang allerdings nur partiell an Mikro-Arbeitssystemen. Makro-Arbeitssysteme, beziehungsweise vollständige Fertigungsbereiche wurden bislang noch nicht im Rahmen ganzheitlicher Produktivitäts-optimierungen betrachtet. Zudem entsteht mit zunehmender Digitalisierung eine exponentiell wachsende Anzahl an Daten. Es existiert jedoch bislang keine Gesamtkonzeption, welche die nutzenbringenden Daten von der Gesamtmasse an Daten extrahiert und folgend produktivitätssteigernde Verweise auf anzuwendende Methoden zur Produktivitätssteigerung gibt.

---

[28] (Fandel, Francois, Gubitz, 1994), S. 1

[29] (Weber, 2011), S. 1

Somit ergeben sich die folgenden forschungsleitenden Fragen:

1) **Wie kann eine ganzheitliche Katalogisierung von betrieblichen Schwachstellen aussehen sowie Schwachstellen kriteriengeleitet und präventiv sowie systematisch identifiziert werden?**

Unternehmen derselben Branche (hier: Automobilzulieferer) weisen ähnliche Schwachstellenprofile auf. Primär müssen eine Transparenz und ein Verständnis von Schwachstellen geschaffen werden. Die Katalogisierung bedient sich bei der Strukturierung an den sieben Elementen eines Arbeitssystems gemäß DIN EN ISO 6385 (Arbeits-aufgabe, Arbeitsablauf, Eingabe, Ausgabe, Arbeits-/Betriebsmittel, Mensch und Umgebungseinflüsse). Des Weiteren gilt es, einen Katalog von Kennzahlen zu erstellen, um schließlich eine Zuordnung treffen zu können, mittels welcher Kennzahlen Schwachstellen kriteriengeleitet, systematisch und präventiv identifiziert werden können.

Beispielsweise könnte die Schwachstelle „Qualität nicht erreicht" durch Variation in den einzelnen Kennzahlen Ausschusskosten, Ausschuss-rate, Anzahl defekter Lose, Kundenbeschwerden oder Anzahl der qualitätsbedingten Störungen an der Maschine indiziert werden. Zudem ist bei der Identifizierung der Schwachstelle eine Kombination aus den eben genannten Kennzahlen denkbar.

2) **Wie lässt sich eine Kennzahlensammlung nutzen, um gezielt basierend auf der Schwachstelle die korrekte Methode zuzuweisen?**

Zunächst ist eine Kennzahlensammlung zu erstellen, welche ausgewählte Kennzahlen enthält, die möglichst weite Anwendung in Fertigungsbereichen finden. In der praktischen Anwendung sollte ein Kennzahlensystem sowohl die Vergangenheit, die Gegenwart als auch die Zukunft berücksichtigen, wobei in der Schwachstellenanalytik dieser Arbeit vorrangig historische und Echtzeit-Daten einfließen. Dabei werden langfristige als auch kurzfristige Kennzahlen berücksichtigt und solche, die nicht ausschließlich Aussagen über den finanziellen Erfolg oder betriebliche Prozesse beinhalten, sondern auch die Perspektiven der Kunden, Mitarbeiter und Gesellschafter berücksichtigen. Sofern Schwachstellen mittels Kennzahlen identifiziert wurden, wird im Folgenden eine Katalogisierung von Methoden benötigt, um die Zuweisung von der Schwachstelle zur Methode realisieren zu können.

Zusammengefasst führt Variation in einer Kennzahl oder mehreren Kennzahlen zur Identifizierung einer Schwachstelle, die dann wiederum die anzuwendende Methode zieht. In der Praxis könnten die Kennzahlen Fehlzeitenquote, Fluktuationsrate, Krankheitsquote und Unfallhäufigkeit Hinweis auf die Schwachstelle „Psychische Belastung zu hoch" geben. Anschließend könnte die identifizierte Schwachstelle durch die Anwendung des KPB-Verfahrens methodisch behandelt werden.

3) Wie kann eine Schwachstellenanalytik vor dem Hintergrund der Digitalisierung und der zunehmenden Verfügbarkeit von Daten zur Produktivitätsoptimierung genutzt werden? Welche Voraus-setzungen müssen erfüllt sein, damit eine Schwachstellenanalytik funktionieren kann?

Mit zunehmender Digitalisierung werden auch zunehmend mehr Daten generiert – an Mikro-Arbeitssystemen, als auch Makro-Arbeitssystemen, Produktionslinien, Fertigungsbereichen und fabrikübergreifend. Diese Daten gilt es über eine analytische Logik zu verarbeiten, um Erkenntnisse über potenzielle Schwachstellen zu gewinnen. Eine Produktivitätsoptimierung kann schließlich dann erreicht werden, wenn die identifizierten Schwachstellen methodisch behandelt wurden.

Grundlegende Voraussetzung für die Funktionstüchtigkeit einer Schwachstellenanalytik ist die möglichst umfassende Anbindung aller vorhandenen Arbeitssysteme an einen Server oder eine Cloud, sodass die generierten Daten letztlich auch automatisiert und in Echtzeit verarbeitet beziehungsweise abschließend protokolliert werden können.

4) Eignet sich eine Schwachstellenanalytik für den Einsatz in der Praxis? Wie kann sichergestellt werden, dass die methodische Behandlung einer Schwachstelle nicht zu einer anderen Schwachstelle führt?

Die Schwachstellenanalytik beschreibt vorrangig die Vorgehensweise, um basierend auf Kennzahlen Schwachstellen zu identifizieren und folgend methodisch zu optimieren oder bestenfalls zu eliminieren. Die Effektivität und Effizienz des Praxiseinsatzes sind stark abhängig vom Reifegrad der Digitalisierung im jeweiligen Unternehmen. Es gilt entsprechende Voraussetzungen zu erfüllen, um die Funktionalität der Schwachstellenanalytik zu gewährleisten.

Die Schwachstellenanalytik darf nicht als Einzelvorgang verstanden werden. Vielmehr bedarf es eines stetigen Regelkreises und einer fortlaufenden Verifizierung der Effektivität und Effizienz von eingesetzten Methoden.

1.3 Vorgehen

Zunächst werden einige allgemeine Begriffsdefinitionen zum detaillierteren Verständnis der SSA abgehandelt. Im Weiteren wird eine Struktur möglicher betrieblicher Schwachstellen erarbeitet, ergänzt durch einen entsprechenden Kennzahlenkatalog sowie Methodenkatalog. Dabei wird ein komplexer Sachverhalt erkennbar werden:

- Ein Schwachstellenkatalog mit 297 potenziellen Schwachstellen,
- ein Kennzahlenkatalog mit 264 bekannten Kennzahlen und
- ein Methodenkatalog mit 551 verschiedenen Methoden.

Mit Hinblick auf das Ziel der Entwicklung einer Schwachstellenanalytik muss zunächst eine grundlegende Struktur potenzieller betrieblicher Schwachstellen unter Berücksichtigung diverser Diagnosefelder erstellt werden (erweiterter Schwachstellenkatalog). Solch ein System kann Kriterien bezogen auf Mikro-Arbeitssysteme oder auch Makro-Arbeitssystemen abfragen. Die Abprüfung wird Kriterien zur Arbeitsaufgabe, Arbeitsablauf, Eingaben, Ausgaben, etc. sowie eine klare Zuweisung von entsprechend anwendbaren Kennzahlen (basierend auf dem Kennzahlenkatalog) beinhalten.

Neben einer zu entwickelnden Logik der Diagnose von Schwachstellen mittels Kennzahlen werden die diagnostizierten betrieblichen Schwachstellen anschließend um den Methodenzugriff erweitert. Ziel ist es, einen ganzheitlichen Algorithmus von der Kennzahl über die Schwachstelle zur Methode zu erstellen. Methode meint in diesem Zusammenhang produktivitätsoptimierende Organisations- als auch Ablaufmethoden. Folgend ist das Knowhow zur Methodennutzung zu beschreiben, d.h. die Erstellung einer praktischen Anleitung zum Zwecke der Anwenderunterstützung („Praktische Anleitung für `Nicht-Experten'"). Abbildung 1.1 zeigt ein Grobkonzept der zu entwickelnden Schwachstellenanalytik.

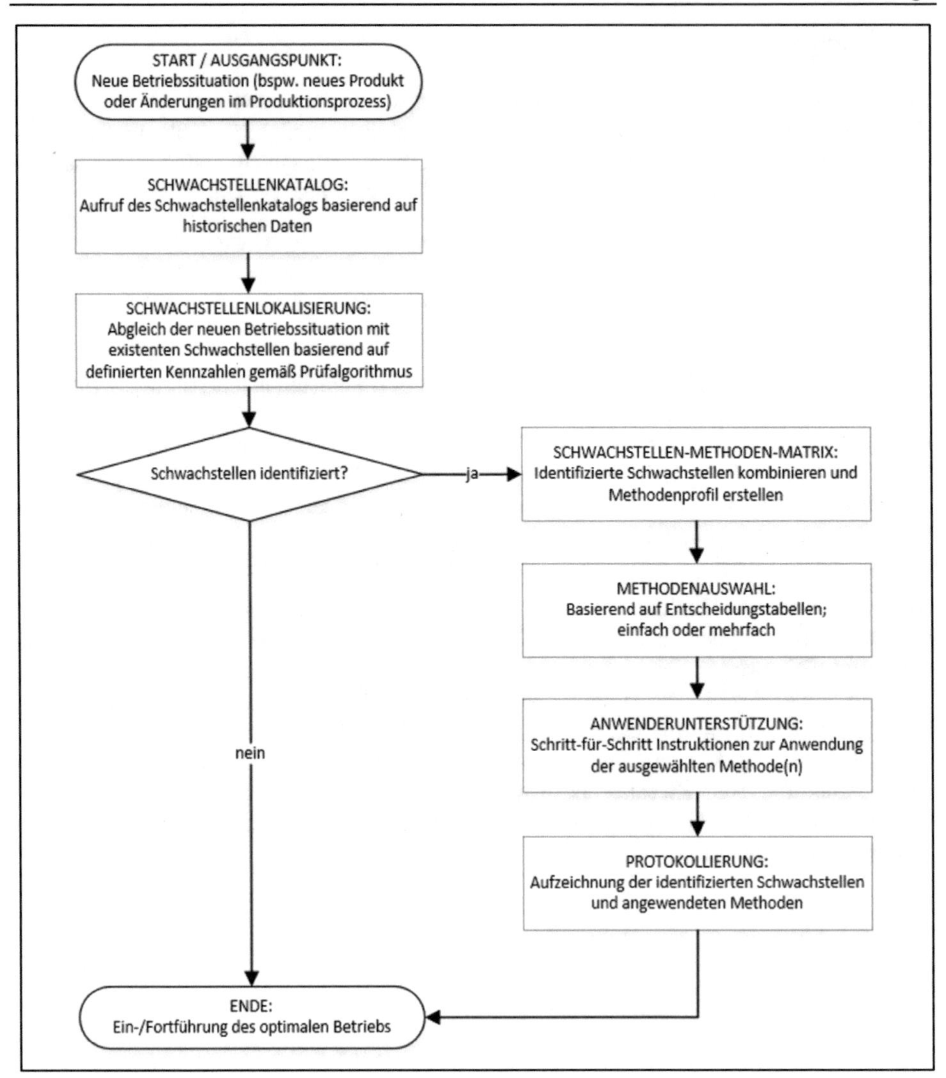

Abb. 1.1: Ablauf / Konzeption der Schwachstellenanalytik

Die Schwachstellenanalytik wird anhand von Beispielen aus der Automobilzulieferindustrie erforscht, verifiziert und erprobt. TE Connectivity Germany GmbH gewährt dazu Einblick in die Produktionsprozesse. TE hat jahrzehntelange Erfahrung in der Automobilzulieferindustrie und beherbergt Expertise in grundsätzlichen Herstellungsprozessen wie Stanzen, Spritzgießen und Montage.

2 Stand der Technik

Im Folgenden werden einige Begriffe erläutert, die innerhalb dieser Arbeit von zentraler Bedeutung sind. Dazu gehören:

- Analytik - insbesondere im Sinne künstlicher Intelligenz,
- Schwachstelle als Diskrepanz zwischen dem Soll und Ist,
- Produktivität als Relation vom Output zum Input,
- Methode als standardisiertes Vorgehen zur Erreichung von Produktivitätsverbesserungen,
- Industrie 4.0 und Big Data als Basis für die maximale Wertschöpfung,
- Zusammenhang zwischen Digitalisierung und Wertschöpfung beziehungsweise Produktivität sowie
- einige statistische Grundlagen.

2.1 Machine Learning als Methode der Künstlichen Intelligenz

Die Optionen der Verarbeitung digitaler Daten haben sich in den letzten Jahrzehnten erheblich weiterentwickelt. In den 70er Jahren haben sich so genannte Expertensysteme etabliert. Heutzutage hat sich Machine Learning als eine Ausprägung von Künstlicher Intelligenz etabliert. Expertensysteme als Grundlage haben ML stark gemacht. ML ist innerhalb dieser Arbeit eine wichtige Komponente für die Schwachstellenanalytik.

Künstliche Intelligenz ist ein Überbegriff für Methoden der Informatik, die auf eine Erhöhung der Autonomie von Systemen abzielen. Autonomie bedeutet in diesem Zusammenhang, dass ein System auf sich ändernde Bedingungen reagiert. Außerdem ermittelt es selbstständig neue Strategien, um vorgegebene Ziele zu erreichen.[30] Grundlage von KI sind im Wesentlichen mathematische Gleichungen oder Systemstrukturen, welche auf System- und Domänenwissen von Experten basieren. Eine Kernaufgabe von KI ist die Prognose von Systemverhalten durch die Analyse der Differenz zwischen Prognose und Realität.[31]

Abbildung 2.1 zeigt die grundlegenden Kategorien von KI und deren Fähigkeiten beziehungsweise dahinterstehenden Technologien. An dieser Stelle sei auch die Einordnung des gegenwärtigen technischen Entwicklungsstandes von KI erwähnt. In der Regel werden drei Stufen unterschieden:

1) Narrow Artificial Intelligence, auch „Schwache KI" genannt. Dient der gezielten Lösung von bestimmten abgegrenzten Problemen.

---

[30] (Niggemann, Elmers, 2022), S. 13

[31] (Niggemann, Elmers, 2022), S. 13

J. Schweiger, *Präventive Schwachstellenanalytik mit Methodenzuweisung zur Produktivitätsoptimierung von Fertigungsbetrieben der Automobilzulieferindustrie*, ifaa-Edition, https://doi.org/10.1007/978-3-662-68769-7_2

2) General Artificial Intelligence, auch „Starke KI" genannt. Hierunter werden Algorithmen verstanden, die auf ein relativ breites Themenfeld angewendet werden können. Bislang konnte solch eine KI allerdings noch nicht entwickelt werden.
3) Superintelligence, ebenso Teilbereich der „Starken KI". – Ein computergestütztes Programm, welches der menschlichen Intelligenz überlegen ist. Dies wäre die stärkste Ausprägung der KI. Eine mögliche Umsetzung ist derzeit durch Experten noch keineswegs darstellbar.[32]

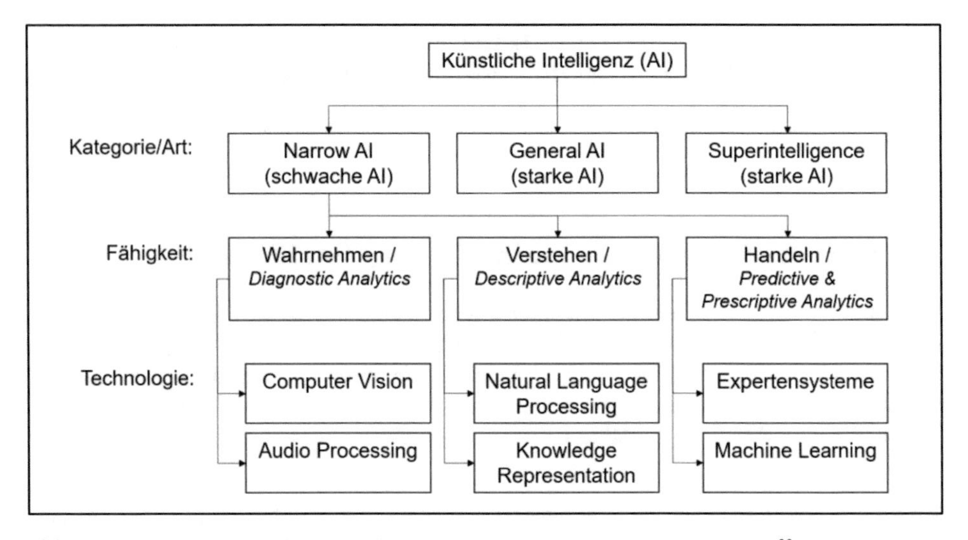

Abb. 2.1: Kategorien, Fähigkeiten und Technologien von Künstlicher Intelligenz[33]

Eine überaus wichtige Methode von KI-Systemen ist das Machine Learning. Anhand von Beobachtungen und Daten sollen Modellteile erlernt werden und sich kontinuierlich selbst verbessern.[34] Traditionell waren KI und ML zwei unterschiedliche Forschungsgebiete. Die sogenannte traditionelle KI verwendet symbolische Methoden, wie Ontologien und formale Logik, um Schlussfolgerungen zu ziehen. ML dagegen analysiert Daten, um fehlendes Wissen zu erlernen. Jedoch vermischen sich seit einigen Jahren diese Begriffe immer mehr und sind mittlerweile kaum noch voneinander zu trennen. Der aktuelle KI-Trend beruht schließlich vor allem auf den Erfolgen aus dem Gebiet des ML.[35] Dieser Erfolg von ML basiert im Grunde auf dem Zusammenspiel von Algorithmen, Daten und Computer-Hardware.[36] Unter einem Algorithmus wird eine eindeutige Handlungsvorschrift zur Lösung eines Problems verstanden. Dabei wird eine Eingabe in genau definierten Schritten zu einer Ausgabe umgewandelt.[37] So bedarf es bei ML stets Experten beziehungsweise Data Scientists, die bei der Konfiguration und Interpretation von Er-

[32] (Brandstetter, Dobler, Ittstein, 2020), S. 43
[33] (Busam, 2020), S. 42
[34] (Niggemann, Elmers, 2022), S. 14
[35] (Niggemann, Elmers, 2022), S. 14
[36] (Kersting, Lampert, Rothkopf, 2019), S. 20
[37] (Kersting, Lampert, Rothkopf, 2019), S. 11

gebnissen unterstützen. Wichtig zu erwähnen in diesem Zusammenhang ist auch, dass Produktionssysteme bis zu einem gewissen Punkt stets individuell sind und demnach auch meist individuell angepasste ML-Systeme benötigen.[38]

Machine Learning ist ein Vorgehen, welches Daten basierend auf beispielhaften Beobachtungen und Betriebssituationen sammelt, diese analysiert und entsprechende Zusammenhänge aufdeckt.[39] Alpaydin sagt: „Machine Learning will help us make sense of an increasingly complex world. Already we are exposed to more data than what our sensors can cope with or our brains can process."[40] Insbesondere vor dem Hintergrund von Big Data im Rahmen der kontinuierlichen Digitalisierung wird es somit künftig unerlässlich sein, ML-Algorithmen anzuwenden. Dies ist möglich, da Computer heutzutage die notwendige hohe Rechenleistung und Speicherkapazität besitzen. Daten können massenhaft gespeichert, wieder abgerufen und verarbeitet beziehungsweise kombiniert werden. Benötigte Erfahrung wird basierend auf historischen Daten generiert und generalisiert.[41]

Dahingehend wendet ML je nach vorliegender Problemstellung eine Reihe an Strategien in verschiedenen Kombinationen an. Eben diese Strategien sind in einer Vielzahl von Algorithmen verkörpert, welche sich statistischer, mathematischer und/oder informationstechnischer Methoden, aber auch mittels Onlinesuchen oder Sprach- beziehungsweise Übersetzungsassistenten bedienen. Alle Algorithmen haben eines gemeinsam: Sie lernen basierend auf historischen Beispielen (Erfahrung) und haben die Kapazität, das Gelernte auf neu eintretende Fälle anzuwenden, d.h. Situationen zu generalisieren.[42]

Abbildung 2.2 zeigt den generellen Ablauf von ML-Systemen. Basierend auf historischen Daten wird ein Modell erstellt unter Nutzung eines ML-Algorithmus. Im Weiteren wird das Modell bewertet, optimiert und gemäß den Anforderungen die Genauigkeit skaliert. Das finale Modell ermöglicht abschließend Prognosen für neue Daten.[43]

[38] (Niggemann, Elmers, 2022), S. 16

[39] (Alpaydin, 2016), S. 29

[40] (Alpaydin, 2016), S. 146

[41] (Brink, Richards, Fetherolf, 2017), S. 4

[42] (Brink, Richards, Fetherolf, 2017), S. 5

[43] (Brink, Richards, Fetherolf, 2017), S. 17

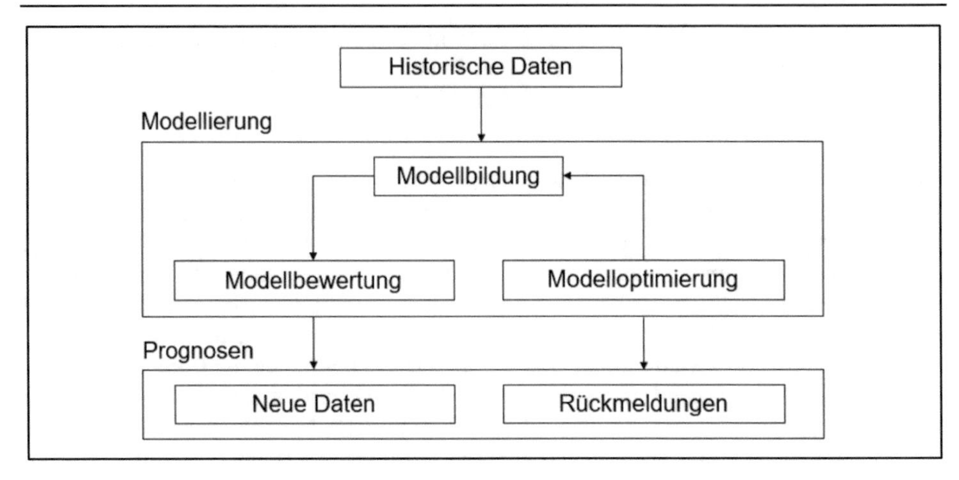

Abb. 2.2: Genereller Ablauf von ML-Systemen[44]

Machine Learning startet also mit dem Sammeln von Daten. Hauptfokus ist dabei das Prognostizieren von definierten Ziel-Variablen.[45] Dabei sind folgende Aspekte zu berücksichtigen:

- Sie bedürfen der Bewertung ein oder mehrerer historischer Vorgänge, beispielsweise bezogen auf Personen, Ereignisse oder Zeiträume.
- Sie besitzen einen vordefinierten Zielzustand (binär, mehrstufig oder numerisch), wobei der Zielzustand stets in Relation zur Rückmeldung steht (abhängige Variablen).
- Sie besitzen historische Datensätze, zu dessen Zeitpunkt der Zielzustand bekannt war (später ‚Trainingsdatenset'). Somit sind zusätzliche Informationen zu jedem Vorgang zur Prognostizierung verfügbar (unabhängige Variablen).
- Sie beherbergen eine implizierte Reaktion.

Der ML-Algorithmus greift zunächst auf die o.g. unabhängigen Variablen zu, um strukturiert zu bestimmen, wie die Eingangsvariablen möglichst akkurat die Zielvariablen prognostizieren könnten. Das Ergebnis dieses ‚Lernens' ist über das ML-Modell kodiert. Wenn nun neue Daten generiert werden, werden diese ebenso dem ML-Modell zugeführt und erlauben entsprechende Prognosen, sodass der Endnutzer schneller in bestimmten Situationen (Zuständen) reagieren kann. Des Weiteren erlaubt das ML-Modell Abhängigkeiten zwischen Input- und Zielvariablen zu erkennen.[46] Allerdings ist zu beachten, dass typischerweise zahlreiche Indikatoren vorliegen, die dazu genutzt werden könnten, die Zielvariable zu prognostizieren. In praktischer Hinsicht kann man diese bzgl. zweier Merkmale eingrenzen:

- Der Wert der Indikatoren muss zum Zeitpunkt der Prognose bekannt sein und
- der Indikator muss numerisch oder kategorisch vorliegen.[47]

[44] Angelehnt an (Brink, Richards, Fetherolf, 2017), S. 17

[45] (Brink, Richards, Fetherolf, 2017), S. 28

[46] (Brink, Richards, Fetherolf, 2017), S. 29

[47] (Brink, Richards, Fetherolf, 2017), S. 30

Bei der Auswahl von entsprechenden Indikatoren kann es zunächst zu Zielkonflikten kommen. Dies äußert sich dadurch, dass Indikatoren zweifellos Einfluss auf die Zielvariable haben sollten, aber durch auftretende Störungen verzerrt werden und somit die „echten" Abhängigkeiten verfälschen könnten. Zugleich muss eine ausreichende Genauigkeit der Indikatoren gewählt werden, um möglichst akkurate Rückmeldungen zu aktuellen Zuständen zu gewähren. Ein praktischer Ansatz zur Auswahl von Indikatoren ist:

1) Erwägung aller offensichtlichen Indikatoren mit direktem Einfluss auf die Zielvariable mittels eines ML-Modells. Sofern die Genauigkeit ausreichend ist, Erwägung abschließen.
2) Solange die Genauigkeit nicht ausreichend ist, Definition weiterer weniger einflussreicher Indikatoren. Abschließen der Auswahl, sobald die Performance ausreichend ist, obgleich Störgrößen die Genauigkeit im akzeptablen Bereich beeinflussen.
3) Falls durch die Schritte 1) und 2) keine entsprechende Indikatoren-Auswahl erfolgen konnte, erneutes Starten basierend auf einem detaillierten Indikatoren-Set, gefolgt von der Durchführung des ‚ML-Indikatoren-Auswahl-Algorithmus', welcher dabei unterstützt, die bestmögliche Teilmenge von Indikatoren zu bestimmen.[48]

Nachdem Zielvariablen und entsprechende Indikatoren bekannt sind, liegt die folgende Schwierigkeit darin, genügend ‚Trainingsdaten' zu aggregieren. Zumeist muss dafür auf bereits existierende, suboptimale Systeme zugegriffen werden, bis eine hinreichende Menge an Trainingsdaten vorliegt. Folgende Methoden der Datengenerierung sind anwendbar:

- Manuelles Zusammentragen von vergangenen oder aktuellen Daten,
- Massenbefragungen,
- Interviews und
- Kontrollierte Experimente.[49]

Des Weiteren stellt sich die Frage nach der Anzahl der Trainingsdaten, um ein wirksames ML-Modell zu entwickeln. Dies lässt sich nicht pauschal beantworten, sondern hängt stets vom definierten Sachverhalt ab. Folgende Faktoren sollten bei der Entscheidung zur benötigten Anzahl an Trainingsdaten berücksichtigt werden:

- Komplexität des Sachverhalts / Problems (Schwachstelle),
- Genauigkeitsbedarf,
- Dimension des Indikatorraums.[50]

Abbildung 2.3 zeigt die Abhängigkeit zwischen Genauigkeitsgrad und der Anzahl an Trainingsdaten. Eine ausreichende Genauigkeit ist erreicht, sobald die Kurve verflacht.[51]

---

[48] (Brink, Richards, Fetherolf, 2017), S. 31

[49] (Brink, Richards, Fetherolf, 2017), S. 32

[50] (Brink, Richards, Fetherolf, 2017), S. 33

[51] (Brink, Richards, Fetherolf, 2017), S. 34

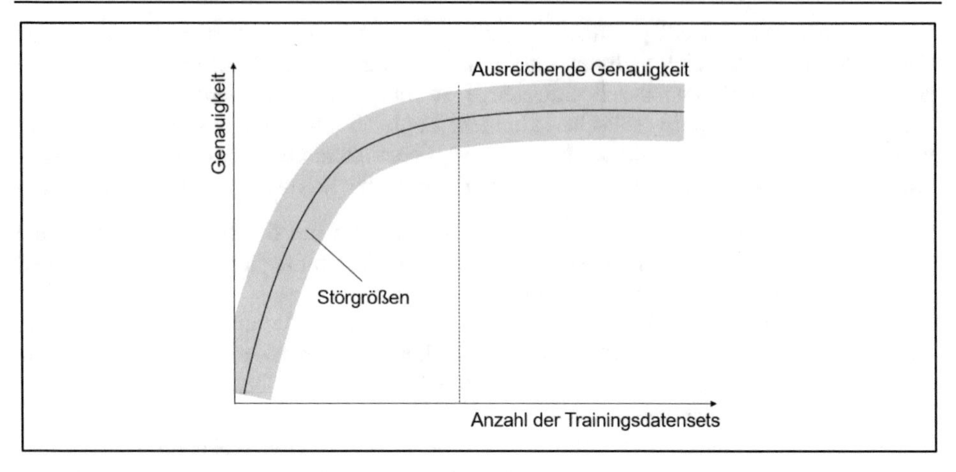

Abb. 2.3: Abhängigkeit von Genauigkeit und Trainingsdatensets[52]

Anschließend helfen Datenvisualisierungen dabei, Abhängigkeiten zwischen Eingangsgrößen und Zielvariablen zu erkennen. Gängige Visualisierungstechniken sind:

- Mosaic Plots,
- Box Plots,
- Density Plots,
- Scatter Plots.[53]

Abbildung 2.4 hilft bei der Wahl der entsprechenden Visualisierungstechnik basierend auf numerischem oder kategorischem Vorliegen der Eingangsgrößen und Zielvariablen.[54]

[52] Angelehnt an (Brink, Richards, Fetherolf, 2017), S. 34

[53] (Brink, Richards, Fetherolf, 2017), S. 43ff.

[54] (Brink, Richards, Fetherolf, 2017), S. 44

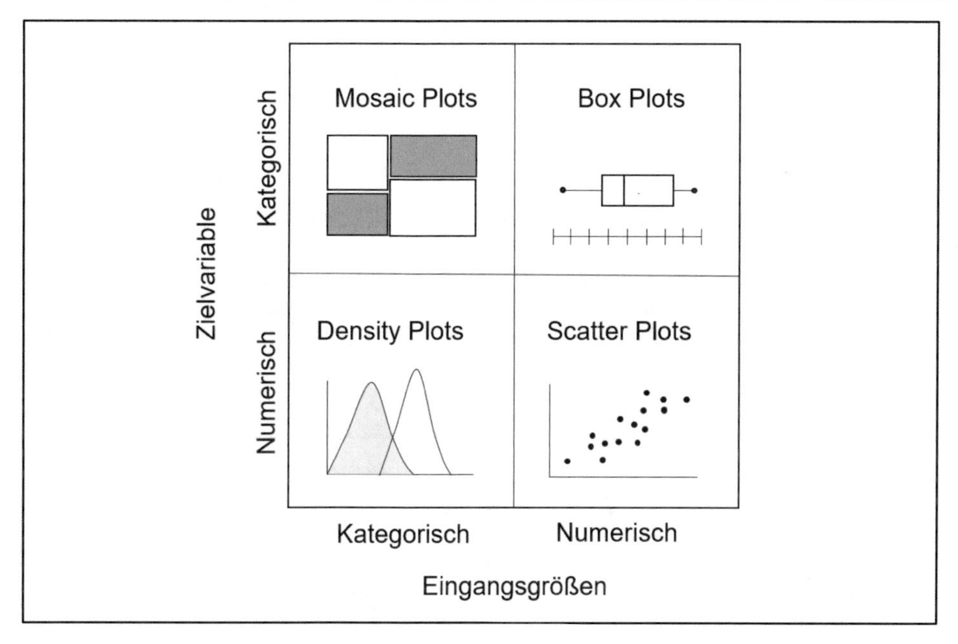

Abb. 2.4: Visualisierungstechniken[55]

Die einfachste Form der formelbasierten Beschreibung der Abhängigkeit zwischen Eingangs- und Zielvariablen ist[56]:

$$Y = f(X) + \varepsilon \tag{2.1}$$

mit

$Y = Zielvariable$

$f = Modell\ oder\ Signal$

$X = (erklärende)\ Indikatoren\ bzw. Informationen\ X_1 \dots X_n$

$\varepsilon = Störgrößen$

Zum Zwecke der Erstellung eines ML-Modells sind zwei Hauptbestandteile zu berücksichtigen: Prognose und Rückschluss. Die stetige Aufzeichnung von neuen Daten dient dazu, die Prognosen immer genauer zu gestalten. Rückschlüsse fließen ins ML-Modell zurück, um kontinuierlich Beziehungen zwischen Variablen und Indikatoren zu verstehen.[57]

Abschließend ist zu erwähnen, dass im ML-Algorithmus bereits eine Klassifizierung der Daten vorzuhalten ist. Dieser Klassifikator separiert beim Eintreffen neuer Daten unmit-

---

[55] Angelehnt an (Brink, Richards, Fetherolf, 2017), S. 44

[56] (Brink, Richards, Fetherolf, 2017), S. 54

[57] (Brink, Richards, Fetherolf, 2017), S. 55

telbar zwischen benötigten beziehungsweise sinnvollen Daten und allen weiteren verfügbaren Daten, die aber auf die Zielvariable keinen Einfluss haben.[58] Dieser Aspekt wird im Verlauf dieser Arbeit insbesondere vor dem Hintergrund der „Big Data" noch eine große Rolle spielen.

2.2 Schwachstelle – Eine Diskrepanz zwischen Ist und Soll

Der Ausgangspunkt einer Lösungssuche ist stets eine als problematisch empfundene Situation der Gegenwart. Somit definiert sich eine Schwachstelle, die zu potenziellen Störungen führen könnte, als die Diskrepanz zwischen Ist und Soll, verdeutlicht in Abbildung 2.5.[59]

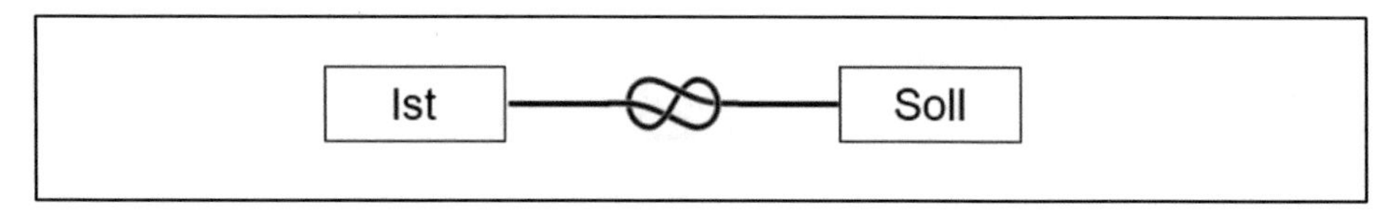

Abb. 2.5: Schwachstelle als Diskrepanz zwischen Ist und Soll[60]

REFA definiert den Ist-Zustand als zu einem bestimmten Zeitpunkt oder während einer bestimmten Dauer beobachtete, tatsächlich vorgefundene Zustand eines Arbeitssystems.[61]

Das Soll hingegen ergibt sich im Allgemeinen aus der Analyse beziehungsweise der Auswertung des Ist. Es kann aber auch vordefiniert werden. Grundsätzlich ist nicht festgelegt, ob das Soll ein Minimum, ein Durchschnitt, ein Normalwert, ein Optimum, ein Maximum oder auch ähnliches ist. Der Sollzustand ist lediglich der geplante (Ziel-) Zustand eines Arbeitssystems.[62]

Eine Schwachstelle liegt vor, sofern die maximal erlaubte Zustandsabweichung des Ist-Zustandes den Sollzustand nicht überschreitet. Sobald der Sollzustand überschritten wird, liegt ein Problem vor, beziehungsweise kommt es zur Störung.

---

[58] (Brink, Richards, Fetherolf, 2017), S. 59

[59] (Schweizer, 2008), S. 25

[60] Angelehnt an (Schweizer, 2008), S. 25

[61] (REFA, 1984), S. 112

[62] (REFA, 1984), S. 112

Generisch gilt:

$$wenn\ |Z_s - Z_i| < |\sigma_w|: Optimaler\ Betrieb. \quad (2.2)$$

$$wenn\ |\sigma_w| \leq |Z_s - Z_i| \leq |\sigma_{max}|\ dann\ potentielle\ Schwachstelle\ identifiziert.$$

$$wenn\ |Z_s - Z_i| > |\sigma_{max}|\ dann\ Problem\ identifiziert\ und\ Eingriff\ notwendig.$$

mit

$Z_i = Ist - Zustand$

$Z_s = Soll - Zustand$

$\sigma_w = Warnabweichung$

$\sigma_{max} = maximal\ erlaubte\ Zustandsabweichung$

Erfahrungsgemäß weicht der Ist-Wert fast immer vom geplanten Soll ab. Ursachen für Abweichungen sind Schwankungen in den Arbeits- und Prozessbedingungen.[63] Schlussfolgernd werden im weiteren Verlauf dieser Arbeit unübliche beziehungsweise unerwünschte Schwankungen als Schwachstellen verstanden.

Die aktuell in Unternehmen praktizierten Produktivitätserhöhungsmaßnahmen beziehungsweise kontinuierlichen Verbesserungen deuten darauf hin, dass noch immer die Problembehebung im Vordergrund des betrieblichen Geschehens steht, anstelle Schwachstellen-vermeidender Maßnahmen. Es gilt im Weiteren basierend auf der jeweiligen Schwachstelle die richtige Methode zuzuweisen und nicht mehr andersherum.

Der Term „Schwachstellenanalysen" ist bereits in Fachliteratur der 90er Jahre zu finden. Bereits damals wurde ansatzweise festgestellt, dass gezielte Schwachstellenanalysen, beispielsweise durch die Überwachung der Maschinenauslastung beziehungsweise -nutzung zur zeitlichen und gegebenenfalls technischen Nutzungserhöhung mit entsprechenden Datenerfassungen (beispielsweise Zeitgrößen, Störgründe, Maschinenprozessdaten / Prozessüberwachung)[64] entsprechende Problemarten aufgedeckt werden könnten. Sofern eine Schwachstelle existiert, so basiert dessen Lösung auf diverse Säulen, unter anderem Methodik, Fachwissen und Situationskenntnisse (siehe Abbildung 2.6).

[63] (REFA, 1984), S. 112

[64] (Kern, Schröder, Weber, 1996), S. 222

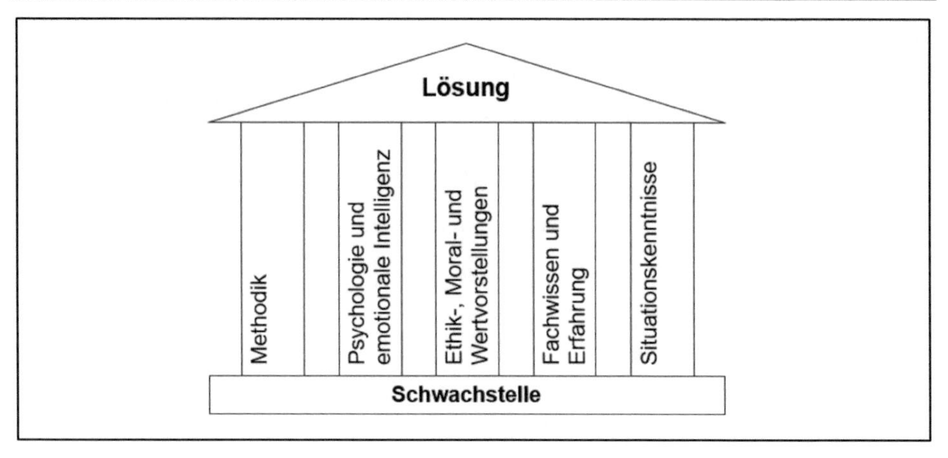

Abb. 2.6: Säulen, die die Lösung tragen[65]

2.3 Produktivität als Relation des Outputs zum Input

Der Term ‚Produktivität' ist abgeleitet von produktiv, Produkt, Produktion und bezeichnet damit die Eigenschaft des Produktiv-Seins, also die Fähigkeit des Produzierens zu besitzen.[66]

Bereits 1960 erklärte Reuss: „Die einfachste und fast triviale Definition der Produktivität lautet: Fähigkeit zu produzieren. So banal diese Erklärung auch klingen mag, sie weist auf einen Aspekt hin, der zuweilen vergessen wird: Produzieren heißt nicht notwendigerweise auch Gewinn erwirtschaften. Produktivität ist also nicht das gleiche wie Rentabilität oder Wirtschaftlichkeit."[67] Entscheidend ist der Unterschied, dass Produktivität ein Begriff der güterwirtschaftlichen Realität ist, während Rentabilität als auch Wirtschaftlichkeit in den geldwirtschaftlichen (monetären) Bereich hineingreifen.[68] Allgemein bezeichnet Produktivität also die Leistungsfähigkeit eines Betriebes etwas herzustellen beziehungsweise Werte zu generieren. Produktivität als Kennzahl hat letztlich den Charakter eines Leistungsgrades.[69]

Der Begriff Produktivität wurde erstmals von der Volkswirtschaft im 19. Jahrhundert hinsichtlich der Landwirtschaft etabliert und beschreibt ganz allgemein die Ergiebigkeit der Produktionsfaktoren (Arbeit, Boden, Kapital) gegenüber der Erwirtschaftung von (landwirtschaftlichen) Erträgen[70]:

---

[65] Abbildung angelehnt an (Schweizer, 2008), S. 26

[66] (Frenz, 1963), S. 9

[67] (Reuss, 1960), S. 5

[68] (Reuss, 1960), S. 5

[69] (Frenz, 1963), S. 29

[70] (Dellmann, Pedell, 1994), S. 16

$$Produktivität = \frac{Faktorertrag}{Faktoreinsatz} \quad (2.3)$$

Trivialerweise kann daher ein Produktivitätsanstieg entweder erfolgen, wenn die gleiche Menge an Erzeugnissen mit geringerem Faktoreinsatz, oder aber eine größere Erzeugungsmenge mit dem gleichen Faktoreinsatz hergestellt wird.[71] Gleichermaßen könnte der Output relativ stärker steigen als der Input beziehungsweise der Output relativ niedriger sinken als der Input. Diese allgemeine Relation zur Produktivität kann auf volkswirtschaftlicher Ebene für einzelne Unternehmen, aber auch für Unternehmensteile, bestimmte Prozesse bis hinunter zu einzelnen Arbeitsplätzen bestimmt werden.[72]

Betriebswirtschaftlich gesehen, bezeichnet Produktivität die Ergiebigkeit der Produktions- beziehungsweise Einsatzfaktoren (siehe Abbildung 2.7)

- menschliche Arbeit (Personal),
- Betriebsmittel (Arbeits-/Sachmittel oder Maschinen/Anlagen) und
- Material.[73]

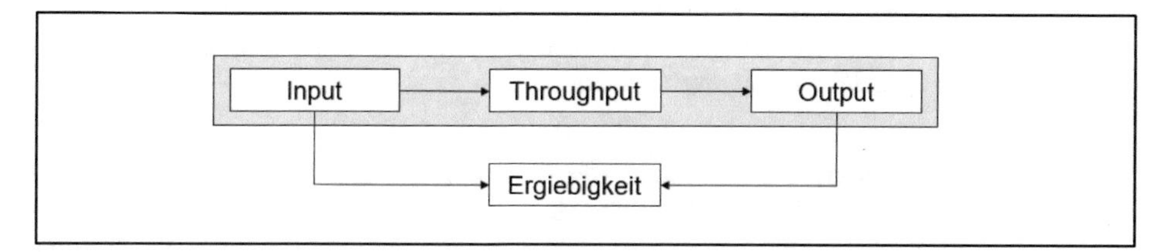

Abb. 2.7: Ergiebigkeit der Produktions- beziehungsweise Einsatzfaktoren[74]

Als Faktoren für den Input haben sich auf der betrieblichen Seite die Produktionsfaktoren Arbeitskräfte, Kapital in Form von Betriebsmitteln sowie die Werkstoffe (Material) etabliert.[75] Output hingegen kann in verschiedenen Dimensionen gemessen werden. Beispielsweise kann für einen einzelnen Arbeitsplatz das Ergebnis in Form bearbeiteter Teile oder Baugruppen simpel gezählt werden. Für ein ganzes Unternehmen, das üblicherweise viele verschiedenartige Produkte herstellt, müssen andere Größen gefunden werden. Zu diesem Zweck werden die Produkte meist mit dem Verkaufspreis bewertet und das Produktergebnis entspricht damit (unter Annahme unveränderter Bestände) dem Umsatz.[76]

Dellmann und Pedell definieren: „Effektivität zielt somit auf die Leistungsseite des unternehmerischen Wertschöpfungsprozesses mit der Frage, ob und wie weit die ‚richtigen

[71] (Reuss, 1960), S. 48

[72] (REFA, 2015), S. 11

[73] (Bokranz, Landau, 2006), S.4

[74] Angelehnt an (Nebl, 2002), S. 4

[75] (REFA, 2015), S. 11

[76] (REFA, 2015), S. 11

Dinge zur richtigen Zeit' getan werden."[77] Des Weiteren: „Die Effizienz bezieht sich auf die Input- beziehungsweise Kostenseite. Hier geht es um die Frage der bestmöglichen Ausführung vorgegebener Aufgaben, was mit dem Slogan ‚die Dinge richtig tun' treffend bezeichnet wird."[78]

Folgende Faktoren beeinflussen den Grad der Produktivität:

- Qualität der notwendigen Informationen,
- Leistungsfähigkeit und -bereitschaft der Mitarbeiter und
- Qualitätsstand der eingesetzten Produktionsfaktoren (Material, Maschinen, Werkzeuge, Material und zusätzlich Arbeitsmethoden und Führungssystem der Organisation.[79]

Bei Betrachtung der Überwachung und Steuerung der Produktivität in der Fertigung zeigt sich zumeist folgendes Bild:

- Angewendete Informationssysteme betrachten überwiegend die Vergangenheit und liefern demnach keine zeitnahen Daten zur Analyse beziehungsweise Steuerung der Produktivität.
- Zur Entscheidungsvorbereitung bieten diese Systeme nicht die erforderlichen Daten, da sie nicht den gesamten Fertigungsprozess betrachten, sondern lediglich die einzelnen Fertigungsfunktionen.[80]

Schlussfolgernd erfordert die Erhöhung der Produktivität einerseits eine permanente Überprüfung und Anpassung des Standards der eingesetzten Produktionsfaktoren sowie des Organisationssystems und andererseits eine zeitnahe Überwachung der Wertschöpfungsprozesse (Leistungsmessung) als auch eine unmittelbare Korrektur (Leistungsplanung und -steuerung).[81]

Innerhalb der vorliegenden Arbeit wird insbesondere die Arbeitssystemproduktivität im Vordergrund stehen. Dies schließt die Produktivität einzelner Arbeitssysteme als auch Produktivitätsbetrachtungen am Verbund von Arbeitssystemen ein.

Die folgenden sechs Einflussfaktoren für das Produktivitätsmanagement von Arbeitssystemen werden von Bokranz und Landau besonders herausgestellt:

- Leistungsfähigkeit und -bereitschaft des Personals,
- Personalbestand und -qualifikation,
- Personalbezogene Aspekte der Organisation,
- Leistungsfähigkeit und -bereitschaft der Anlagen,
- Altersstruktur der Anlagen, Stand der Technik, Prozessfähigkeit und
- Produktionsorganisation.[82]

---

[77] (Dellmann, Pedell, 1994), S. 25

[78] (Dellmann, Pedell, 1994), S. 25

[79] (Busch, 1991), S. 29

[80] (Busch, 1991), S. 28

[81] (Busch, 1991), S. 29/30

[82] (Bokranz, Landau, 2006), S. 39

Beim Produktivitätsmanagement von Arbeitssystemen geht es folgend um zwei verschiedene Ansätze:

1. Förderung des Arbeitsergebnisses (Output).
2. Förderung der Wirksamkeit des Arbeitssystems durch Gestaltung, Organisation, Förderung von Output, Eingabe (Input), Menschen (Personal), Arbeits- / Sachmittel, Ablauf und Umwelteinflüssen.[83]

Neben anderen Unternehmen, hat auch bereits Bosch Rexroth Deutschland erkannt, dass sich durch die systematische Analyse der Effizienz von Mensch, Maschine und Organisation die Produktivität nachhaltig steigern lässt.[84]

Gemäß Wildemann kann eine ganzheitliche Verbesserung der Produktivität erreicht werden durch:

- Flächendeckende Optimierung der Prozesse,
- Kontinuierliche Verbesserung,
- Aktive Strategie zur Erreichung von Wettbewerbsvorteilen und
- Grundsätzliche Methoden- und Strukturänderung.[85]

Auf weitere detaillierte Ausführungen zum Produktivitätsbegriff wird an dieser Stelle verzichtet. Ferner sei auf die folgende weiterführende Literatur verwiesen:

- Andreas Dikow, 2006, Messung und Bewertung der Unternehmensproduktivität in mittelständischen Industrie-unternehmen: Theoretische Grundlagen und praktische Anwendungen, Shaker Verlag, Aachen.
- Andreas Dikow, Theodor Nebl, 2004, Produktivitätsmanagement, REFA-Fachbuchreihe Unternehmensentwicklung, Carl Hanser Verlag, München.
- Theodor Nebl, 2002, Produktivitätsmanagement - Theoretische Grundlagen, methodische Instrumentarien, Analyseergebnisse und Praxiserfahrungen zur Produktivitätssteigerung in produzierenden Unternehmen, REFA-Fachbuchreihe Unternehmensentwicklung, Carl Hanser Verlag, München.
- Martin Dorner, 2014, Das Produktivitätsmanagement des Industrial Engineering unter besonderer Betrachtung der Arbeitsproduktivität und der indirekten Bereiche, Dissertation.

2.4 Methode – Standardisiertes Vorgehen zur Erreichung von Produktivitätsoptimierungen

Der Begriff ‚Methode' kann als Sammelbegriff für ‚Vorgehen', ‚Verfahren' oder auch ‚Ablaufplanung' verstanden werden. Bis dato sind weit über 500 Methoden und Werk-

[83] (Bokranz, Landau, 2006), S. 39/40

[84] (Bosch Rexroth Deutschland, 2011)

[85] (Wildemann, 1996), S. 30ff.

zeuge zur Analyse, Bewertung und Gestaltung von Arbeitssystemen und Prozessen bekannt.[86]

Methoden sind standardisierte Vorgehensweisen, welche dabei helfen die Unternehmensziele zu erreichen. Ein Werkzeug hingegen ist ein standardisiertes, physisch vorhandenes Mittel (auch Software), zur Anwendung und Umsetzung von Methoden.[87] Da Methoden und Werkzeuge eng verknüpft sind und meist gemeinsam verzahnt zur Lösung führen, werden im Rahmen dieser Dissertation unter Methoden auch entsprechende Werkzeuge verstanden. Der im Anhang zu findende Methodenkatalog listet ebenso Methoden als auch Werkzeuge.

In Anlehnung des Begriffs der Methode an Mieke und Nagel kann festgehalten werden, dass betriebswirtschaftliche Methoden theoretisch fundierte und praktisch erprobte Hilfsmittel darstellen, die zur Lösung eines in der unternehmerischen Praxis auftretenden leistungswirtschaftlichen Problems beitragen.[88]

Einige bekannte Methodensammlungen, die in den vergangenen Jahrzehnten etabliert wurden und sich bewährt haben, sich aber auch teilweise stark überschneiden sind:

- EFQM[89],
- GENESIS[90],
- ifaa Methodensammlung[91],
- MTM[92],
- REFA[93] und
- Six Sigma[94].

Die diversen Methodensammlungen werden an dieser Stelle inhaltlich nicht näher vorgestellt und erläutert, da es den Umfang der Arbeit sprengen würde.

---

[86] Siehe Methodenkatalog im Anhang, der im Rahmen dieser Dissertation zusammengetragen wurde.

[87] (REFA, 2018), S. 13

[88] (Mieke, Nagel, 2017), S.5

[89] Weiterführende Literatur: (Gucanin, 2003) und (Zink, 2004)

[90] Weiterführende Literatur: (Wildemann, 1996)

[91] (ifaa, 2008)

[92] Weiterführende Literatur: (Bokranz, Landau, 2006)

[93] Weiterführende Literatur: (REFA, 2002), (REFA, 2015) und (REFA, 2018)

[94] Weiterführende Literatur: (Koch, 2015), (George, Rowlands, Price, Maxey, 2016) und (Gorecki, Pautsch, 2016)

2.5 Industrie 4.0 und Big Data als Basis für die maximale Wertschöpfung

Das digitale Zeitalter hat viele neue Begriffe hervorgebracht: Industrie 4.0, Smarte Fabrik, Big Data, Machine Learning u.v.m. Industrie 4.0 steht im Allgemeinen für die 4. Industrielle Revolution, welche durch die deutsche Industrie 4.0-Initiative gefördert werden soll.[95] Im Vordergrund steht die Nutzung der Daten, die durch die vernetzten Maschinen erzeugt und die durch entsprechende Integration in betriebswirtschaftliche und technische Prozesse eine außerordentliche Bedeutung bekommen.[96]

Die Vision von Industrie 4.0 ist die selbstständige Suche der Werkstücke des schnellsten Wegs durch die Werkhalle zur Maschine in der Produktion, sowie das automatische Rüsten der Maschinen durch Informationen des Werkstücks, als auch die autonome Bestellung benötigter Ersatzteile. Im besten Falle nimmt die Maschine sogar eine Umplanung der Produktion vor, sofern ein Fehler an der Maschine in der Zukunft prognostiziert wird.[97] In Industrie 4.0 werden die Informationen, die in den nachgelagerten Prozessen anfallen verwendet, um proaktiv in der Gegenwart Prozesse zu steuern und zu beeinflussen.[98]

Das Internet der Dinge (IoT – Internet of Things) beschreibt eine globale Netzwerkinfrastruktur, an die Maschinen und Geräte angeschlossen werden.[99] Mit fortschreitender Digitalisierung entstehen schnell sehr große Datenmengen (Big Data). Durch die Anwendung von Algorithmen können beispielsweise Fehlermuster und daraus Vorhersagemodelle abgeleitet werden. Die Daten müssen also eine Bedeutung bekommen, nur dann stellen sie für Auswertungen und die Weiterverarbeitung einen Mehrwert dar. Deshalb spricht man auch von Smart Data.[100] Dafür wird eine Software-Intelligenz benötigt, um u.a. die entsprechenden Daten zu verarbeiten.[101]

Neue Technologien ermöglichen die digitale Transformation aller Prozesse und Abläufe in der Produktion.[102] Abbildung 2.8 zeigt die historische Entwicklung und Einordnung von Industrie 4.0.

[95] (Kaufmann, 2015), S. 4

[96] (Kaufmann, 2015), S. 2

[97] (Kaufmann, 2015), S. 4

[98] (Kaufmann, 2015), S. 5

[99] (Kaufmann, 2015), S. 6

[100] (Kaufmann, 2015), S. 6

[101] (Kaufmann, 2015), S. 14

[102] (Bay, 2016), S. 11

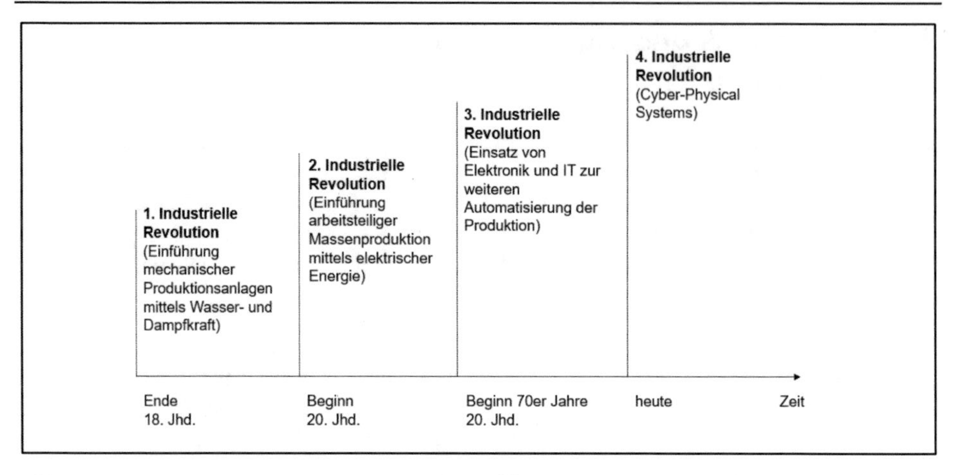

Abb. 2.8: Historische Einordnung von Industrie 4.0[103]

Im Produktionsablauf werden Entscheidungen durch selbststeuernde Systeme nicht mehr zentral vorgegeben, sondern individualisiert mit Werkzeugen und Regeln ausgestattet, um jeweils situationsspezifisch die richtige Auswahl (Entscheidung) zu treffen.[104] Die Herausforderung besteht darin, immer größere Datenmengen zu speichern, zu verwalten und zu analysieren. Im IT-Umfeld hat sich daraus der Begriff ‚Big Data' etabliert. Wesentliche Kerneigenschaften im Rahmen von Big Data sind die sogenannten ‚5V':

- Rasant wachsende Datenmenge (Volume),
- Vorliegen der Daten in heterogener Vielfalt aus diversen Quellen und Formaten (Variety),
- Bereitstellung der Daten mit hoher Geschwindigkeit (Velocity),
- Qualität der Daten (Veracity) und
- Mehrwert durch Analyse der Daten (Value).[105]

Um Potential aus den Daten zu schöpfen, wird KI genutzt. Insbesondere die Technik des „Data Mining" wird dabei angewendet. „Data Mining verfolgt das Ziel, unbekannte Zusammenhänge oder Muster in Daten zu identifizieren. Daraus kann neues Wissen generiert und so eine Optimierung von z.B. Produktionsprozessen abgeleitet werden."[106] Folgend können durch neu gewonnene Entscheidungsfähigkeiten weitere Ableitungen und Maßnahmen definiert werden.[107] Professor Alpaydin sagt dahingehend: „Data starts to drive the operation; it is not the programmers anymore but the data itself that defines what to do next."[108]

---

[103] Angelehnt an (Bay, 2016), S. 11

[104] (Bay, 2016), S. 15

[105] (Bay, 2016), S. 17

[106] (Bay, 2016), S. 18

[107] (Bay, 2016), S. 18

[108] (Alpaydin, 2016), S. 12

2.6 Zusammenhang zwischen Digitalisierung und Wertschöpfung beziehungsweise Produktivität

Zum Zwecke der Sicherung des Überlebens des Unternehmens gilt es heutzutage datengestützte Geschäftsmodelle in die strategischen Überlegungen einzubeziehen. Digitale Transformation ist dabei ein Muss. Allerdings gibt es keinen Standardweg, sondern jedes Unternehmen muss sich seinen eigenen Weg selbst bahnen. Fraglich ist meist nicht das Warum, sondern das Wie, d.h. diejenigen Schritte zu prozessieren, um aus der Digitalisierung den größten Vorteil zu generieren.[109] Digitale Transformation heißt schließlich, neue digitale Technologien zu nutzen, um die interne Effizienz quer über alle Funktionen zu stärken. Dabei gilt es, ungenutzte Wertpotenziale zu finden, wobei die digitalen Technologien in der Regel das geeignete Mittel dazu sind.[110]

Eine Herausforderung dahingehend ist die unüberschaubare Vielfalt elementarer Technologien wie beispielsweise Sensoren, Cloud-Vernetzung, Rechenleistung, Business Intelligence (BI), Algorithmen, Roboter, KI, Big Data, usw.[111] Schaeffler sagt: „Digitalisierte und eng vernetzte industrielle Fertigungsprozesse werden in allen hoch entwickelten und vielen aufstrebenden Märkten binnen weniger Jahre zum Standard gehören. – Das industrielle IoT wird Fabrikhallen, physische Objekte, Beschäftigte u.v.m. digital verbinden und dabei enormen Wert freisetzen.[112]

Somit kann geschlussfolgert werden, dass Technologie der Treiber der Veränderung in der Industrie ist.[113] Zudem werden digitale Technologien schrittweise erschwinglicher und treiben somit den Wandel.[114] Das digitale Wertschöpfungspotenzial wartet in diesem Sinne nur noch auf seine Erschließung.[115] Deutsche Industrieunternehmen im Bereich der Automobilindustrie weisen bereits einen deutlichen Digitalisierungsgrad auf und können dadurch die Profitabilität entsprechend erhöhen.[116] Abbildung 2.9 verdeutlicht dies.

---

[109] (Schaeffer, 2017), S. 12ff.

[110] (Schaeffer, 2017), S. 20

[111] (Schaeffer, 2017), S. 21

[112] (Schaeffer, 2017), S. 33

[113] (Schaeffer, 2017), S. 38

[114] (Schaeffer, 2017), S. 40

[115] (Schaeffer, 2017), S. 41

[116] (Schaeffer, 2017), S. 43

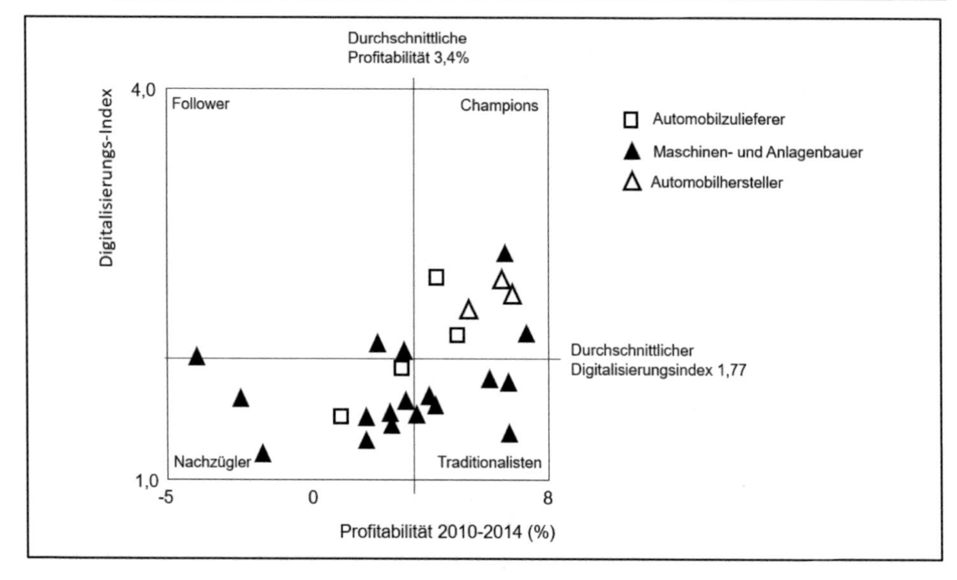

Abb. 2.9: Digitalisierungsgrad und Profitabilität Deutscher Industrieunternehmen [117]

Im Jahr 2018 war bereits eine bedeutende Evolution der Digitalen Fabrik in den wesentlichen Anwendungsfeldern erkennbar. Zu diesem Zeitpunkt führte die Automobilindustrie auf diesem Gebiet.[118]

Gemäß Winkelhake sind die digitalen Fortschritte in der Automobilindustrie wie folgt einzuordnen: Im Jahr 2016 waren alle Hersteller mit einzelnen Initiativen gestartet, wobei die Premiumhersteller in den Digitalisierungsaktivitäten weiter fortgeschritten waren als die Volumenhersteller. Zu diesem Zeitpunkt gab es diverse Initiativen zur Digitalisierung in den Bereichen Logistik, Produktion als auch allgemeine Geschäftsprozesse. Zudem wurden gezielt Cloud-Architekturen aufgebaut. Tesla Motors galt als Benchmark. Es war ein Neueinsteiger mit kundenzentrischer Ausrichtung, digitaler Unternehmenskultur, automatisierter Prozesse, hocheffizienter IT-Cloudumgebung und hoher Eigenfertigungstiefe.[119] Im Jahr 2021 ließ sich feststellen, dass es deutliche Fortschritte hinsichtlich weiterer Digitalisierung seit 2016 gab. Allerdings haben sich zeitgleich die Prioritäten verschoben. Der massive Klimawandel mit langen Trockenperioden bei gestiegenen Temperaturen und zunehmenden Überschwemmungen hat das Setzen drastischer Abgasziele nach sich gezogen. Es existiert ein massiver Druck den Umstieg auf Elektrofahrzeuge voranzutreiben. Diese Umpriorisierung bindet erhebliche Investments und Kapazitäten. Dennoch nehmen digitale Transformationsprogramme in bestimmten Bereichen weiter Fahrt auf.[120]

---

[117] Angelehnt an (Schaeffer, 2017), S. 43

[118] (Bracht, Geckler, Wenzel, 2018), S. V

[119] (Winkelhake, 2021), S. 105

[120] (Winkelhake, 2021), S. 106

Daten allein haben keinen Mehrwert.[121] Dem entsprechend müssen Datenanalysen richtig genutzt werden. Im Rahmen umfangreicher und rasch wachsender Datenmengen gilt es den digitalen „Weizen von der Spreu" zu trennen. Dabei ist die Nutzung adäquater Analysetools erforderlich, um die „richtigen" Rohdaten in „intelligente" Daten zu verwandeln und diese schließlich zu nutzen, um die operative Effizienz zu verbessern.[122]

Abbildung 2.10 zeigt den generellen Kreislauf von der Rohdatenerfassung, über die Prozessierung der Daten bis hin zu gezielten Aktionen.

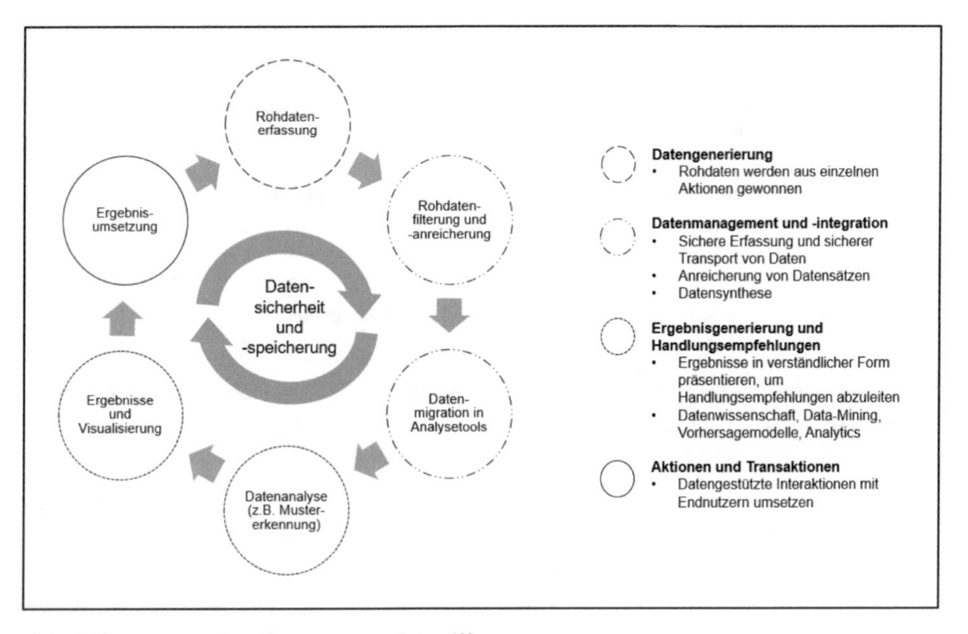

Abb. 2.10: Der kontinuierliche Datenkreislauf[123]

Gemäß Stöger sollte ein Unternehmen niemals zeitgleich den Schwerpunkt auf alle Bereiche legen. Abbildung 2.11 zeigt, welche Richtungen die Digitalisierung einschlagen kann.

[121] (Schaeffer, 2017), S. 139

[122] (Schaeffer, 2017), S. 137

[123] Angelehnt an (Schaeffer, 2017), S. 142

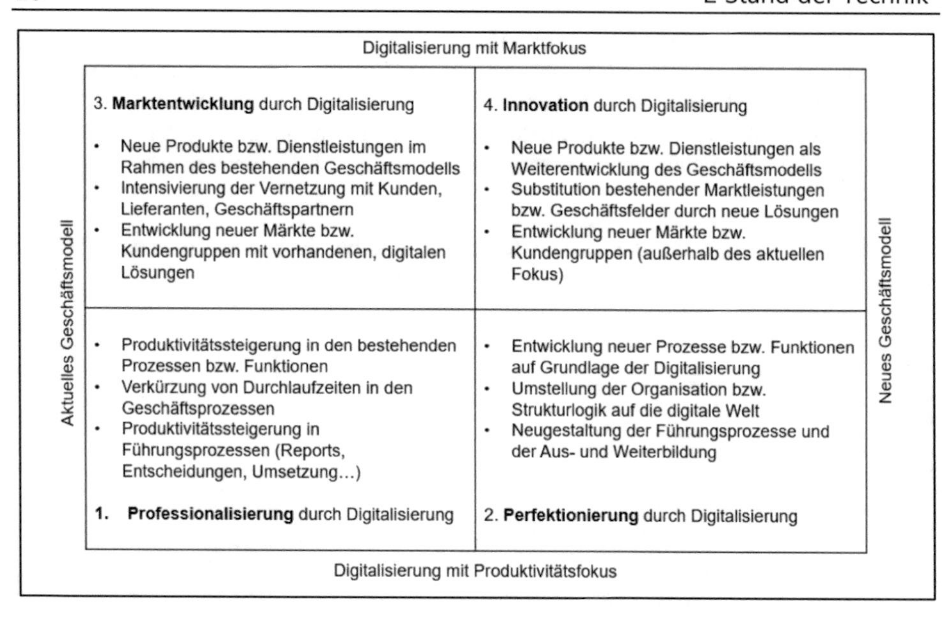

Abb. 2.11: Relevante Digitalisierungsfelder – Modell und Kernthemen[124]

In dieser Arbeit liegt der Fokus auf den Bereichen 1) und 2), da die Schwachstellenanalytik das Ziel der Produktivitätsoptimierung verfolgt beziehungsweise auch neu eingeführte Prozesse basierend auf der Digitalisierung perfektionieren kann.

Weber sagte in einem ZVEI-Spitzengespräch: „Oft mangelt es nicht an Ideen, sondern an der Umsetzung.“[125] Stöger beschrieb in einem Fachvortrag: „Mit der Digitalisierung ändert sich die Art und Weise mit Daten umzugehen.“[126] So sind auch die folgenden Aspekte festzuhalten: Im Rahmen der Digitalisierung wurden in den letzten zwei Jahrzehnten immense Fortschritte in Richtung Rechenleistung und Speicherkapazität gemacht. Damit werden schließlich schnellste Abfragen in Echtzeit ermöglicht. In diesem Zusammenhang ist auch das Stichwort „in Memory“ zu nennen: Die zeitgleiche Ausführung von Einträgen und Abfragen in einer einzigen Datenbank beziehungsweise in der Cloud. Somit ist ein wesentlicher Bestandteil der industriellen Veränderung bereits gegeben: Die Ermittlung, Speicherung und Auswertung großer Mengen von Daten (Big Data).[127] Mittels internetbasierter Vernetzung physischer Objekte sowie durch Anbringung von Aktoren, Sensoren und Identifikationstechnologien ist es bereits möglich, eine eindeutige Identität, Lokalisierung und Steuerung dieser Objekte zu schaffen.[128] In diesem Zusammenhang werden die reale und virtuelle Welt zur sogenannten „Smart Factory“, einer neuen Form der bisherigen Produktions- und Fertigungseinheiten, ver-

[124] Angelehnt an (Stöger, 2017), S. 49

[125] (Weber, 2019)

[126] (Stöger, 2019)

[127] (Bay, 2016), S. 7

[128] (Bay, 2016), S. 7

knüpft.[129] Vollmuth erkannte bereits in 1997: „Vernetztes Denken ist ein erfolgreiches Mittel zur Bewältigung der immer komplexer werdenden Aufgaben [...]. Das Konzept des vernetzten Denkens kann eingesetzt werden, um Problemsituationen unter vielfältigen Gesichtspunkten in ihren Abhängigkeiten zu erfassen.“[130]

Das ifaa hat 2020 eine Studie zum Thema ‚Produktivitätsstrategien im Wandel – Digitalisierung in der deutschen Wirtschaft' veröffentlicht. Im Folgenden werden einige Auszüge daraus insbesondere mit Bezug auf die Metall- und Elektroindustrie dargestellt, die im Rahmen dieser Arbeit eine wertvolle Bedeutung haben und die spätere Analytik in ihrem Wert unterstützen.

Zunächst ist zu erwähnen, dass Kennzahlen zur Produktivität grundsätzlich in der Metall- und Elektroindustrie weitestgehend bereits erfasst werden (Vgl. siehe Abbildung 2.12).[131]

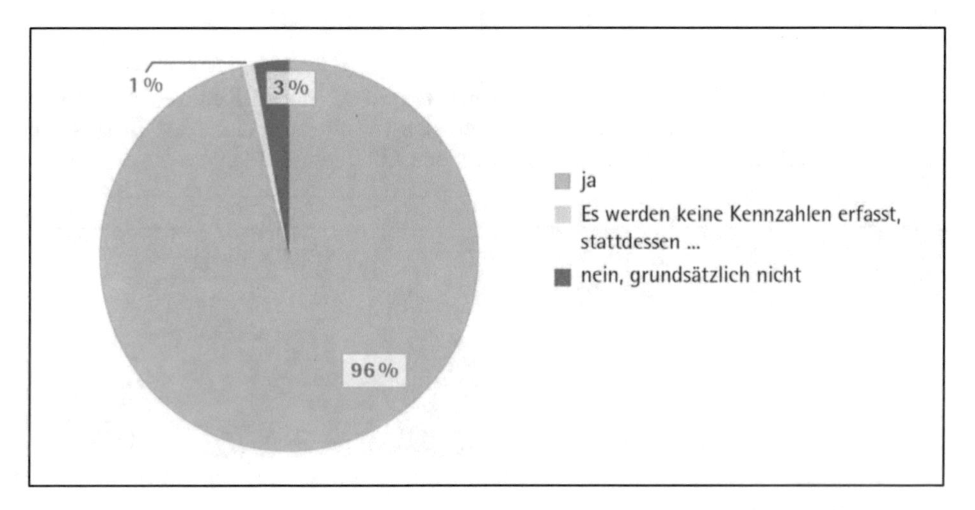

Abb. 2.12: Kennzahlenerfassung zur Produktivität in der Metall- und Elektroindustrie[132]

Dabei liegen Großteils Vergangenheitsdaten vor. Es gibt aber einiges Potenzial bzgl. Echtzeitdaten (Vgl. siehe Abbildung 2.13).[133]

[129] (Bay, 2016), S. 7
[130] (Vollmuth, 1997), S. 37
[131] (ifaa, 2020) - 2, S. 17
[132] (ifaa, 2020) - 2, S. 17
[133] (ifaa, 2020) - 2, S. 20

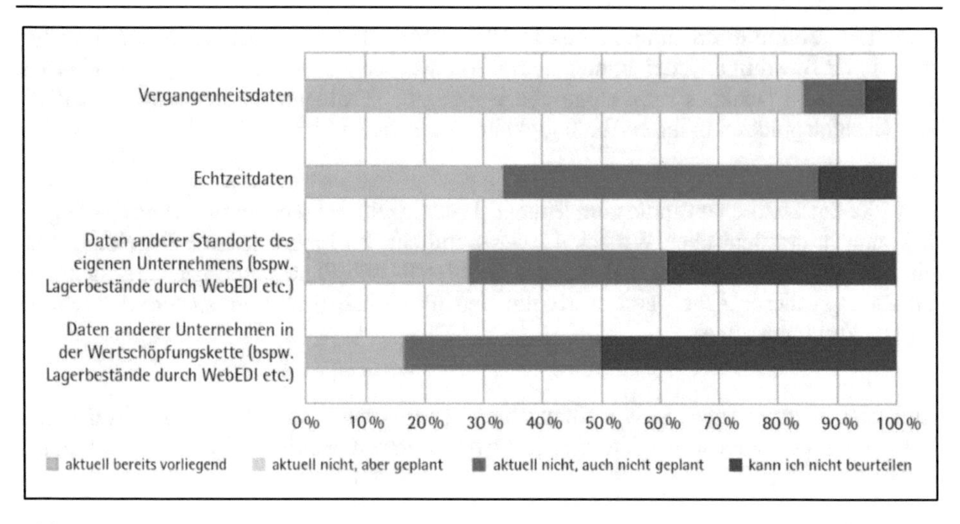

Abb. 2.13: Vorliegen produktivitätsrelevanter Daten in der Metall- und Elektroindustrie[134]

Die Betrachtungsumfänge bzgl. verschiedener Bereiche, in der Kennzahlen erhoben werden, variieren recht stark. Potenziale finden sich vor allem an einzelnen Arbeitsplätzen und im Verbund von Arbeitsplätzen (Vgl. siehe Abbildung 2.14).[135]

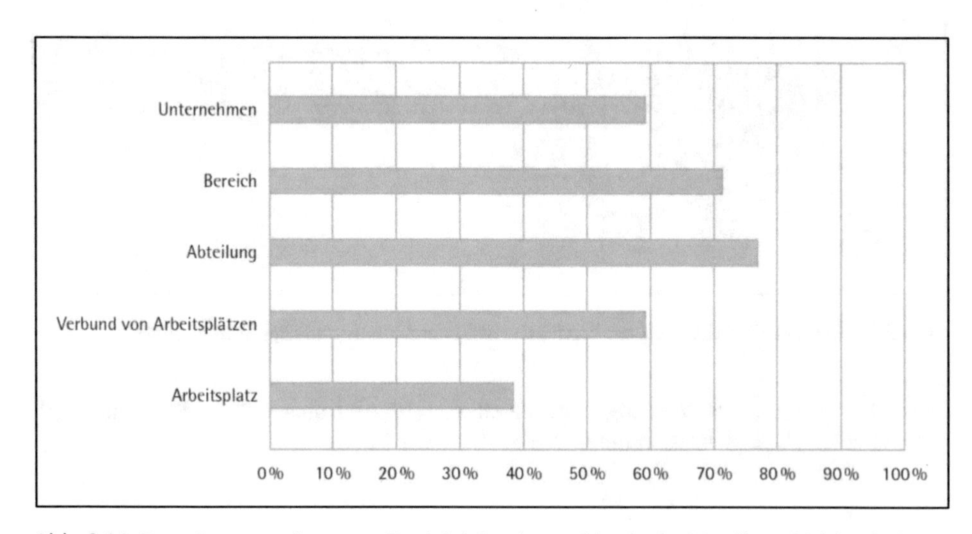

Abb. 2.14: Betrachtungsumfänge von Produktivitätskennzahlen in der Metall- und Elektroindustrie[136]

Ferner besteht erhebliches Potenzial für die systematische Nutzung bereits erfasster Daten für das Produktivitätsmanagement (Vgl. siehe Abbildung 2.15).[137]

134 (ifaa, 2020) - 2, S. 20

135 (ifaa, 2020) – 2, S. 30

136 (ifaa, 2020) – 2, S. 30

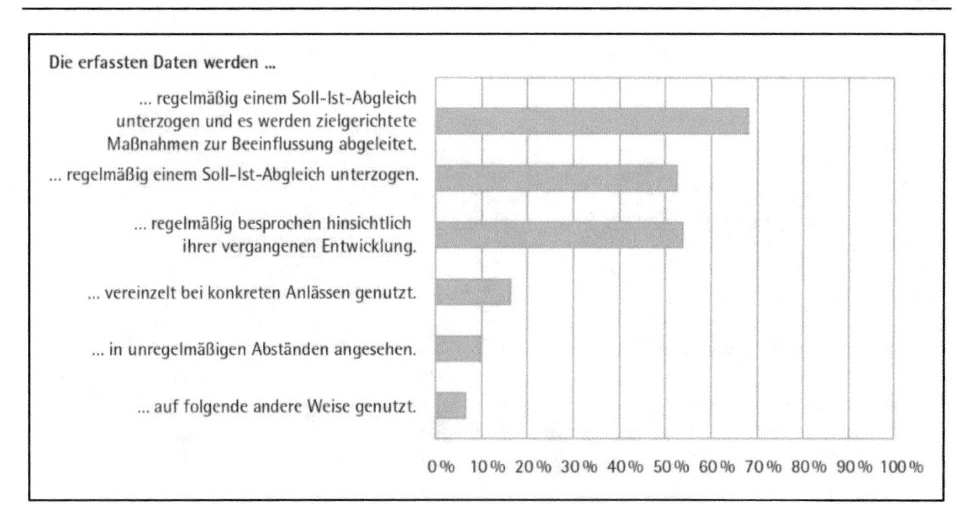

Abb. 2.15: Datennutzung für das Produktivitätsmanagement in der Metall- und Elektroindustrie[138]

Außerdem gibt es großes Potenzial bzgl. methodischer Unterstützung bei der Zielerreichung (Vgl. siehe Abbildung 2.16).[139]

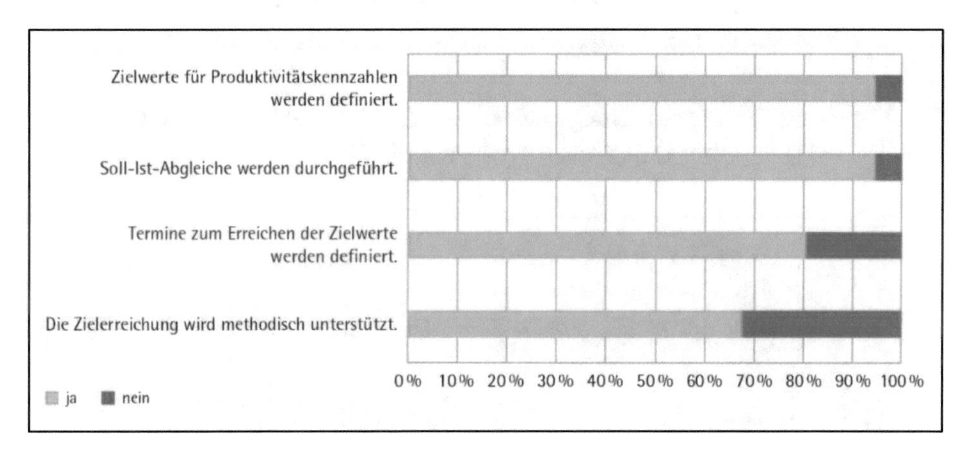

Abb. 2.16: Produktivitätsmanagement heute in der Metall- und Elektroindustrie[140]

Der erwartete Produktivitätsgewinn durch die Einführung digitaler Technologien liegt bei durchschnittlich 38% bis 2027.[141] Deutsche Unternehmen planen zudem Methoden

[137] (ifaa, 2020) – 2, S. 37

[138] (ifaa, 2020) – 2, S. 37

[139] (ifaa, 2020) – 2, S. 40

[140] (ifaa, 2020) – 2, S. 40

[141] (ifaa, 2020) – 2, S. 46

des Lean Managements auch zukünftig im Unternehmen zu nutzen. Dies sagten tatsächlich 100% der Befragten in der ifaa Studie (Vgl. siehe Abbildung 2.17).[142]

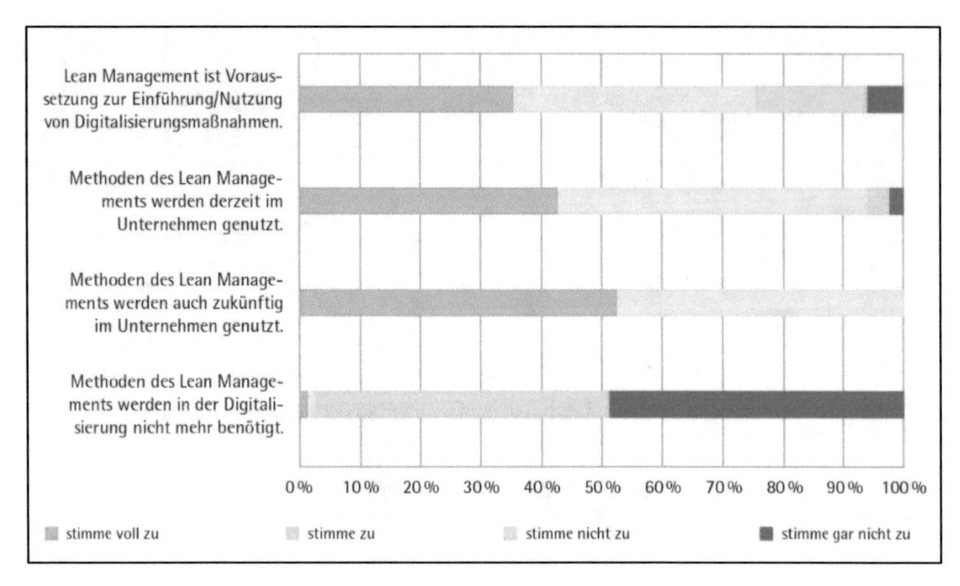

Abb. 2.17: Methoden des Lean Managements in der Metall- und Elektroindustrie[143]

Die Motivation für Digitalisierungsmaßnahmen liegt bei 33% bzgl. der Beseitigung eines konkreten Problems (Vgl. siehe Abbildung 2.18).[144]

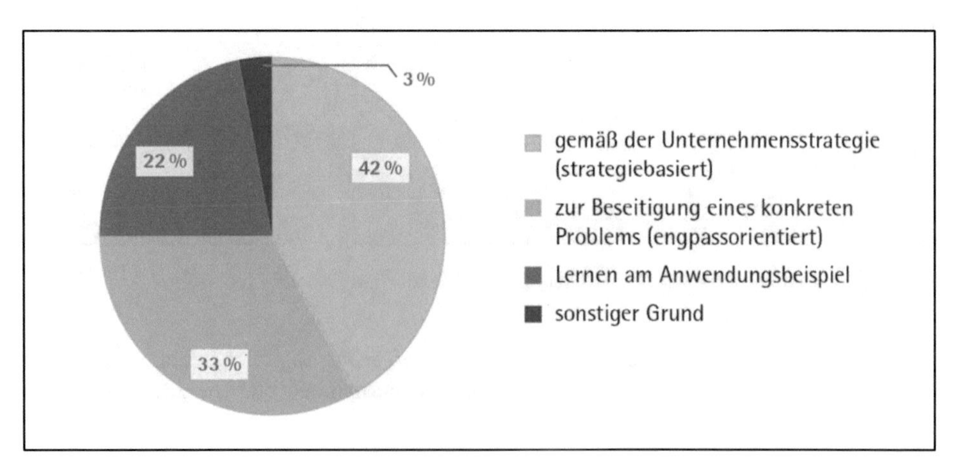

Abb. 2.18: Motivation für Digitalisierungsmaßnahmen in der Metall- und Elektroindustrie[145]

---

[142] (ifaa, 2020) – 2, S. 52

[143] (ifaa, 2020) – 2, S. 52

[144] (ifaa, 2020) – 2, S. 62

2.7 Statistische Grundlagen

Für eine umfassende statistische Auswertung bedarf es an Messwerten, die Produktmerkmale repräsentieren, aber auch möglichst anwenderfreundlich, effizient und sicher zu erfassen sind. Bei der Erfassung der Merkmalswerte sind auch stets Zusatzinformationen wie Datum/Uhrzeit, gegebenenfalls Ereignis, Maschinen- und Prozessparameter festzuhalten. Nur mit all diesen Informationen ist eine umfassende Analyse auf die Ursache möglich, auf dessen Basis Rückschlüsse auf Veränderungen gezogen werden können.[146]

Im Kapitel 2.7.1 wird zunächst kurz auf den Zusammenhang von Daten, Informationen und Wissen eingegangen. Die Schwachstellenanalytik wird im späteren Verlauf auf einige grundlegende mathematische Formulierungen zurückgreifen. Daher werden in den Kapiteln 2.7.2 bis 2.7.5 Korrelationen beziehungsweise Korrelationskoeffizienten, Standardabweichung und damit zusammenhängend Six Sigma, sowie Grundlagen zur Prozessfähigkeit und zur statistischen Prozesskontrolle erläutert.

2.7.1 Der Zusammenhang zwischen Daten, Information und Wissen

Wissen entsteht durch die Verknüpfung von Informationen. Informationen wiederum entstehen durch in Kontext gesetzte Daten (Vgl. siehe Abbildung 2.19).[147]

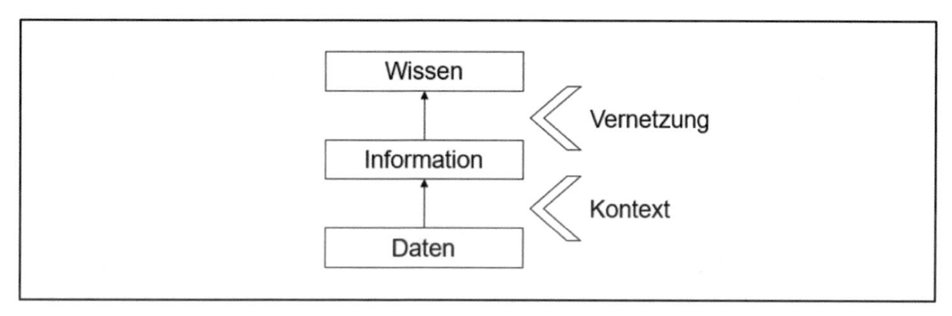

Abb. 2.19: Daten – Information – Wissen[148]

Gemäß Lehner sollte die Erweiterung des Informationsgrades in Unternehmen nicht planlos verlaufen, sondern gezielt mit Mechanismen zur Auswahl und Bewertung von Informationen verknüpft werden.[149] Schließlich kann Information auch als Produktionsfaktor verstanden werden.[150] Wie bereits zuvor erwähnt, müssen Daten eine Bedeutung bekommen, denn nur so stellen sie einen Mehrwert dar. Ebenso sind Daten allein keine Garantie für Erfolg, es kommt stets darauf an, was man daraus macht.[151]

[145] (ifaa, 2020) – 2, S. 62

[146] (Dietrich, Conrad, 2022). S. 45

[147] (Frey-Luxemburger, 2014), S. 17

[148] Angelehnt an (Frey-Luxemburger, 2014), S. 17

[149] (Lehner, 2012), S. 8

[150] (Lehner, 2012), S. 9

[151] (Lehner, 2012), S. 12

Letztlich unterscheidet sich Wissen sich in Bezug auf seine Verwaltung, Entwicklung und Verwendung entscheidend von Daten und Informationen. Wissen ist die Kenntnis von Beziehungen zwischen Ursache und Wirkung und basiert demnach auf einer systematischen Vernetzung von Informationen.[152]

2.7.2 Varianz, Kovarianz, Korrelation und Korrelationskoeffizient

Die Varianz (beziehungsweise die Standardabweichung) ist ein Maß für die absolute Größe der Streuungen um den entsprechenden Erwartungswert.[153] Dabei ist der Abstand für eine einzelne Beobachtung gleich dem Absolutbetrag $|x_i - \bar{x}|$ der Differenz zum Mittelwert, wobei man einfachere mathematische Zusammenhänge erhält, wenn man nicht die Absolutbeträge, sondern die Quadrate der Differenzen $x_i - \bar{x}$ als Basis für das Streuungsmaß nutzt.

Die Varianz der Stichprobe ist dann definiert als:[154]

$$var = \frac{1}{n-1} \sum_i (x_i - \bar{x})^2 \tag{2.4}$$

mit

$x\ als\ Variable$

$\bar{x} = Mittelwert\ der\ Variable\ x$

Eine verständlichere Bedeutung hat die Quadratwurzel der Varianz, die Standardabweichung.[155]

$$\sigma = \sqrt{var} \tag{2.5}$$

Bei der Kovarianz hingegen handelt es sich um eine Größe, welche den Zusammenhang zwischen zwei Zufallsvariablen x und y misst.[156]

$$cov_{xy} = E\big(x - E(x)\big)\big(y - E(y)\big) \tag{2.6}$$

mit

$x\ und\ y\ als\ Zufallsvariablen$

$E(x^k)\ als\ k - te\ Momente$

$E(x - E(x))^k\ als\ k - te\ zentrale\ Momente$

Die Korrelation ist schließlich ein standardisiertes Maß für den linearen Zusammenhang zwischen zwei Variablen. Der Korrelationskoeffizient ergibt sich aus der standardisierten Kovarianz. Somit nimmt die Korrelation stets Werte zwischen -1 und +1 an. Folglich

---

[152] (Lehner, 2012), S. 54ff.

[153] (Hartung, 2009), S. 117ff.

[154] (Stahel, 2008), S. 19

[155] (Stahel, 2008), S. 19

[156] (Hartung, 2009), S. 119

sind Korrelationskoeffizienten normierte Kennwerte, die besser zu vergleichen und zu interpretieren sind als Kovarianzen.[157]

$$r_{xy} = \frac{cov_{xy}}{s_x \cdot s_y} \quad (2.7)$$

mit

$s_x = Stichprobenvarianz\ der\ Variable\ x$

$s_y = Stichprobenvarianz\ der\ Variable\ y$

Ein Gesamtmaß für den Zusammenhang zwischen x und y der gesamten Strichprobe ergibt sich durch Ausmitteln der einzelnen Beträge.[158]

$$r_{xy} = \frac{1}{n-1} \sum_i \tilde{x}_i \tilde{y}_i \quad (2.8)$$

mit

$\tilde{x} = Median\ der\ Variable\ x$

$\tilde{y} = Median\ der\ Variable\ y$

Die Größe r_{xy} wird auch als (einfache) Korrelation zwischen x und y, oder Produktmomenten-Korrelation nach Pearson, bezeichnet.[159] Ist die Korrelation r zwischen x und y null, so sind die Zufallsvariablen x und y unkorreliert. Das heißt jedoch nicht pauschal, dass es keinen Zusammenhang zwischen x und y gibt, denn r gibt lediglich die Stärke des linearen Zusammenhangs zwischen zwei Zufallsvariablen an. Ist r = 1 beziehungsweise r = -1, so existiert zwischen den Zufallsvariablen x und y ein direkter positiver beziehungsweise direkter negativer linearer Zusammenhang.[160] Umso schwächer die Beziehung ist, desto kleiner ist auch der Korrelationskoeffizient. Das Vorzeichen des Korrelationskoeffizienten gibt lediglich einen Hinweis auf die Richtung des Zusammenhangs.[161]

2.7.3 Six Sigma und Standardabweichung

Die Philosophie von Six Sigma ist die Steigerung der Leistungsfähigkeit eines Unternehmens auf Basis der Erzielung einer Null-Fehler-Qualität in den Prozessabläufen. Dabei werden Fehler in den Prozessabläufen aufgeklärt, minimiert, vermieden und bestenfalls eliminiert. Six Sigma bedient sich dabei vorrangig statistischer Verfahren. Es gilt Prozesse entsprechend zu gestalten, sodass die Zielwerte mit einer sehr geringen Streuung auskommen.[162] Sigma ist somit eine Messgröße für das Qualitätslevel eines Produktes beziehungsweise Prozesses. Ein Prozess, welcher zu 99,99966% fehlerfrei ist, läuft auf Six Sigma – Niveau.[163] Die Basis des Six Sigma – Ansatzes besteht in der Reduzie-

---

157 (Leonhart, 2017), S. 267

158 (Stahel, 2008), S. 38

159 (Stahel, 2008), S. 39

160 (Hartung, Elpelt, 2007), S. 37ff.

161 (Dietrich, Schulze, 2014), S. 459

162 (Krampf, 2016), S. 67

163 (Koch, 2015), S. 166

rung von Variation mit positivem Effekt auf Durchlaufzeit und Nutzungsgrad.[164] Dabei wird zunächst die Prozessfähigkeit untersucht mittels Gauß'scher Normalverteilung. Diese ist eindeutig beschrieben durch den Mittelwert und die Standardabweichung. Diese Standardabweichung wird mit dem griechischen Buchstaben Sigma bezeichnet und gibt die Streubreite um den Mittelpunkt an. Jede Streuung der Zielwerte wirkt sich negativ auf Prozessqualität, Produktqualität, Prozesszeiten und/oder Prozesskosten aus. Je größer also Sigma, desto geringer ist die Abweichung vom Sollwert. Six Sigma bedeutet, dass die Toleranzgrenze mindestens sechs Standardabweichungen vom Mittelpunkt entfernt liegt, d.h. 0,00034% Fehler, was wiederum 3,4 Fehler pro 1 Mio. produzierter Produkte bedeutet (sogenannte 3,4 ppm).[165]

Die Six Sigma Forderung ist allerdings nicht auf alle Produktmerkmale anzuwenden, sondern speziell nur für besondere Merkmale (wie beispielsweise kritische Merkmale aus der Sicht des Kunden). Es ist zu erwähnen, dass die Situation $\pm 6\sigma$ innerhalb der Toleranz eine idealisierte Vorstellung ist (vgl. siehe Abbildung 2.20). Über einen langen Zeitraum gesehen treten schließlich Prozessschwankungen auf. Diese verursachen Veränderungen in der Lage und der Streuung über die Zeit, herbeigeführt durch die 5M (Mensch, Maschine, Mitwelt, Methode, Messsystem).[166]

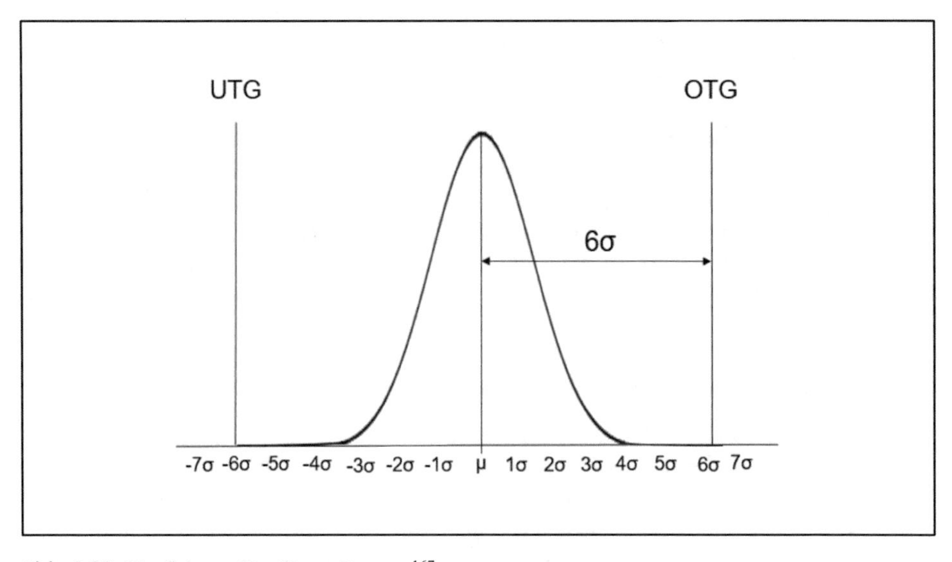

Abb. 2.20: Idealisierter Six Sigma Prozess[167]

2.7.4 Prozessstabilität und Prozessfähigkeit

Jedes Produktionsverfahren sollte eine möglichst konstante Qualität liefern. Für das Produkt bedeutet dies, dass jedes Merkmal mit einer geringen Streuung im entsprechen-

[164] (Zink, 2004), S. 32

[165] (Krampf, 2016), S. 68ff.

[166] (Dietrich, Conrad, 2022), S. 31

[167] Angelehnt an (Dietrich, Conrad, 2022), S. 31

den Toleranzbereich gefertigt wird. Dabei muss gemäß den jeweiligen Prozessstufen ein Fähigkeitsnachweis erbracht werden.

Die Maschinenfähigkeit (C_m, C_{mk}) wird üblicherweise als initiale Abnahmeprüfung bei neuen Maschinen oder nach erstmaliger Inbetriebnahme angewendet.[168] Der Zweck der Maschinenfähigkeit ist es, vor Anlauf der Serie oder während des Serienanlaufs zu untersuchen, ob der aktuelle Prozess die Qualitätsforderung an das Produkt erfüllen kann. Dabei ist festzustellen, ob Handlungsbedarf (z.B. Überholung der Maschine) besteht. Neue oder geänderte Verfahren oder instandgesetzte Maschinen beziehungsweise Apparate sind ebenso mittels Fähigkeitsuntersuchung abzunehmen. Die Fähigkeitsuntersuchungen basieren auf Daten von Qualitätsregelkarten.[169]

Die so genannte vorläufige Prozessfähigkeitsuntersuchung (P_p, P_{pk}) – Kurzzeitfähigkeit – dient der Beurteilung der Prozessfähigkeit vor Serienanlauf. Dabei sollten die endgültigen Serienbedingungen bereits realisiert und alle entsprechenden Einflussgrößen (Mensch, Maschine, Methode, Material, Umwelt) berücksichtigt sein.[170]

Die nach dem Serienanlauf durchzuführende Untersuchung zur Prozessfähigkeit (C_p, C_{pk}) – Langzeitfähigkeit – dient dazu, die Qualitätsfähigkeit unter realen Prozessbedingungen zu beurteilen. Eine solche Untersuchung muss sich über einen längeren Zeitabschnitt erstrecken, sodass alle streuungsrelevanten Faktoren wirksam werden können.[171]

Abbildung 2.21 zeigt das stufenweise Zusammenspiel von Maschinenfähigkeit, vorläufiger Prozessfähigkeit und Langzeitfähigkeit.

[168] (Klein, 2017), S. 83
[169] (DGQ, 1990), S. 48
[170] (Klein, 2017), S. 84
[171] (Klein, 2017), S. 84

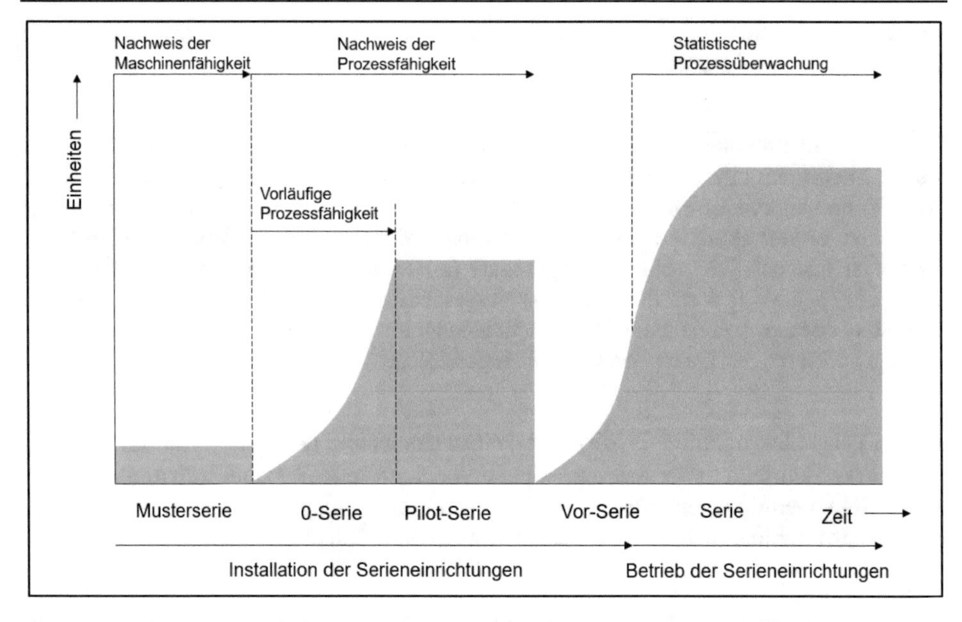

Abb. 2.21: Maschinenfähigkeit, vorläufige Prozessfähigkeit, Langzeitfähigkeit[172]

Die Prozessfähigkeit wird gemäß AIAG[173] wie folgt berechnet:

$$C_P = \frac{OTG - UTG}{6\sigma_C} \tag{2.9}$$

mit

$OTG = Obere\ Toleranzgrenze$

$UTG = Untere\ Toleranzgrenze$

$\sigma = Standardabweichung$

wobei

$C_{pk} \leq C_p$

[172] Angelehnt an (Klein, 2017), S. 83

[173] (AIAG, 2005), S. 132ff

Die oberen und unteren Prozessfähigkeiten können folgendermaßen berechnet werden:

$$CPU = \frac{OTG - \bar{x}}{3\sigma_C} \qquad (2.10)$$

$$CPL = \frac{\bar{x} - UTG}{3\sigma_C}$$

mit

$CPU = Upper\ Capability\ Index = Oberer\ Prozessfähigkeitsindex$

$CPL = Lower\ Capability\ Index = Unterer\ Prozessfähigkeitsindex$

$OTG = Obere\ Toleranzgrenze$

$UTG = Untere\ Toleranzgrenze$

$\sigma = Standardabweichung$

$\bar{x} = Mittelwert\ des\ Prozesses\ (Mittelwert\ des\ Untergruppen-mittelwertes;\ gemessener\ Prozessmittelwert)$

$C_{pk} = C_p$ ist nur bei zentriertem Prozess der Fall, da der Mittelwert des Prozesses bei zentriertem Prozess genau mittig zwischen UTG und OTG liegt.

C_{pk} wird als Minimum aus CPU und CPL bestimmt.

Die entsprechenden Fähigkeitskoeffizienten werden wie folgt berechnet:[174]

$$P_{pk} = C_{Pk} = C_{mk} = \min\left(\frac{(OTG - \bar{x})}{3\sigma}; \frac{(\bar{x} - UTG)}{3\sigma}\right) \qquad (2.11)$$

mit

$OTG = Obere\ Toleranzgrenze$

$UTG = Untere\ Toleranzgrenze$

$\bar{x} = Mittelwert\ des\ Prozesses$

$\sigma = Standardabweichung$

Bzgl. der Maschinenfähigkeit werden Grenzwerte von $C_m, C_{mk} > 1{,}67$ empfohlen.[175] Die vorläufige Prozessfähigkeit (Kurzzeitfähigkeit) sollte bei $P_p, P_{pk} > 1{,}67$ liegen.[176] Die fortdauernde Prozessfähigkeit (Langzeitfähigkeit) sollte $C_p, C_{pk} > 1{,}33$ erfüllen.[177] Abbildung 2.22 zeigt dies grafisch.

[174] (TE Connectivity, 2019), S. 11
[175] (Dietrich, Conrad, 2022), S. 439
[176] (Dietrich, Conrad, 2022), S. 439
[177] (Dietrich, Conrad, 2022), S. 441

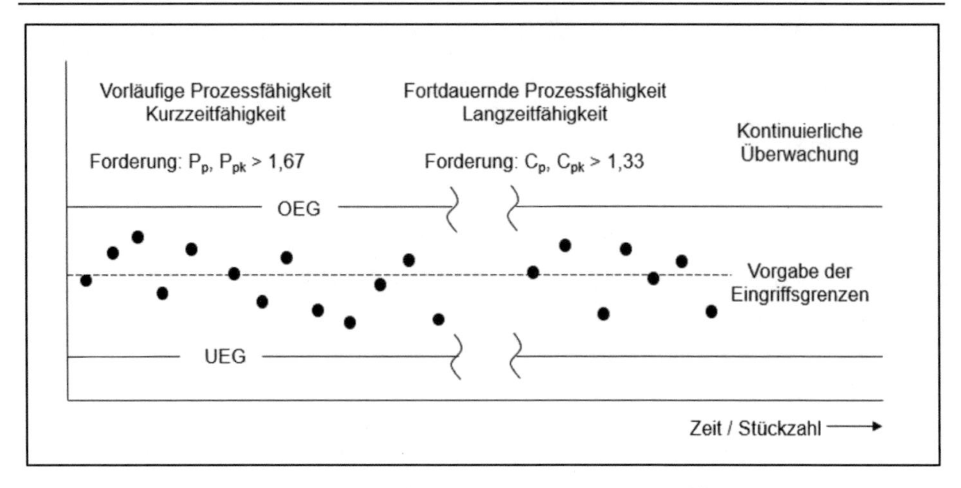

Abb. 2.22: Grenzwerte für die Kurzzeitfähigkeit und Langzeitfähigkeit [178]

Ein Prozess wird als stabil angenommen, sofern sich C_{mk} und C_{pk} für kritische Merkmale im Rahmen der definierten Vorgaben befinden.

Tabelle 2.1: Vorgaben zur Maschinenfähigkeit, Kurzzeit- und Langzeitfähigkeit [179]

<table>
<tr><th>Beschreibung</th><th>VDA</th><th>AIAG</th><th>TE</th></tr>
<tr><td>Maschinenfähigkeit</td><td>$C_{mk} \geq 1,67$ (nur gültig bei $n = 50$)</td><td>-----</td><td>$C_{mk} \geq 1,67$ (nur gültig bei $n = 50$)</td></tr>
<tr><td>Kurzzeitfähigkeit</td><td rowspan="2">$C_{pk}/\ P_{pk} \geq 1,33$ (nur gültig bei $n \geq 125$)</td><td>$C_{pk}/\ P_{pk} \geq 1,67$ (nur gültig bei $n \geq 125$)</td><td>$C_{pk}/\ P_{pk} \geq 1,67$ (nur gültig bei $n \geq 125$)</td></tr>
<tr><td>Langzeitfähigkeit</td><td>$C_{pk}/\ P_{pk} \geq 1,33$ (nur gültig bei $n \geq 125$)</td><td>$C_{pk}/\ P_{pk} \geq 1,33$ (nur gültig bei $n \geq 125$)</td></tr>
</table>

2.7.5 Statistische Prozesskontrolle

Statistische Methoden zur Qualitätsregelung in der Fertigung wurden bereits in den 1920er Jahren eingesetzt. Seitdem haben sich diese zu dem wichtigsten Werkzeug der fertigungsnahen Qualitätssicherung entwickelt.[180] Das Ziel der statistischen Prozesskontrolle ist es, ungewöhnliche Variabilität frühzeitig zu erkennen als auch ihre Ursachen präzise zu lokalisieren und bestenfalls zu eliminieren.[181] Die statistische Prozessregelung

[178] Angelehnt an (Dietrich, Conrad, 2022), S. 441

[179] (TE Connectivity, 2019), S. 6

[180] (Schlipf, 2009), S. 25

[181] (Sachs, 2002), S. 123

(SPC) wird in der Praxis oftmals als Synonym für kontinuierliche Prozessüberwachung verstanden. Dabei wird die Prozessleistung mittels einer fortlaufenden Analyse von Messwerten des betrachteten Merkmals überwacht.[182]

Die Produktion eines Produktes ist stets mit bestimmten Schwankungen der Produktionsbedingungen verbunden. Diese Schwankungen führen dazu, dass auch die Ausprägung jedes Qualitätsmerkmals des herzustellenden Produktes einer gewissen Variabilität unterliegt. Bei einem sorgfältig geplanten und eingeführten Produktionsprozess sollten die genannten Schwankungen sehr klein und nicht auf beeinflussbare Einzelfaktoren zurückführbar sein. In diesem Falle befindet sich der Produktionsprozess unter statistischer Kontrolle, d.h. er verläuft ungestört. Während der laufenden Fertigung kann es jedoch geschehen, dass die Schwankungen ansteigen und ein vordefiniertes Maß überschreiten, da sich kontrollierbare Faktoren stark verändern. Der Produktionsprozess ist in diesem Falle außer statistischer Kontrolle, d.h. er ist gestört.[183]

Eine permanente Prüfung, ob ein Fertigungsprozess unter statistischer Kontrolle läuft, kann mittels Qualitätsregelkarten umgesetzt werden. Man geht dabei von der Annahme aus, dass das zu überwachende Merkmal bei ungestörtem Prozess im Zeitverlauf unabhängig identisch verteilt ist.[184] Abbildung 2.23 zeigt den klassischen Aufbau einer Qualitätsregelkarte.

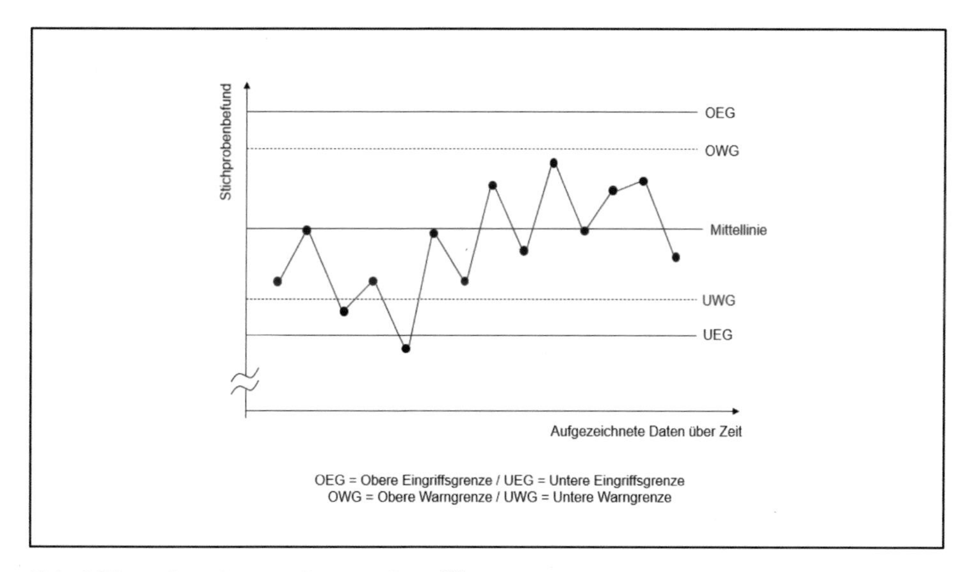

Abb. 2.23: Aufbau einer Qualitätsregelkarte[185]

---

[182] (Schlipf, 2009), S. 27

[183] (Rinne, Mittag, 1995), S. 331

[184] (Rinne, Mittag, 1995), S. 331

[185] Angelehnt an (Rinne, Mittag, 1995), S. 332

2.8 Verwendete Software

Im Verlauf der Arbeit wird verschiedene Software zur Erarbeitung der Analytik verwendet. Tabelle 1.2 zeigt einen Kurzabriss zur verwendeten Software und deren Grundfunktionalität.

Tabelle 1.2: Softwareübersicht

Software	Grundlegende Funktionalität
Minitab	Leistungsstarke statistische Software zur Analyse von Datenbeständen, Auffinden von Mustern und Beziehungen zwischen Variablen und Visualisierungsmöglichkeiten[186]
MS Excel	Tabellenkalkulationsprogramm für die Berechnung von Zahlen, Erstellung von Berichten, sowie Speicherung und Organisation von Daten[187]
MS Teams	• Plattform für die Zusammenarbeit, inkl. Chat, Dokumentenaustausch, Online-Meetings, Anruffunktionen etc. • Beinhaltet auch die Integration anderer Office-Apps und viele Nicht-Office-Apps[188]
Octave	• Programmiersprache, die in Wissenschaft, Entwicklung und Business eingesetzt wird • Freie Software, die zur Analyse und Prozessierung von Daten dient[189] • Leistungsstarke, mathematisch-basierte Syntax mit eingebauter 2D/3D Visualisierung[190]

[186] (Minitab, 2023)

[187] (Holler, 2022), S. 16

[188] (Holler, 2022), S. 281

[189] (Nakamura, 2016), S. 4

[190] (Octave, 2022)

3 Betriebliche Schwachstellen

Aufgrund des digitalen Fortschritts müssen sich Entscheidungsträger auf einen Paradigmenwechsel in Planung, Prognose und Reporting einstellen. Anstelle der reaktiv-analytischen Auswertung von Vergangenheitsdaten werden moderne präventiv-prognostizierende Ansätze treten. Durch Big Data verknüpft mit Predictive Analytics können auf Basis detaillierter Daten automatisiert und mit hoher Wahrscheinlichkeit eintreffende Prognosen generiert sowie in die Zukunft gerichtete Maßnahmen erarbeitet werden.[191] Eine hohe Informationsqualität ist dabei stets Voraussetzung für funktionierende Abläufe im Betrieb.[192] Hieran anknüpfend wird eine Struktur zur Identifizierung von Schwachstellen geschaffen, die es einerseits erlaubt, gezielt Daten an den einzelnen Elementen eines Arbeitssystems abzugreifen und andererseits so installiert werden kann, dass daraus generierte Informationen in Echtzeit ausgewertet werden können.

Kapitel 3.1 beschreibt zunächst, wie eine entsprechende Struktur betrieblicher Schwachstellen aussehen kann, um die genannten Anforderungen zu erfüllen. Darauf basierend wird im Kapitel 3.2 erläutert, wie Schwachstellen mittels Kennzahlen diagnostiziert werden können. Dabei erfolgt die Erforschung und Verifizierung der zugrundeliegenden Analytik mittels eines exemplarischen Stanzprozesses.

3.1 Entwicklung einer Struktur betrieblicher Schwachstellen

Busch hat bereits im Jahr 1991 festgestellt, dass eine Erhöhung der Produktivität einerseits eine permanente Überprüfung und Anpassung der eingesetzten Produktionsfaktoren und andererseits eine zeitnahe Überwachung der Wertschöpfungsprozesse und bei Bedarf dessen unmittelbare Korrektur erfordert.[193]

Das ist aktueller denn je: Mittels Predictive Analytics können Echtzeitdaten aufbereitet (beispielsweise Bild- oder Videodaten) und zur Überwachung in der Produktion genutzt werden. Algorithmen ermöglichen es dann, strukturierte Informationen aus unstrukturierten Daten herzuleiten. Aggregierte Informationen können anschließend verwendet werden, um Muster zur Detektion von Ereignissen (beispielsweise Abweichung im Prozess gegenüber Planprozess) zu erkennen und anschließend zur Optimierung zu nutzen.[194]

Ergänzend zu Predictive Analytics bringen dann Prescriptive Analytics ihren Mehrwert: Prozessverantwortliche können innerhalb kürzester Zeit qualifizierte Entscheidungen treffen, sofern alle relevanten Daten aggregiert und visualisiert wurden, gefolgt von proaktiver Information, beispielsweise zu einer signifikanten Abweichung eines aktuellen Prozesszustandes.[195]

---

[191] (Kieninger, 2017), S. 52

[192] (Hildebrand, Gebauer, Hinrichs, Mielke, 2011), S. 25

[193] (Busch, 1991), S. 30

[194] (Köhler-Schute, 2015), S. 131ff.

[195] (Köhler-Schute, 2015), S. 132

J. Schweiger, *Präventive Schwachstellenanalytik mit Methodenzuweisung zur Produktivitätsoptimierung von Fertigungsbetrieben der Automobilzulieferindustrie*,
ifaa-Edition, https://doi.org/10.1007/978-3-662-68769-7_3

Die Struktur der Schwachstellen muss letztlich hinreichend detailliert genug sein, sodass alle o.g. Aspekte angewendet werden können. – Dies gilt für den Bereich einzelner Mikro-Arbeitssysteme als auch für Makro-Arbeitssysteme, um eine ganzheitliche Analytik schaffen zu können. Dahingehend wurde zunächst eine tabellarische Sammlung von Elementen eines Arbeitssystems erstellt und mit derer am Verbund von Arbeitssystemen ergänzt.

Im Katalog wurden durchgängig mehrere Ebenen für die Auflistung der potenziellen Schwachstellen genutzt, um eine detaillierte Abprüfung zu ermöglichen. Außerdem wurde jeder Schwachstelle ein Kürzel zugewiesen, um die spätere Lokalisierung zu vereinfachen. Weiterführende Hinweise zur grundsätzlichen Erstellung des Schwachstellenkatalogs können der Publikation in der ifaa Zeitschrift ‚Betriebspraxis und Arbeitsforschung' entnommen werden.[196]

3.1.1 Schwachstellen an einzelnen Arbeitssystemen

Die Zusammenstellung der Schwachstellen an einzelnen Arbeitssystemen orientiert sich an den bekannten sieben Systemelementen gemäß REFA beziehungsweise DIN EN ISO 6385 (siehe Abbildung 3.1):

- Arbeitsaufgabe,
- Eingabe (Material, Energie, Informationen),
- Betriebsmittel,
- Mensch,
- Arbeitsablauf,
- Umwelteinflüsse und
- Ausgabe (Produktionsergebnis).[197]

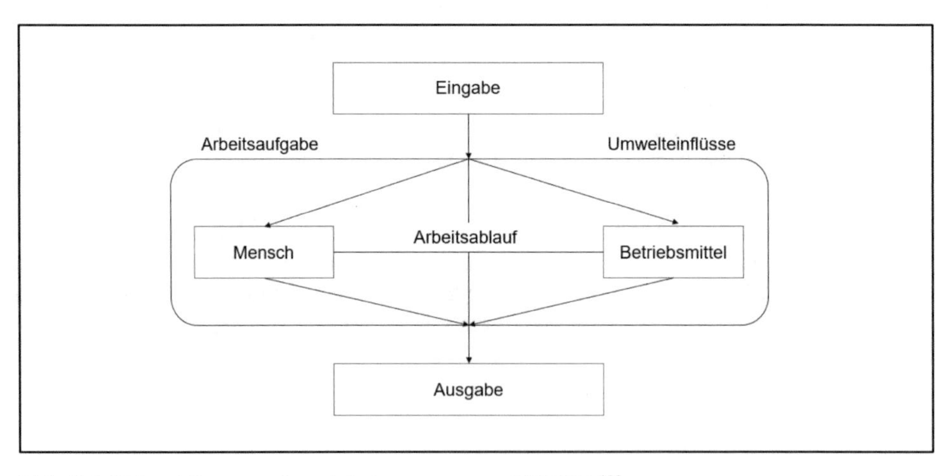

Abb. 3.1: Sieben Elemente eines Arbeitssystems gemäß REFA[198]

[196] (Schröter, Schweiger, 2019), S. 39

[197] (REFA, 2002), S. 66

[198] Gemäß (REFA, 2002), S. 66

Im Folgenden wird eine weitere Detaillierung der Systemelemente in Subelemente vorgenommen. Die folgenden Kapitel zeigen jeweils einen Auszug des Schwachstellenkatalogs. Der gesamte Katalog kann dem Anhang entnommen werden.

3.1.1.1 Arbeitsaufgabe

Subelemente im Bereich der Arbeitsaufgabe sind unter anderem die Fertigungsart, die Dokumentationsexistenz, Fertigungsstücklisten, fertigungsbezogene Einzelanordnungen oder auch Fertigungsmengen (siehe Tabelle 3.1).

Tabelle 3.1: Auszug Schwachstellenkatalog – Arbeitsaufgabe

Kennung / ID	Prüfbereich	Systemelement	Subelement	Schwachstelle
S3	Einzel-Arbeitssystem	Arbeitsaufgabe	Dokumentations-existenz	Dokumentierte Arbeitspläne unzureichend
S4	Einzel-Arbeitssystem	Arbeitsaufgabe	Dokumentations-existenz	Dokumentierte Fertigungsvorschriften unzureichend
S6	Einzel-Arbeitssystem	Arbeitsaufgabe	Fertigungsbezogene Einzelanordnungen	in mündlicher Form unzureichend
S7	Einzel-Arbeitssystem	Arbeitsaufgabe	Fertigungsbezogene Einzelanordnungen	in schriftlicher Form unzureichend
S8	Einzel-Arbeitssystem	Arbeitsaufgabe	Fertigungsbezogene Einzelanordnungen	uneindeutig
S9	Einzel-Arbeitssystem	Arbeitsaufgabe	Fertigungsbezogene Einzelanordnungen	mehrdeutig

An dieser Stelle sei erwähnt, dass der Detaillierungsgrad der Schwachstellenauflistung bei dieser Granularität endet. Anderenfalls würde der Schwachstellenkatalog in seiner Komplexität unüberschaubar werden. Beispielsweise wird auf die weitere Unterscheidung in Fertigungsverfahren verzichtet. Laut DIN sind Fertigungsverfahren „alle Verfahren zur Herstellung von geometrisch bestimmten festen Körpern. [...] Die Fertigungsverfahren können von Hand oder mittels Maschinen und anderen Fertigungseinrichtungen in der Industrie oder im Handwerk ausgeführt werden."[199] Gemäß DIN 8580 gibt es sechs Hauptgruppen von Fertigungsverfahren mit insgesamt 150 Untergruppen[200], die zu berücksichtigen wären. Die Schwachstellenanalytik wird bei praktischer Implementierung ohnehin je nach Fertigungsverfahren gezielt einmalig eingestellt werden müssen. Daher spielt ein weiterer Detaillierungsgrad des Schwachstellenkatalogs an dieser Stelle keine weitere Rolle.

3.1.1.2 Arbeitsablauf

Subelemente im Bereich des Arbeitsablaufs sind unter anderem die ergonomische Gestaltung und das Bewegungsstudium (siehe Tabelle 3.2).

[199] (DIN 8580:2003-09), S. 4

[200] (DIN 8580:2003-09), S. 7ff

Tabelle 3.2: Auszug Schwachstellenkatalog – Arbeitsablauf

Kennung / ID	Prüfbereich	Systemelement	Subelement	Schwachstelle
S18	Einzel-Arbeitssystem	Arbeitsablauf	Ergonomische Gestaltung	sicherheitstechnisch unzureichend
S19	Einzel-Arbeitssystem	Arbeitsablauf	Ergonomische Gestaltung	anthropometrisch unzureichend
S20	Einzel-Arbeitssystem	Arbeitsablauf	Ergonomische Gestaltung	physiologisch unzureichend
S21	Einzel-Arbeitssystem	Arbeitsablauf	Ergonomische Gestaltung	psychologisch unzureichend
S22	Einzel-Arbeitssystem	Arbeitsablauf	Ergonomische Gestaltung	informationstechnisch unzureichend
S23	Einzel-Arbeitssystem	Arbeitsablauf	Ergonomische Gestaltung	organisatorisch unzureichend
S24	Einzel-Arbeitssystem	Arbeitsablauf	Bewegungsstudium	Bewegungsvereinfachung ungenügend
S25	Einzel-Arbeitssystem	Arbeitsablauf	Bewegungsstudium	Bewegungsverdichtung ungenügend
S26	Einzel-Arbeitssystem	Arbeitsablauf	Bewegungsstudium	Teilmechanisierung ungenügend
S27	Einzel-Arbeitssystem	Arbeitsablauf	Bewegungsstudium	Aufgabenerweiterung ungenügend

Bezüglich der ergonomischen Gestaltung sei an dieser Stelle auf weiterführende Informationen in der ifaa Checkliste Ergonomie[201] verwiesen.

3.1.1.3 Eingabe (Input)

Subelemente im Bereich der Eingabe (siehe Tabelle 3.3) sind:

- die Mengendefinition des Einsatzes,
- die Qualität des Einsatzes sowie
- die Pünktlichkeit der Bereitstellung.

Tabelle 3.3: Auszug Schwachstellenkatalog – Eingabe

Kennung / ID	Prüfbereich	Systemelement	Subelement	Schwachstelle
S41	Einzel-Arbeitssystem	Eingabe	Eindeutige Einsatzdefinition der Mengen	Eindeutige Einsatzdefinition der Mengen nicht gegeben
S42	Einzel-Arbeitssystem	Eingabe	Qualitätssicherung des Einsatzes	Qualitätssicherung des Einsatzes nicht gegeben
S43	Einzel-Arbeitssystem	Eingabe	Pünktliche Materialbereitstellung	Pünktliche Materialbereitstellung nicht gegeben

[201] (ifaa, 2020) – 1

3.1.1.4 Ausgabe (Output)

Abzuprüfende Elemente der Ausgabe (siehe Tabelle 3.4) sind mitunter:

- die Menge,
- die Qualität,
- die Maßhaltigkeit und auch
- die Bearbeitungsverluste.

Tabelle 3.4: Auszug Schwachstellenkatalog – Ausgabe

Kennung / ID	Prüfbereich	Systemelement	Subelement	Schwachstelle
S44	Einzel-Arbeitssystem	Ausgabe	Menge	Menge nicht realisierbar oder unbekannt
S45	Einzel-Arbeitssystem	Ausgabe	Produktdaten	Konstruktion des Produktes nicht optimal
S46	Einzel-Arbeitssystem	Ausgabe	Produktdaten	Reifegrad des Produktes nicht optimal
S47	Einzel-Arbeitssystem	Ausgabe	Produktdaten	Typenvielfalt des Produktes nicht geeignet
S48	Einzel-Arbeitssystem	Ausgabe	Maßhaltigkeit	Maßhaltigkeit nicht gegeben
S49	Einzel-Arbeitssystem	Ausgabe	Qualität	Qualität nicht erreicht
S50	Einzel-Arbeitssystem	Ausgabe	Bearbeitungsverluste	Ausschuss zu hoch
S51	Einzel-Arbeitssystem	Ausgabe	Bearbeitungsverluste	Option Nacharbeit nicht gegeben
S52	Einzel-Arbeitssystem	Ausgabe	Bearbeitungsverluste	Reale Nacharbeit unzureichend

3.1.1.5 Mensch (Mitarbeiter)

Innerhalb des Systemelements ‚Mensch“ gilt es unter anderem folgende Subelemente abzuprüfen (siehe Tabelle 3.5):

- die Arbeitsqualifikation,
- das Motivationssystem,
- das Leistungsanreizsystem,
- Formen des Leistungsentgelts,
- Arbeitsstrukturierung sowie
- Beanspruchungen.

Tabelle 3.5: Auszug Schwachstellenkatalog – Mensch

Kennung / ID	Prüfbereich	System-element	Subelement	Schwachstelle
S53	Einzel-Arbeitssystem	Mensch	Arbeitsqualifikation	Grundqualifikation: ungelernt - nicht ausreichend
S54	Einzel-Arbeitssystem	Mensch	Arbeitsqualifikation	Grundqualifikation: angelernt - nicht ausreichend
S55	Einzel-Arbeitssystem	Mensch	Arbeitsqualifikation	Grundqualifikation: gelernt (Facharbeiter/in) - nicht ausreichend
S56	Einzel-Arbeitssystem	Mensch	Arbeitsqualifikation	Reale Qualifikation unzureichend
S57	Einzel-Arbeitssystem	Mensch	Arbeitsqualifikation	Aus- und Weiterbildung unzureichend
S58	Einzel-Arbeitssystem	Mensch	Arbeitsqualifikation	Anlern- und Umlernverlauf unzureichend
S59	Einzel-Arbeitssystem	Mensch	Arbeitsqualifikation	Unterweisung am Arbeitsplatz mangelhaft
S60	Einzel-Arbeitssystem	Mensch	Arbeitsqualifikation	Qualifikation der betrieblichen Vorgesetzten unzureichend
S61	Einzel-Arbeitssystem	Mensch	Motivationssystem	Monetär unzulänglich
S62	Einzel-Arbeitssystem	Mensch	Motivationssystem	Führungstechnisch unzulänglich
S63	Einzel-Arbeitssystem	Mensch	Leistungsentgelt	Soll-Zeiten nicht vorhanden
S64	Einzel-Arbeitssystem	Mensch	Leistungsentgelt	Darin sachliche Verteilzeiten unzureichend
S65	Einzel-Arbeitssystem	Mensch	Leistungsentgelt	Darin persönliche Verteilzeiten unzureichend
S101	Einzel-Arbeitssystem	Mensch	Arbeitsstrukturierung	Arbeitserweiterung (Job Enlargement) nicht möglich
S102	Einzel-Arbeitssystem	Mensch	Arbeitsstrukturierung	Arbeitsbereicherung (Job Enrichment) nicht möglich
S103	Einzel-Arbeitssystem	Mensch	Arbeitsstrukturierung	Arbeitswechsel (Job Rotation) nicht möglich
S104	Einzel-Arbeitssystem	Mensch	Arbeitsstrukturierung	Teil-Autonome Gruppenarbeit nicht anwendbar
S105	Einzel-Arbeitssystem	Mensch	Arbeitsstrukturierung	Andere Arbeitsformen nicht anwendbar
S106	Einzel-Arbeitssystem	Mensch	Beanspruchungen	Physische Beanspruchung der Mitarbeiter/innen zu hoch
S107	Einzel-Arbeitssystem	Mensch	Beanspruchungen	Psychische Beanspruchung der Mitarbeiter/innen zu hoch
S108	Einzel-Arbeitssystem	Mensch	Betriebliche Kennzahlen	Krankenstand zu hoch
S109	Einzel-Arbeitssystem	Mensch	Betriebliche Kennzahlen	Fluktuation zu hoch
S110	Einzel-Arbeitssystem	Mensch	Betriebliche Kennzahlen	Unfallhäufigkeit zu hoch

3.1.1.6 Betriebs- / Arbeitsmittel

Die Betriebs- und Arbeitsmittel sind u.a. bezüglich folgender Subelemente (siehe Tabelle 3.6) zu prüfen:

- Betriebsmitteldaten,
- Betriebsmittelzeiten und
- Organisationsbedingte Ausfallzeiten.

Tabelle 3.6: Auszug Schwachstellenkatalog – Betriebs-/Arbeitsmittel

Kennung / ID	Prüfbereich	Systemelement	Subelement	Schwachstelle
S126	Einzel-Arbeitssystem	Betriebs-/ Arbeitsmittel	Betriebsmitteldaten	Bezeichnung / Art nicht bekannt
S127	Einzel-Arbeitssystem	Betriebs-/ Arbeitsmittel	Betriebsmitteldaten	Hersteller nicht bekannt
S128	Einzel-Arbeitssystem	Betriebs-/ Arbeitsmittel	Betriebsmitteldaten	Baujahr nicht bekannt
S129	Einzel-Arbeitssystem	Betriebs-/ Arbeitsmittel	Betriebsmitteldaten	Technische Eignung (Qualität) nicht gegeben
S130	Einzel-Arbeitssystem	Betriebs-/ Arbeitsmittel	Betriebsmitteldaten	Technische Verfügbarkeit (Technische Ausfallzeiten) unzureichend
S131	Einzel-Arbeitssystem	Betriebs-/ Arbeitsmittel	Betriebsmitteldaten	Instandhaltungsberichte bzgl. Stand der Technik nicht ausgewertet
S132	Einzel-Arbeitssystem	Betriebs-/ Arbeitsmittel	Betriebsmittel-Zeiten	Betriebsmittel-Hauptzeiten unzureichend
S133	Einzel-Arbeitssystem	Betriebs-/ Arbeitsmittel	Betriebsmittel-Zeiten	Zyklische Nebenzeiten / Globalanteil mangelhaft
S134	Einzel-Arbeitssystem	Betriebs-/ Arbeitsmittel	Betriebsmittel-Zeiten	Zeit, um Teile / Stoffe in Betriebsmittel einzugeben, zu lang/kurz
S135	Einzel-Arbeitssystem	Betriebs-/ Arbeitsmittel	Betriebsmittel-Zeiten	Zeit, um Teile / Stoffe während der Fertigung zu prüfen, zu lang/kurz
S136	Einzel-Arbeitssystem	Betriebs-/ Arbeitsmittel	Betriebsmittel-Zeiten	Zeit, um Teile aus Betriebsmittel zu entnehmen und abzulegen, zu lang/kurz
S137	Einzel-Arbeitssystem	Betriebs-/ Arbeitsmittel	Organisationsbedingte Ausfallzeiten	Material / Teile nicht verfügbar
S138	Einzel-Arbeitssystem	Betriebs-/ Arbeitsmittel	Organisationsbedingte Ausfallzeiten	Transportmittel (z.B. Gabelstapler) nicht verfügbar
S139	Einzel-Arbeitssystem	Betriebs-/ Arbeitsmittel	Organisationsbedingte Ausfallzeiten	Stelleneigene Aufgaben der Materialbereitstellung mangelhaft

3.1.1.7 Umgebungseinflüsse

Potenzielle Schwachstellen im Rahmen der Umgebungseinflüsse können physikalische und/oder chemische Emissionen sowie sonstige Gefahren- oder beanspruchende Einflüsse sein (siehe Tabelle 3.7).

Tabelle 3.7: Auszug Schwachstellenkatalog – Umgebungseinflüsse

Kennung / ID	Prüfbereich	Systemelement	Subelement	Schwachstelle
S163	Einzel-Arbeitssystem	Umgebungs-einflüsse	Umgebungs-einflüsse	Physikalische Emissionen zu hoch
S164	Einzel-Arbeitssystem	Umgebungs-einflüsse	Umgebungs-einflüsse	Chemische Emissionen zu hoch
S165	Einzel-Arbeitssystem	Umgebungs-einflüsse	Umgebungs-einflüsse	Sonstige Gefahren-Einflüsse zu hoch
S166	Einzel-Arbeitssystem	Umgebungs-einflüsse	Umgebungs-einflüsse	Sonstige beanspruchende Einflüsse zu hoch

3.1.2 Schwachstellen im Verbund von Arbeitssystemen

Einleitend sei festgestellt, dass bei mehrstufigen Fertigungs- und Montageprozessen das Zusammenspiel der verschiedenen Maschinen und Betriebsmittel über die Gesamtproduktivität der Linie entscheidet. Beispielsweise wird sich eine Station mit geringer Verfügbarkeit sofort negativ auf die Gesamtleistung auswirken. Selbst wenn alle Maschinen eine hervorragende individuelle Produktivität haben, erreicht die gesamte Produktionslinie erst dann die optimale Effizienz, wenn alle Stationen über den gesamten Daten- und Materialfluss synchron arbeiten.[202] Bezüglich der potenziellen Schwachstellen zwischen einzelnen Arbeitssystemen sind eine Reihe vielfältiger Elemente abzuprüfen, unter anderem (siehe Tabelle 3.8):

- Fertigungskategorien, wie die Güte der Einzelfertigungen und Montagearbeiten,
- die Zweckdienlichkeit von Mehrstellen-/Gruppenarbeit,
- Prozessgrunddaten, wie die Verfügbarkeit und Qualität von Erzeugnisgliederungen, Arbeitsplänen und Fertigungsvorschriften,
- die Ablaufgestaltung, beispielsweise Zweckdienlichkeit von ortsgebundenen / ortsveränderlichen Arbeitssystemen oder auch Randbedingungen wie eine hinreichende Abstimmung fördertechnischer Faktoren sowie Materialflussanalysen,
- Optimale Wahl von Verkettungsmitteln, wie Rollenbahn, Drehscheibe, Kreisförderer, Wandertisch etc. und
- Höhe der Durchlaufzeiten.

[202] (Bosch Rexroth Deutschland, 2011)

Tabelle 3.8: Auszug Schwachstellenkatalog – Schwachstellen im Verbund von Arbeitssystemen

Kennung / ID	Prüfbereich	Systemelement	Subelement	Schwachstelle
S222	Verbund von Arbeitssystemen	Fertigungska-tegorien	Fertigungskategorien	Teile-Fertigung mangelhaft
S223	Verbund von Arbeitssystemen	Fertigungska-tegorien	Fertigungskategorien	Einzelfertigung mangelhaft
S224	Verbund von Arbeitssystemen	Fertigungska-tegorien	Fertigungskategorien	Fließende Fertigung mangelhaft
S225	Verbund von Arbeitssystemen	Fertigungska-tegorien	Fertigungskategorien	Montagearbeiten mangelhaft
S226	Verbund von Arbeitssystemen	Mehrstellen-/ Gruppenarbeit	Mehrstellen-/ Gruppenarbeit	Deterministische Mehrstellenarbeit nicht zweckdienlich
S227	Verbund von Arbeitssystemen	Mehrstellen-/ Gruppenarbeit	Mehrstellen-/ Gruppenarbeit	Stochastische Mehrstellenarbeit nicht zweckdienlich
S228	Verbund von Arbeitssystemen	Mehrstellen-/ Gruppenarbeit	Mehrstellen-/ Gruppenarbeit	Einstellige Gruppenarbeit nicht zweckdienlich
S229	Verbund von Arbeitssystemen	Mehrstellen-/ Gruppenarbeit	Mehrstellen-/ Gruppenarbeit	Mehrstellige Gruppenarbeit nicht zweckdienlich
S230	Verbund von Arbeitssystemen	Mehrstellen-/ Gruppenarbeit	Mehrstellen-/ Gruppenarbeit	Teil-autonome Gruppenarbeit nicht zweckdienlich
S231	Verbund von Arbeitssystemen	Prozessgrund-daten	Prozessgrunddaten	Erzeugnisgliederungen (z.B. Stücklisten) nicht vorhanden / falsch
S232	Verbund von Arbeitssystemen	Prozessgrund-daten	Prozessgrunddaten	Arbeitspläne nicht vorhanden / falsch
S233	Verbund von Arbeitssystemen	Prozessgrund-daten	Prozessgrunddaten	Rezepturen nicht vorhanden / falsch
S234	Verbund von Arbeitssystemen	Prozessgrund-daten	Prozessgrunddaten	Fertigungsvorschriften nicht vorhanden / falsch
S235	Verbund von Arbeitssystemen	Ablaufgestal-tung	Ablaufanalyse	Ist- und Soll-Zustandsanalyse nicht vorhanden
S236	Verbund von Arbeitssystemen	Ablaufgestal-tung	Ablaufanalyse	Darstellungsformen mangelhaft
S237	Verbund von Arbeitssystemen	Ablaufgestal-tung	Ablaufarten-gliederung für den Arbeitsgegenstand	Verändern - nicht möglich/vorhanden
S238	Verbund von Arbeitssystemen	Ablaufgestal-tung	Ablaufarten-gliederung für den Arbeitsgegenstand	Prüfen - nicht möglich/vorhanden
S239	Verbund von Arbeitssystemen	Ablaufgestal-tung	Ablaufarten-gliederung für den Arbeitsgegenstand	Liegen - unzureichend
S240	Verbund von Arbeitssystemen	Ablaufgestal-tung	Ablaufarten-gliederung für den Arbeitsgegenstand	Lagern - unzureichend
S241	Verbund von Arbeitssystemen	Ablaufgestal-tung	Ablaufprinzipien	Ablaufprinzipien

Kennung / ID	Prüfbereich	Systemelement	Subelement	Schwachstelle
S242	Verbund von Arbeitssystemen	Ablaufgestaltung	Ortsgebundene Arbeitssysteme	Werkbankfertigung nicht zweckdienlich
S243	Verbund von Arbeitssystemen	Ablaufgestaltung	Ortsgebundene Arbeitssysteme	Fertigung Verrichtungsprinzip nicht zweckdienlich
S244	Verbund von Arbeitssystemen	Ablaufgestaltung	Ortsgebundene Arbeitssysteme	Fertigung Flussprinzip nicht zweckdienlich
S245	Verbund von Arbeitssystemen	Ablaufgestaltung	Ortsgebundene Arbeitssysteme	Automatische Fertigung nicht zweckdienlich
S246	Verbund von Arbeitssystemen	Ablaufgestaltung	Ortsgebundene Arbeitssysteme	Verfahrenstechnische Fertigung nicht zweckdienlich
S247	Verbund von Arbeitssystemen	Ablaufgestaltung	Ortsveränderliche Arbeitssysteme	Fertigung Platzprinzip nicht zweckdienlich
S248	Verbund von Arbeitssystemen	Ablaufgestaltung	Ortsveränderliche Arbeitssysteme	Fertigung Wanderprinzip nicht zweckdienlich
S249	Verbund von Arbeitssystemen	Ablaufgestaltung	Ortsveränderliche Arbeitssysteme	Förderarbeiten nicht zweckdienlich
S250	Verbund von Arbeitssystemen	Ablaufgestaltung	Ortsveränderliche Arbeitssysteme	Transportarbeiten nicht hinreichend abgestimmt
S251	Verbund von Arbeitssystemen	Ablaufgestaltung	Randbedingungen	Räumliche Faktoren unzureichend
S252	Verbund von Arbeitssystemen	Ablaufgestaltung	Randbedingungen	Fertigungstechnische Faktoren nicht hinreichend abgestimmt

3.1.3 Kategorisierung bezüglich primärer Funktionsbereiche

Der erstellte Schwachstellenkatalog wurde im nächsten Schritt mit einer weiterführenden Kategorisierung hinsichtlich der primären Funktionsbereiche ergänzt. Diese dient zur Reduzierung der Komplexität, um einen besseren Überblick im umfassenden Mengengerüst zu behalten. Mit primären Funktionsbereichen sind die jeweiligen vorrangig betroffenen Fachabteilungen gemeint, beispielsweise Produktion, Finanzwesen und Einkauf. Die entsprechend zugeordneten Schwachstellen liegen jeweils vorrangig im Verantwortungsbereich eben dieser Funktionen.

3.2 Diagnose von Schwachstellen

Voraussetzung zur Diagnose von Schwachstellen sind messbare Kriterien, um eine Identifizierung überhaupt zu ermöglichen. Die folgenden Kapitel beschreiben die Grundsätze von Kennzahlen zu ebendieser Identifizierung.

3.2.1 Quantifizierung der Schwachstellen mittels Kennzahlen

Kennzahlen sind Indikatoren für die Produktivität eines Prozesses und gestatten rasches und gezieltes Eingreifen.[203] Zu diesem Zwecke gilt es bestimmte Anforderungen bezüglich der gewählten Kennzahlen zu erfüllen:

- Für jede Kennzahl muss eine Vorgabe beziehungsweise ein Ziel definiert sein.
- Eine Kennzahl sollte komprimierte Informationen erhalten, dabei aber hinreichend genau sein, um Abweichungen aufdecken zu können.
- Eine Kennzahl muss messbar sein.
- Kennzahlen müssen möglichst vollständig sein, sodass sie zu richtigen Ergebnissen führen.
- Kennzahlen sollten vergleichbar sein. Darunter ist auch eine einheitliche Bezeichnung zu verstehen.
- Kennzahlen sollten übersichtlich und transparent aufbereitet sein.
- Kennzahlen müssen zum Zwecke einer effektiven Auswertung verständlich und benutzerfreundlich sein.
- Bei der Erstellung und Auswertung sollten Kennzahlen auch wirtschaftliche Kriterien berücksichtigen.[204]

Quantifizierbarkeit, Erhebbarkeit, Vergleichbarkeit, Relevanz und Aktualität sind von höchster Wichtigkeit, damit kein Spielraum für die Interpretierbarkeit bleibt.[205]

Im Rahmen der Schwachstellenanalytik wird vielmehr ein Kennzahlensystem im Vordergrund stehen, als einzelne Kennzahlen. Daher sind folgende Anforderungen an ein Kennzahlensystem zu berücksichtigen:

- Kennzahlen im Kennzahlensystem sollten mit kritischen Erfolgsfaktoren des Unternehmens in Verbindung stehen.
- Das System sollte die Vergangenheit, die Gegenwart und auch die Zukunft berücksichtigen.
- Es müssen langfristige als auch kurzfristige Kennzahlen betrachtet werden.
- Das System sollte möglichst viele Perspektiven miteinbeziehen - d.h. Aussagen über Geschäftserfolg, betriebliche Prozesse, finanzielle Lage und auch die Bedürfnisse von Kunden, Mitarbeiter und Gesellschafter.
- Alle Kennzahlen im System sollten quantitativ erfassbar sein.[206]

Es ist zu erwähnen, dass durchgängige Kennzahlensysteme bereits seit Jahrzehnten eine Herausforderung sind. Fischermanns sagt: „Kennzahlen für einen abgekapselten Bereich, einen separaten Prozess oder ein einzelnes Produkt sind leicht zu definieren. Problematisch wird es immer dann, wenn Kennzahlen in größerem Zusammenhang gesehen werden. Bisher liegen wenig Erfahrungen vor, wie prozessorientierte Kennzahlen aggregiert werden können.“[207]

---

[203] (Jung, 2002), S. 69

[204] (Vollmuth, Zwettler, 2016), S. 24ff.

[205] (Jankulik, Piff, 2009), S. 46

[206] (Vollmuth, Zwettler, 2016), S. 25ff.

[207] (Fischermanns, 2008), S. 377

Wertsteigerungen werden mittels Werttreibern realisiert.[208] Werttreiber in der Produktionsumgebung sind u.a. Termineinhaltung, Durchlaufzeiten, Maschinennutzung, Materialbestand, Qualität, Steuerung, sowie Qualifikation und Motivation (siehe Abbildung 3.2).[209]

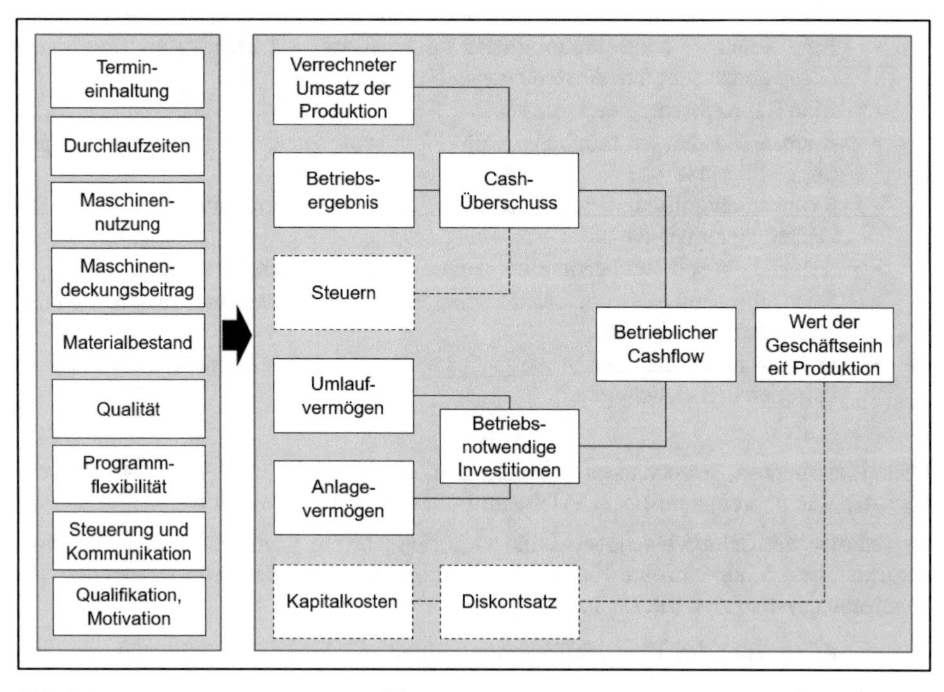

Abb. 3.2: Werttreiber in der Produktion[210]

Zur Realisierung der Schwachstellenanalytik wurde eine ganzheitliche Kennzahlensammlung erstellt, welche die o.g. Anforderungen erfüllt, sowie auch auf die genannten Werttreiber abzielt. Ähnlich den Schwachstellen, wurde allen Kennzahlen ein entsprechendes Kürzel zugewiesen als auch ein primärer Funktionsbereich. Im späteren Verlauf der Gegenüberstellung von Schwachstellen und anwendbarer Kennzahlen wird insbesondere der primäre Funktionsbereich dabei dienlich sein, das Mengengerüst zu überschauen.

Im Kennzahlenkatalog selbst findet sich für jede Kennzahl eine kurze Erläuterung der Kennzahl. Es muss erwähnt sein, dass die individuelle Auslegung stets je nach Betrieb in der späteren Praxis abweichen kann.

[208] (Bauer, Hayessen, 2009), S. 17

[209] (Bauer, Hayessen, 2009), S. 17

[210] Angelehnt an (Bauer, Hayessen, 2009), S. 17

3.2.2 Erweiterung des Schwachstellenkatalogs mit Zuordnung der Kennzahlen

Der Kennzahlenkatalog ist mit dem Schwachstellenkatalog zu verknüpfen, um die jeweiligen Beziehungen in der späteren Schwachstellenanalytik verwenden zu können. 297 Schwachstellen und 264 Kennzahlen sind zunächst als Matrix angelegt worden. Um das Mengengerüst praktikabel zu begrenzen, wird nun von dem Attribut ‚Primärer Funktionsbereich' Gebrauch gemacht (siehe Tabelle 3.9).

Tabelle 3.9: Mengengerüst Gegenüberstellung Schwachstellen / Kennzahlen

Primärer Funktionsbereich	Anzahl potenzieller Schwachstellen	Anzahl anwendbarer Kennzahlen	Matrix
Divers	3	10	30
Einkauf / Supply Chain	5	20	100
Finanzen	1	72	72
Personalwesen	48	11	528
Produktion	202	109	22.018
Produktentwicklung	3	6	18
Qualität	8	3	24
Legal	5	1	5
Operations Planning	22	9	198
===	===	===	22.993

Tabelle 3.10 zeigt einen beispielhaften Ausschnitt der Schwachstellen-Kennzahlen-Matrix. Bereichsrelevante Überschneidungen sind farblich schattiert.

Tabelle 3.10: Auszug – Schwachstellen-Kennzahlen-Matrix

							HR	HR	HR	HR	HR	HR	HR	OPS	OPS	OPS	OPS
							K115	K116	K117	K118	K119	K120	K121	K122	K123	K124	K125
Kennung / ID	Prüfbereich	Systemelement	Subelement	Schwachstelle	Primärer Funktionsbereich	Komplexität	Fluktuation	Krankheitsquote	Talentverlust	Überstunden	Unfallhäufigkeit	Weiterbildungsaufwand Produktion	Zeit bis Zusage	Abnutzungsgrad Anlagen	Andon Wartezeit	Anlagen-Beschäftigungsgrad	Anzahl Material-Kanbans
S213	Einzel-Arbeitssystem	Schnittstellen	Wirtschaftliche Auswirkungen	Entgelt-Überzahlungen im Fertigungsbereich	HR	2											
S214	Einzel-Arbeitssystem	Schnittstellen	Wirtschaftliche Auswirkungen	Betriebsunfallkosten zu hoch	HR	2		x			x						
S215	Einzel-Arbeitssystem	Schnittstellen	Wirtschaftliche Auswirkungen	Kosten für An- und Umlernen zu hoch	HR	2						x					
S216	Einzel-Arbeitssystem	Schnittstellen	Wirtschaftliche Auswirkungen	Kosten der Materialbestände zu hoch	F	2											
S220	Einzel-Arbeitssystem	Schnittstellen	Qualität des Betriebsmanagement	zu autoritär	HR	1											
S221	Einzel-Arbeitssystem	Schnittstellen	Qualität des Betriebsmanagement	nicht kooperativ	HR	1											
S222	Zwischen-Arbeitssystemen	Fertigungskategorien	Fertigungskategorien	Teile-Fertigung mangelhaft	OPS	1								x	x		x
S223	Zwischen-Arbeitssystemen	Fertigungskategorien	Fertigungskategorien	Einzelfertigung mangelhaft	OPS	1								x	x		x
S224	Zwischen-Arbeitssystemen	Fertigungskategorien	Fertigungskategorien	Fließende Fertigung mangelhaft	OPS	1								x	x		x
S225	Zwischen-Arbeitssystemen	Fertigungskategorien	Fertigungskategorien	Montagearbeiten mangelhaft	OPS	2								x	x		x
S226	Zwischen-Arbeitssystemen	Mehrstellen-/Gruppenarbeit	Mehrstellen-/Gruppenarbeit	Deterministische Mehrstellenarbeit nicht zweckdienlich	OPS	3										x	
S227	Zwischen-Arbeitssystemen	Mehrstellen-/Gruppenarbeit	Mehrstellen-/Gruppenarbeit	Stochastische Mehrstellenarbeit nicht zweckdienlich	OPS	3										x	
S228	Zwischen-Arbeitssystemen	Mehrstellen-/Gruppenarbeit	Mehrstellen-/Gruppenarbeit	Ein-stellige Gruppenarbeit nicht zweckdienlich	OPS	3										x	
S229	Zwischen-Arbeitssystemen	Mehrstellen-/Gruppenarbeit	Mehrstellen-/Gruppenarbeit	Mehr-stellige Gruppenarbeit nicht zweckdienlich	OPS	3										x	
S230	Zwischen-Arbeitssystemen	Mehrstellen-/Gruppenarbeit	Mehrstellen-/Gruppenarbeit	Teil-autonome Gruppenarbeit nicht zweckdienlich	OPS	3										x	
S231	Zwischen-Arbeitssystemen	Prozessgrunddaten	Prozessgrunddaten	Erzeugnisgliederungen (z.B. Stücklisten) nicht vorhanden / falsch	OPS	1											
S232	Zwischen-Arbeitssystemen	Prozessgrunddaten	Prozessgrunddaten	Arbeitspläne nicht vorhanden / falsch	OPS	1											
S233	Zwischen-Arbeitssystemen	Prozessgrunddaten	Prozessgrunddaten	Rezepturen nicht vorhanden / falsch	OPS	1											
S234	Zwischen-Arbeitssystemen	Prozessgrunddaten	Prozessgrunddaten	Fertigungsvorschriften nicht vorhanden / falsch	OPS	1											

Zunächst wurde die Ersteinschätzung der Verknüpfungen zwischen den Schwachstellen und den Kennzahlen von mir selbst vorgenommen. Im nächsten Schritt wurde mit Experten gearbeitet, um die Verknüpfungen zu verifizieren.

3.2.2.1 Expertenworkshop

Ziel des Expertenworkshops war die Evaluation der vorgenommenen Verknüpfungen zwischen Schwachstellen und Kennzahlen. Dazu haben sich sechs Experten von TE Connectivity bereit erklärt, mit ihrer Expertise mitzuwirken. Die Experten vertreten verschiedene Fachbereiche, wie Entwicklung, Produktion, Produktionsplanung und -steuerung, Verbesserungswesen (TEOA) und Customer Service und können auch aufgrund ihrer diversen Standorte (u.a. Bensheim, Wört, Speyer) verschiedene Perspektiven bzgl. der Kennzahl-Schwachstellen-Verknüpfung einbringen.

Aufgrund der vorherrschenden Corona-Pandemie in den Jahren 2020/2021 konnte kein persönlicher Workshop vor Ort mit den Experten stattfinden. Alternativ erfolgte die Zusammenarbeit virtuell über einen Zeitraum von ca. sechs Monaten. Zu diesem Zwecke nutzten wir die Plattform MS Teams. Abbildung 3.3 zeigt einen Auszug.

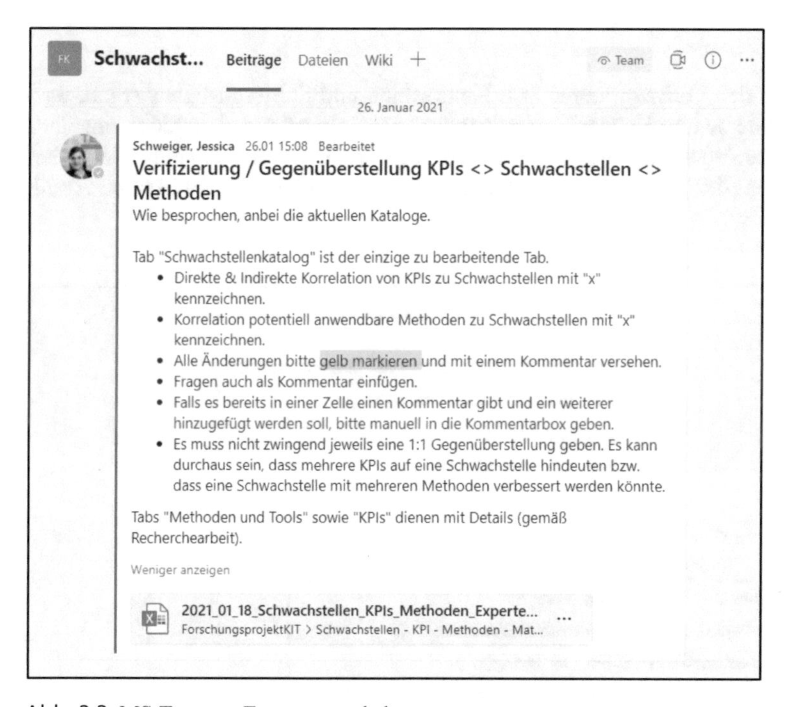

Abb. 3.3: MS Teams – Expertenworkshop

Im Kickoff wurden die Experten über die grundlegenden Inhalte und Ziele der Schwachstellenanalytik informiert, sowie das Format der Zusammenarbeit vereinbart. In regelmäßigen Telefonkonferenzen wurde der Fortschritt der Verifizierungen Kennzahl / Schwachstelle und Schwachstelle / Methode besprochen. Abbildung 3.4 zeigt einen Auszug der virtuellen Zusammenarbeit. Vorgenommene Änderungen wurden gelb hervorgehoben und kommentiert.

Schwachstellenkatalog

Kennung	Prüfbereich	Systemelement	Subelement	Schwachstelle	Bereichsrelevanz	Zeitampel	Komplexität	Lagerumschlag (Werk)	Lagerumschlagsdauer	Lean-Faktor Lagerauffüllung	Lieferketten-Kosten	Mengenabweichung SCM	Mengentreue Zulieferer	Mittlere Wiederbeschaffungszeit	Preisabweichung Zulieferer
								2	2	1	1	8	3	4	2
								E/S(	E/S(	E/S(	E/S(	E/S(	E/S(	E/S(	E/S(
								K25	K26	K27	K28	K29	K30	K31	K32
S1	Einzel-Arbeitssystem	Arbeitsaufgabe	Fertigungsart	Teilefertigung mangelhaft	OPS		1								
S2	Einzel-Arbeitssystem	Arbeitsaufgabe	Fertigungsart	Montagearbeiten mangelhaft	OPS		1								
S3	Einzel-Arbeitssystem	Arbeitsaufgabe	Dokumentationsexistenz	Dokumentierte Arbeitspläne unzureichend	OPS		1								
S4	Einzel-Arbeitssystem	Arbeitsaufgabe	Dokumentationsexistenz	Dokumentierte Fertigungsvorschriften unzureiche	OPS		1								
S5	Einzel-Arbeitssystem	Arbeitsaufgabe	Fertigungsstücklisten	Einsatz von Fertigungs-Stücklisten unzureichend	OPS		1								
S6	Einzel-Arbeitssystem	Arbeitsaufgabe	Fertigungsbezogene Einzelanordnung	in mündlicher Form unzureichend	OPS		1								
S7	Einzel-Arbeitssystem	Arbeitsaufgabe	Fertigungsbezogene Einzelanordnung	in schriftlicher Form unzureichend	OPS		1								
S8	Einzel-Arbeitssystem	Arbeitsaufgabe	Fertigungsbezogene Einzelanordnung	uneindeutig	OPS		1								
S9	Einzel-Arbeitssystem	Arbeitsaufgabe	Fertigungsbezogene Einzelanordnung	mehrdeutig	OPS		1								
S10	Einzel-Arbeitssystem	Arbeitsaufgabe	Mengen- / Art-Teilung	Mengen-teilige Fertigung nicht zweckdienlich	OPS		1								
S11	Einzel-Arbeitssystem	Arbeitsaufgabe	Mengen- / Art-Teilung	Art-teilige Fertigung nicht zweckdienlich	OPS		1								
S12	Einzel-Arbeitssystem	Arbeitsaufgabe	Fertigungsmengen	Einzel-Fertigung nicht zweckdienlich	OPS		2								
S13	Einzel-Arbeitssystem	Arbeitsaufgabe	Fertigungsmengen	Serien-Fertigung nicht zweckdienlich	OPS		2								
S14	Einzel-Arbeitssystem	Arbeitsaufgabe	Fertigungsmengen	Sorten-Fertigung nicht zweckdienlich	OPS		2								
S15	Einzel-Arbeitssystem	Arbeitsaufgabe	Fertigungsmengen	Massenfertigung nicht zweckdienlich	OPS		2								
S16	Einzel-Arbeitssystem	Arbeitsaufgabe	Kunden- / Lieferantenprinzip	Kunden- / Lieferantenprinzip mangelhaft	E/SC		1				x	x	x	x	x
S17	Einzel-Arbeitssystem	Arbeitsablauf	Einstellenarbeit	Ablaufplanung mangelhaft	OPS		2								
S18	Einzel-Arbeitssystem	Arbeitsablauf	Ergonomische Gestaltung	sicherheitstechnisch unzureichend	OPS		2								
S19	Einzel-Arbeitssystem	Arbeitsablauf	Ergonomische Gestaltung	anthropometrisch unzureichend	OPS		2								
S20	Einzel-Arbeitssystem	Arbeitsablauf	Ergonomische Gestaltung	physiologisch unzureichend	OPS		2								
S21	Einzel-Arbeitssystem	Arbeitsablauf	Ergonomische Gestaltung	psychologisch unzureichend	OPS		2								
S22	Einzel-Arbeitssystem	Arbeitsablauf	Ergonomische Gestaltung	informationstechnisch unzureichend	OPS		2								
S23	Einzel-Arbeitssystem	Arbeitsablauf	Ergonomische Gestaltung	organisatorisch unzureichend	OPS		2								

Abb. 3.4: Virtuelle Zusammenarbeit - Expertenworkshop

Die Verifizierung der Verknüpfungen von Kennzahlen und Schwachstellen ergab, dass zwar in allen Subelementen Kennzahlen anwendbar sind, allerdings nicht jeder einzelnen Schwachstelle eine (oder mehrere) Kennzahlen zugeordnet werden können. Geclustert gemäß dem Aufbau des Schwachstellekatalogs ergibt sich folgendes Bild (siehe Abbildung 3.5):

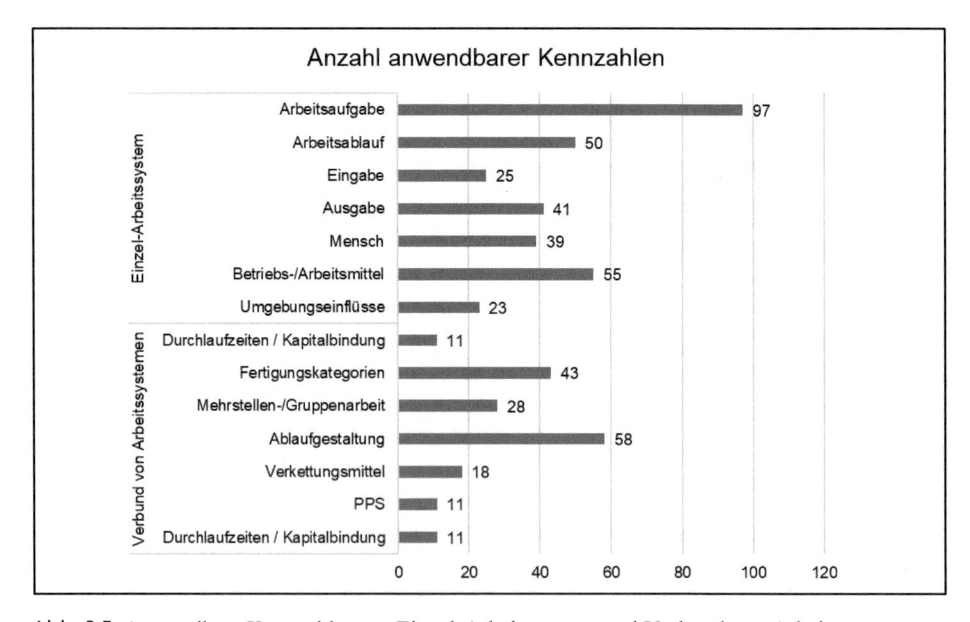

Abb. 3.5: Anwendbare Kennzahlen am Einzel-Arbeitssystem und Verbund von Arbeitssystemen

Schwachstellen könnten in allen Subelementen des Arbeitssystems mittels Kennzahlen identifiziert werden. In den Elementen Arbeitsaufgabe, Arbeitsablauf, Betriebs-/Arbeitsmittel und Schnittstellen sind jeweils 50 oder mehr Kennzahlen anwendbar. Auch im Bereich ‚Verbund von Arbeitssystemen' deuten Kennzahlen in allen Unterkategorien auf Schwachstellen hin. Hierbei zu erwähnen ist insbesondere die Ablaufgestaltung mit den meisten anwendbaren Kennzahlen.

Die Grundidee der SSA ist, dass Schwachstellen basierend auf Trends und Muster über eine unbestimmte Anzahl von Kennzahlen frühzeitig identifizierbar sind. Das Grundkonzept ist dann realisierbar, wenn zwei oder mehr Kennzahlen je Schwachstelle anwendbar sind. Es gibt allerdings in der Schwachstellen-Kennzahlen-Matrix 25 Schwachstellen, auf die keinerlei Kennzahlen hindeuten und 57 Schwachstellen, die mit je nur einer einzigen Kennzahl verknüpft sind. Die folgenden Kapitel vertiefen daher die Erkenntnisse zu eindeutig identifizierbaren, bedingt identifizierbaren und nicht identifizierbaren Schwachstellen.

3.2.2.2 Mittels Kennzahlen identifizierbare Schwachstellen

Es wird angenommen, dass stets mindestens zwei Kennzahlen pro Schwachstelle in Beziehung stehen sollten, damit die SSA wirksam wird. Das Einzelarbeitssystem hat in Summe potenzielle 220 Schwachstellen. Davon:

- 9 Schwachstellen mit > 50 Kennzahlen,
- 8 Schwachstellen mit > 30 Kennzahlen,
- 9 Schwachstellen mit > 20 Kennzahlen,
- 14 Schwachstellen mit > 10 Kennzahlen,
- 44 Schwachstellen mit > 5 Kennzahlen,
- 71 Schwachstellen mit > 1 Kennzahl,
- 40 Schwachstellen mit 1 Kennzahl und
- 25 Schwachstellen mit 0 Kennzahlen.

Ausgehend von der Annahme, dass mindestens zwei Kennzahlen vorhanden sein müssen, um überhaupt eine Schwachstelle identifizieren zu können, so wären am Einzel-Arbeitssystem 155 von 220 Schwachstellen identifizierbar.

Abbildung 3.6 zeigt diejenigen Schwachstellen des Einzel-Arbeitssystems mit je mehr als 40 anwendbaren Kennzahlen.

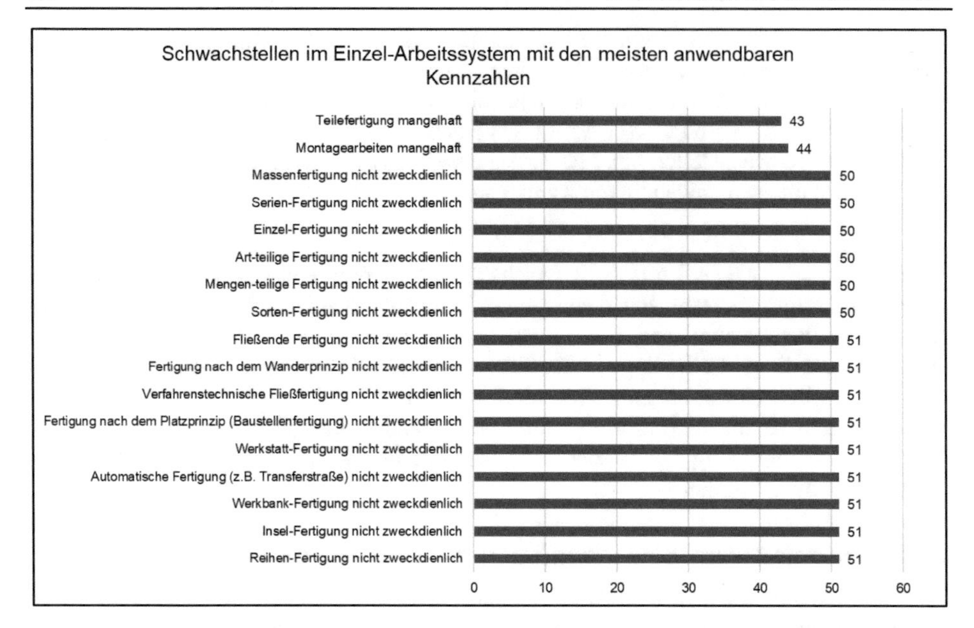

Abb. 3.6: Schwachstellen im Einzel-Arbeitssystem mit den meisten anwendbaren Kennzahlen

76 Schwachstellen existieren in Summe am Verbund von Arbeitssystemen. Davon:

- 13 Schwachstellen mit > 30 Kennzahlen,
- 5 Schwachstellen mit > 20 Kennzahlen,
- 29 Schwachstellen mit > 10 Kennzahlen,
- 8 Schwachstellen mit > 5 Kennzahlen,
- 6 Schwachstellen mit > 1 Kennzahl,
- 15 Schwachstellen mit 1 Kennzahl und
- keine Schwachstellen mit 0 Kennzahlen.

Sofern man auch hier davon ausgeht, dass mindestens zwei Kennzahlen vorhanden sein müssen, um eine Schwachstelle identifizieren zu können, so wären am Verbund von Arbeitssystemen 61 von 76 Schwachstellen identifizierbar. Abbildung 3.7 zeigt diejenigen Schwachstellen im Verbund von Arbeitssystemen mit je mehr als 40 anwendbaren Kennzahlen.

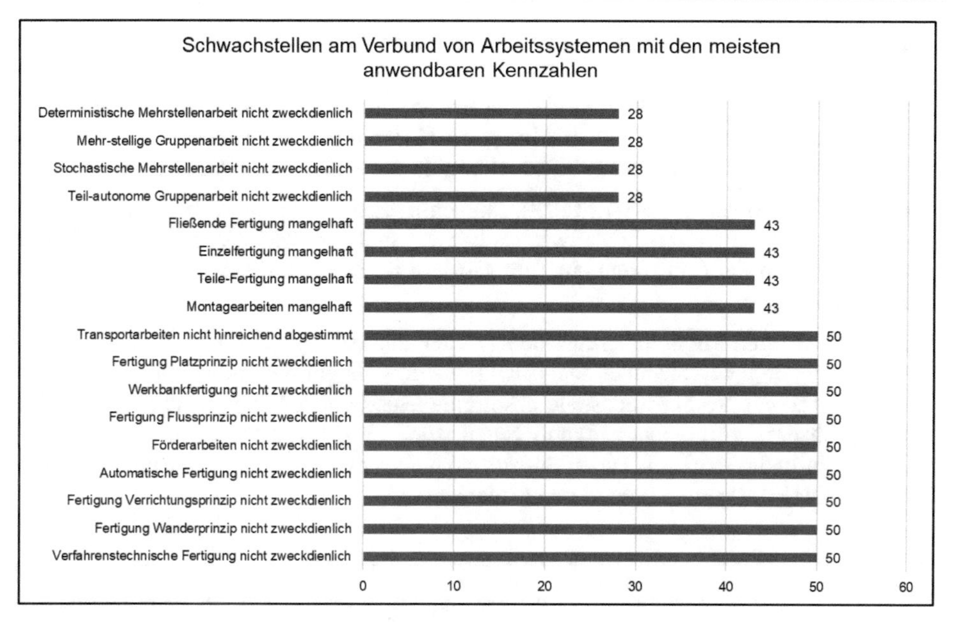

Abb. 3.7: Schwachstellen am Verbund von Arbeitssystemen mit den meisten anwendbaren Kennzahlen

3.2.2.3 Mittels Kennzahlen bedingt-identifizierbare Schwachstellen

Schwachstellen, welche über nur eine einzige verknüpfte Kennzahl verfügen, haben lediglich bedingte Aussagekraft. In diesem Falle gibt es kein hinreichend ganzheitliches Bild, um die Beurteilung zur potenziellen Schwachstelle zu vollziehen.

3.2.2.4 Mittels Kennzahlen nicht-identifizierbare Schwachstellen

Von 297 potenziellen Schwachstellen können letztlich 25 Schwachstellen nicht mittels Kennzahlen identifiziert werden. Diese bleiben dennoch im weiteren Verlauf vollständigkeitshalber gelistet, falls sich künftig zusätzliche Kennzahlen ergeben sollten, die dann innerhalb der SSA angewendet werden können.

Einerseits können nicht alle Schwachstellen mittels Kennzahlen identifiziert werden. Andererseits gibt es aber auch Kennzahlen ohne Verknüpfung zu Schwachstellen, d.h. im Kennzahlenkatalog sind einige Kennzahlen aufgeführt, die nicht direkt auf eine Schwachstelle hinweisen.

Im Rahmen der 264 Kennzahlen im Kennzahlenkatalog, können tatsächlich 102 Kennzahlen nicht direkt zu Schwachstellen verknüpft werden, wobei sich diese stark in den Bereichen Finanzen und S&OP konzentrieren. Dies ist allerdings insofern erklärbar, wenn man beachtet, dass die meisten betrachteten Schwachstellen sehr stark auf den Produktionsbereich fokussieren und daher Kennzahlen aus Finanzen und S&OP lediglich indirekt Aufschluss über Schwachstellen in der Produktion geben könnten.

3.2.3 Analytik – Erforschung anhand eines Stanzprozesses

Im Folgenden wird die Funktionsweise der Schwachstellenanalytik erörtert. Dabei wird zunächst vorausgesetzt, dass die Erhebung der Kennzahlen bereits reibungslos funktioniert, und diese auch zur weiteren Verarbeitung für die Analytik zur Verfügung stehen.

Darauf aufbauend soll die SSA greifen, um schließlich die Frage zu beantworten: Wie genau können nun frühzeitig Schwachstellen erkannt werden? Dabei spielt ML und damit verbunden die Früherkennung von Mustern basierend auf der Kennzahlenvielfalt eine zentrale Rolle.

Wie in den vorigen Kapiteln beschrieben, können die meisten potenziellen Schwachstellen mittels mehrerer Kennzahlen identifiziert werden. Es gilt nun, innerhalb der anwendbaren Kennzahlen pro Schwachstelle bestimmte Muster beziehungsweise unerwünschte Trends frühzeitig zu erkennen. Wenn genau solch ein Muster beziehungsweise Trend zeitgleich in mehreren Kennzahlen auftritt, so deutet es auf potenzielle Schwachstellen hin. Abbildung 3.8 verdeutlicht diesen Gedanken.

Schwachstellen	Kennzahlen														
	K1	K2	K3	K4	K5	K6	K7	K8	K9	K10	K11	K12	K13	K14	...
S1						x					x				
S2			x	x				x							
S3											x		x		
S4					x		x								
S5						x			x	x		x			
S6	x		x												
S7					x			x							
S8		X		X		X	X				X		X		
S9											x				
S10	x					x								x	
S11			x					x						x	
S12		x								x					
S13					x				x						
S14	x			x			x						x		
...															

Abb. 3.8: Konzept zur Identifizierung von Schwachstellen durch Erkennen von Mustern

Zur Erkennung der erwähnten Muster sind eine Häufung, eine bestimmte Kombination und auch unerwünschte Trends zu betrachten. Die Analytik soll dabei möglichst Echtzeit-Daten aufgreifen und verarbeiten. Es ist aber auch nicht ausgeschlossen, historische Daten aus dem Protokoll zu verwerten.

Ziel ist es, die SSA zur Verfeinerung des Machine Learning Models zu nutzen. Das System muss einmalig mit Trainingsdaten eingestellt werden und lernt anschließend im fortlaufenden Betrieb selbst, um letztlich zu erkennen, ob eine Häufung, Kombination oder Negativ-Trends vorliegen, die dann mögliche Schwachstellen ausweisen.

Die Basis der Analytik ist an SPC (Statistische Prozesslenkung) angelehnt. Für jede Kennzahl ist ein Sollwert, die obere Toleranzgrenze (OTG) und untere Toleranzgrenze (UTG) eingangs zu definieren. Abbildung 3.9 zeigt grundlegend die verfügbaren Daten jeder einzelnen Kennzahl. Im laufenden Betrieb der Produktion fließen kontinuierlich die aktuellen Werte in Echtzeit in eine Datenbank.

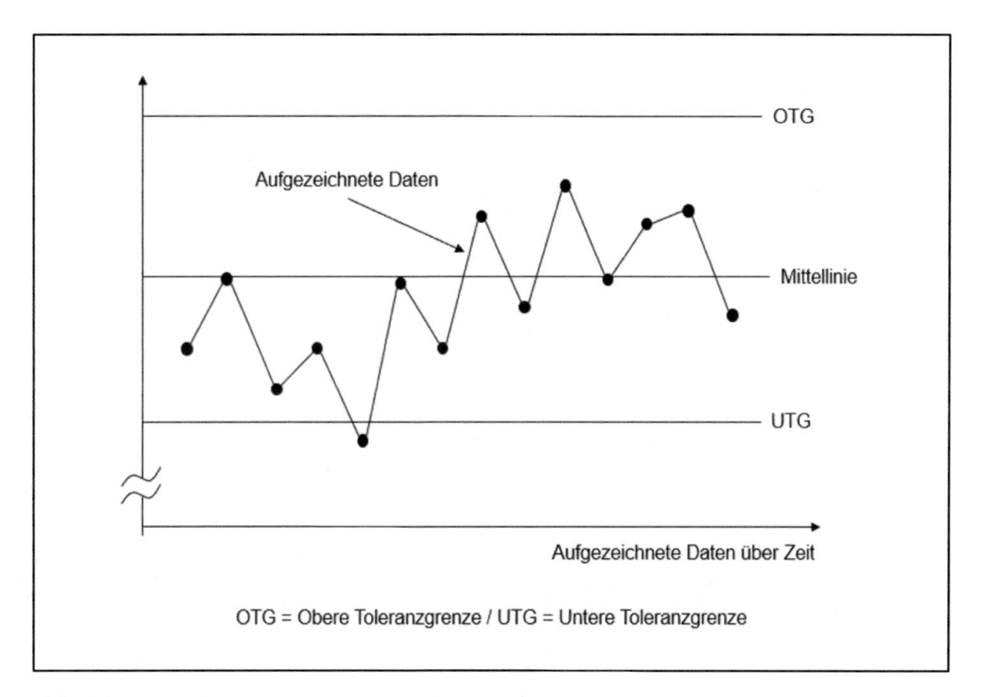

Abb. 3.9: SPC-Grundlagen

Fortlaufend werden diese Werte innerhalb der Analytik verarbeitet. Angenommen, diese Daten fließen kontinuierlich für alle Kennzahlen in Echtzeit in die Datenbank, so können gewisse Häufungen (Veränderung der Werte in ähnlichem Maße über mehrere Kennzahlen hinweg) oder auch Trends erkannt werden. Das alles geschieht bevor die unteren beziehungsweise oberen Toleranzgrenzen unter- beziehungsweise überschritten werden. Beispielhaft zeigt Abbildung 3.10 drei Kennzahlen, die kontinuierlich Werte liefern. Zu einem bestimmten Zeitpunkt zeigt sich ein ähnlicher Trend in Richtung OTG, der ein potenzielles Problem auslösen könnte. Zu diesem früheren Zeitpunkt greift aber nun die SSA und gibt bereits eine Warnung.

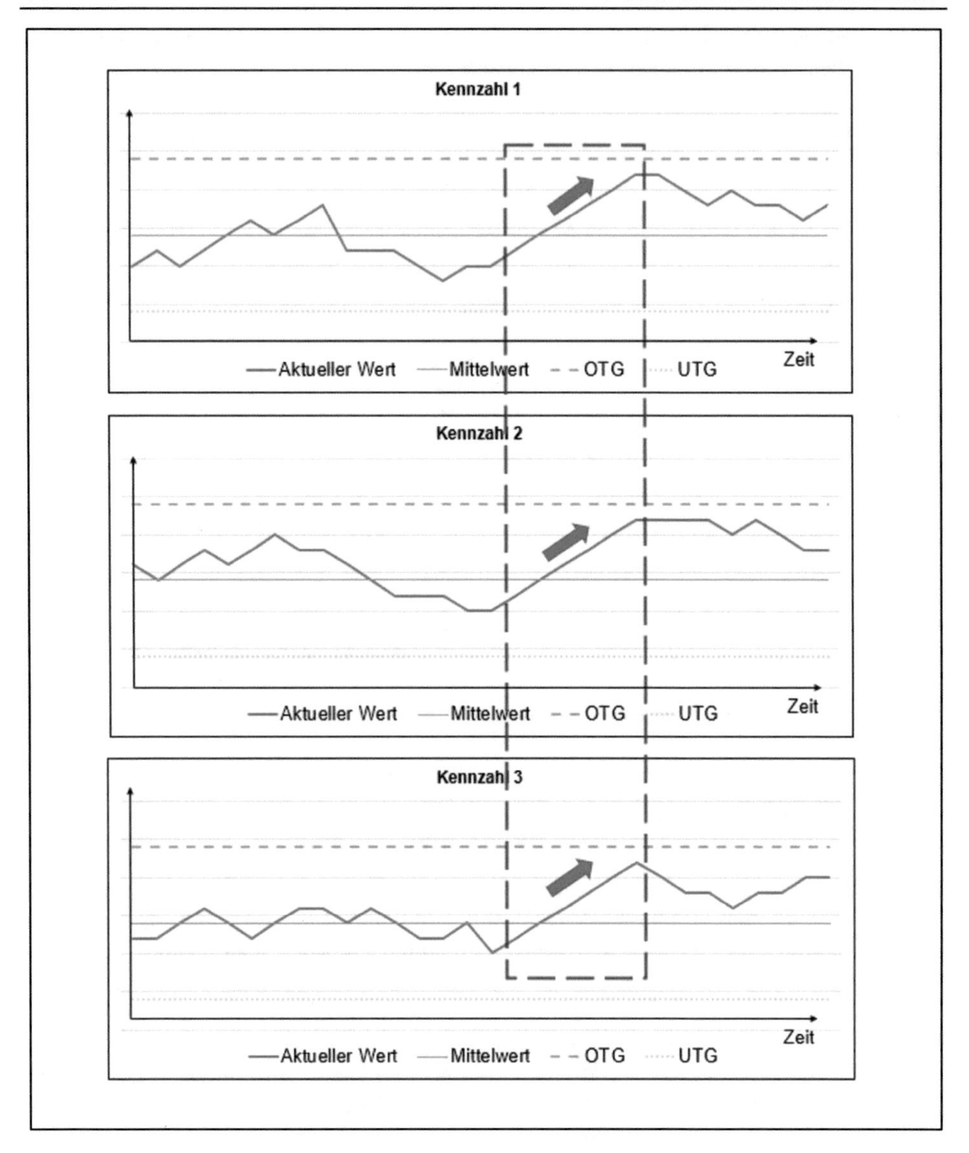

Abb. 3.10: SSA – Trend in Richtung OTG

Im Folgenden werden die Szenarien aufgezeigt, welche innerhalb der SSA berücksichtigt werden. Alle Ausführungen werden exemplarisch anhand von drei Kennzahlen gemacht. Die Analytik wird allerdings beliebig viele Verläufe beziehungsweise eine beliebige Anzahl von Kennzahlen berücksichtigen.

Mögliche Verhalten können sein:

1) Mehrere Kennzahlen weisen zeitgleich einen ähnlichen Trend in Richtung OTG auf. – Siehe vorige Abbildung 3.10.
2) Mehrere Kennzahlen weisen zeitgleich einen ähnlichen Trend in Richtung UTG auf (siehe Abbildung 3.11).

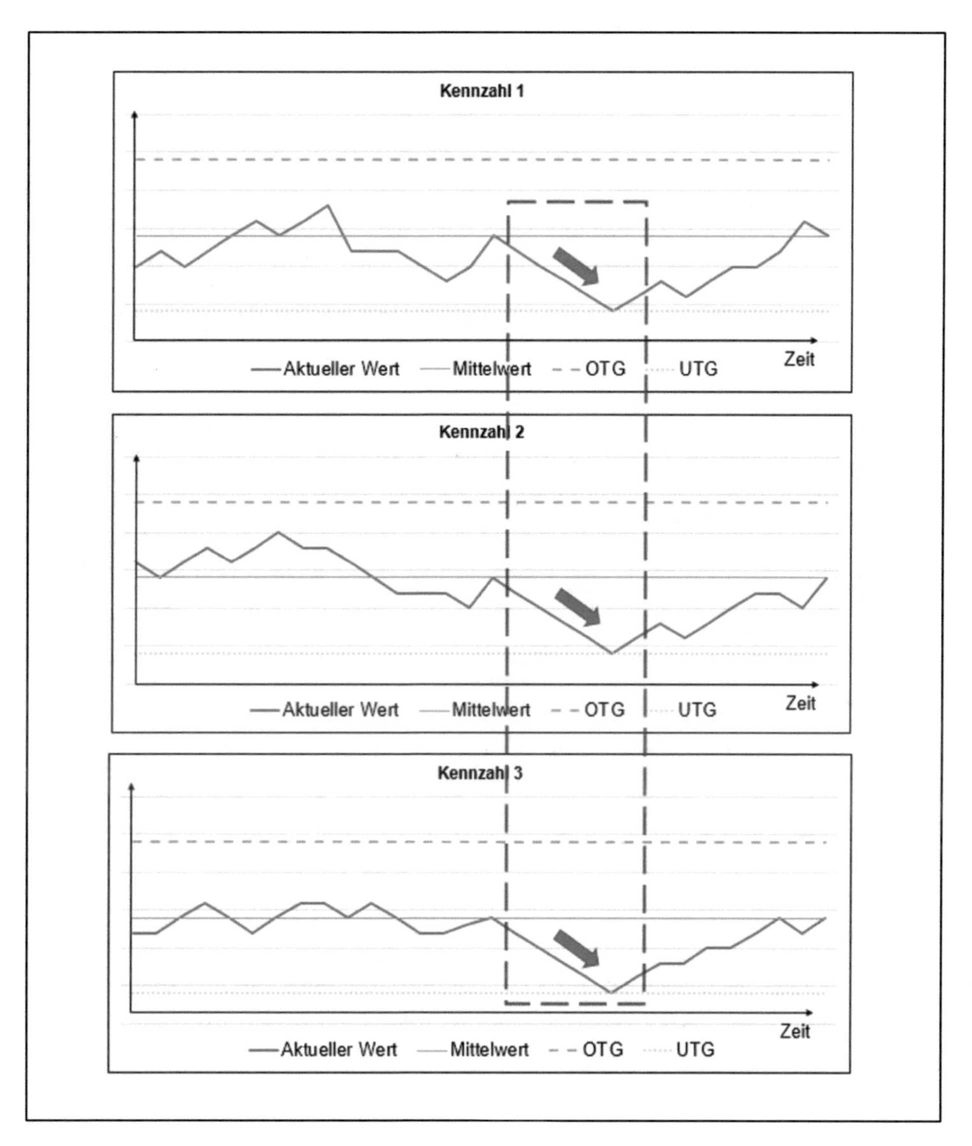

Abb. 3.11: SSA – Trend in Richtung UTG

3) Mehrere Kennzahlen weisen zeitgleich einen Mix aus ähnlichen Trends in Richtung OTG beziehungsweise UTG auf (siehe Abbildung 3.12).

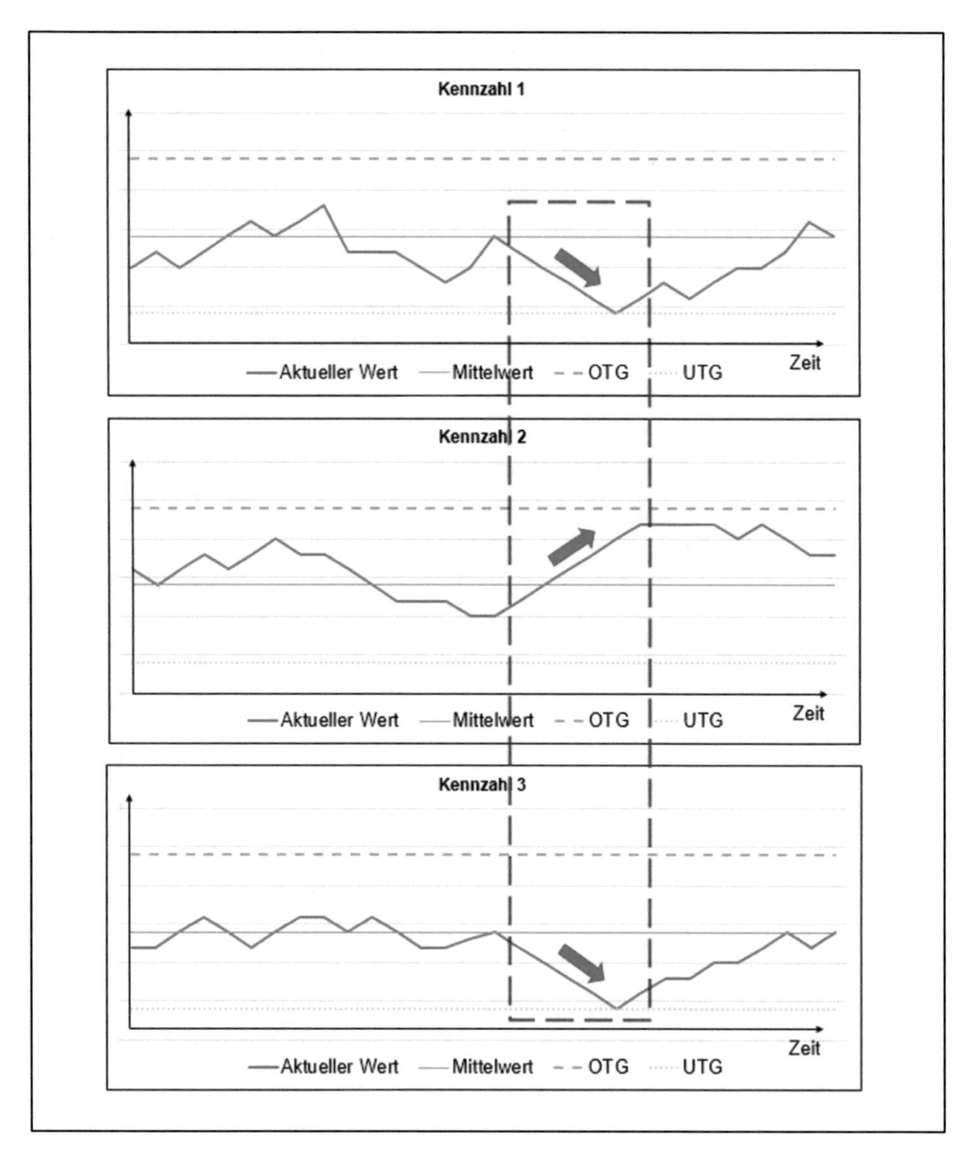

Abb. 3.12: SSA – Gegenläufige Trends

4) Mehrere Kennzahlen laufen zeitgleich nahezu stagnierend an der UTG oder OTG (siehe Abbildung 3.13).

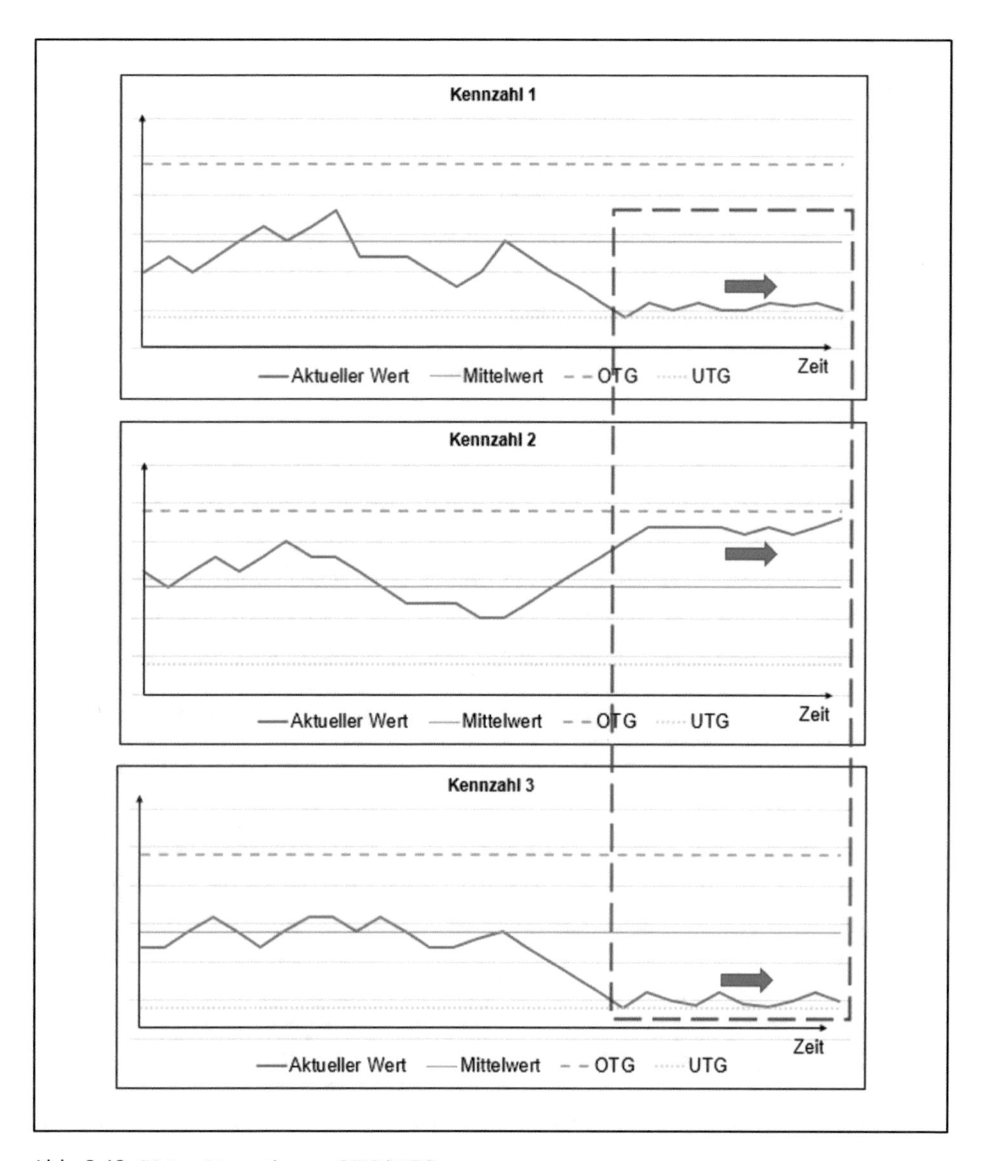

Abb. 3.13: SSA – Stagnation an OTG/UTG

5) Sprunghafter Anstieg und / oder Abstieg von UTG zu OTG oder OTG zu UTG (siehe Abbildung 3.14).

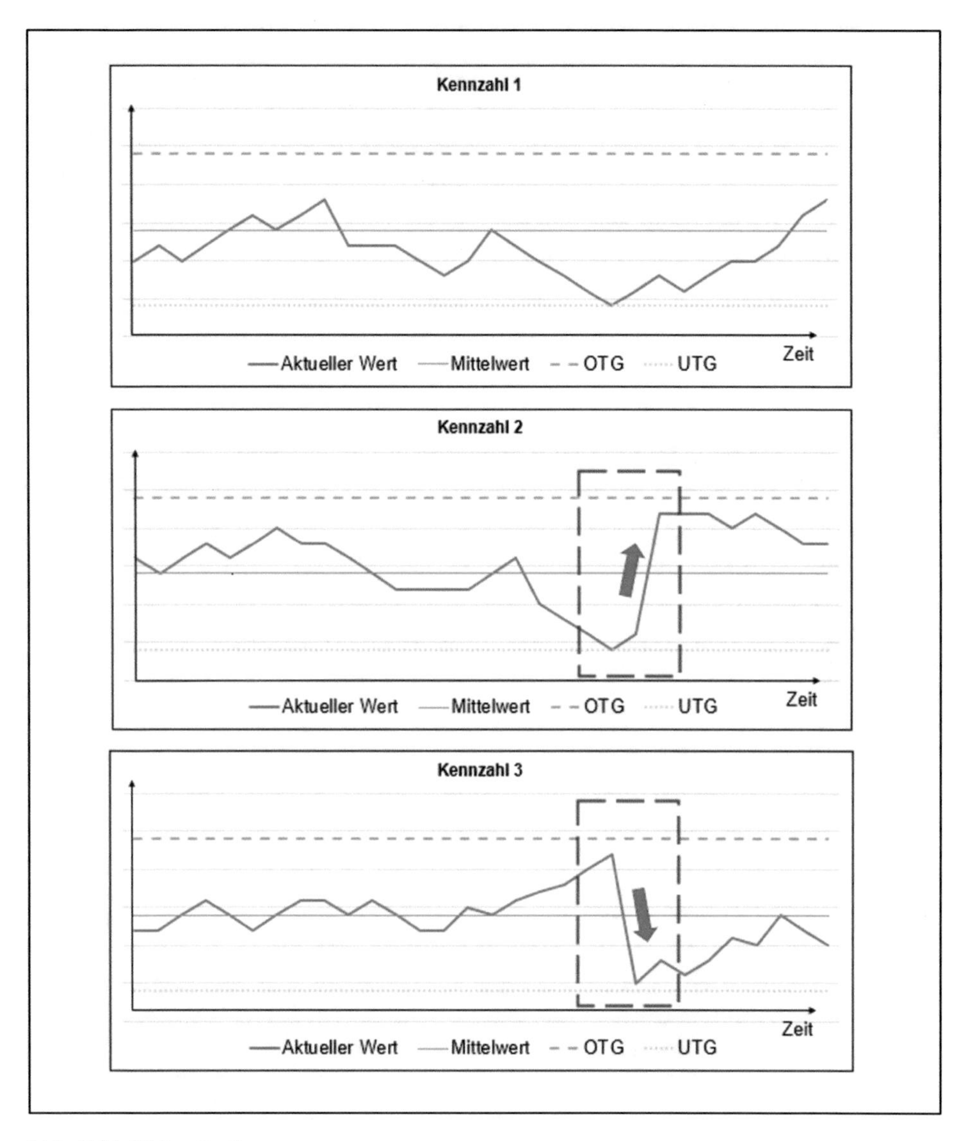

Abb. 3.14: SSA – Sprünge

Die SSA startet zwar mit Anlauf der Produktion (Neuanlauf oder nach Werkzeugwechsel), liefert aber erstmals nach eingeschwungener stabiler Produktion ihren Mehrwert. Nur bei eingeschwungenem Prozess kann davon ausgegangen werden, dass die auftretenden Schwankungen durch Schwachstellen hervorgerufen werden, die gezielt methodisch behandelt werden können.

In den Folgekapiteln wird die Erforschung der zugrundeliegenden Mathematik der Schwachstellenanalytik im Detail abgehandelt.

3.2.3.1 Auswahl eines exemplarischen Produktes zur Erforschung der Analytik

Zur detaillierten Erforschung der Analytik wurde ein Stanzkontakt gewählt, da TE Connectivity eine starke Kernkompetenz im Stanzen hat und ein Stanzprozess auch ein wesentlicher Prozess in der Automobilzulieferindustrie ist. Stanzkontakte werden für elektrische und elektronische Anwendungen in Personenkraftwagen und Nutzfahrzeugen eingesetzt. Eine spezifische Anwendung gibt es für den gewählten Stanzkontakt nicht, da ihn jeder OEM oder CAM nach Belieben für die unterschiedlichsten Verwendungszwecke einsetzt. Dieses Produkt wurde insbesondere für die Erforschung der Analytik gewählt, da er in großer Stückzahl produziert wird. Zudem ist die Anlage, auf die der Kontakt gefertigt wird, bereits digital vernetzt. Das genaue Produkt darf aus Vertraulichkeitsgründen an dieser Stelle nicht genannt werden. Allerdings zeigt Abbildung 3.15 den generischen Aufbau eines Stanzkontaktes, auf den in den folgenden Kapiteln referenziert wird.

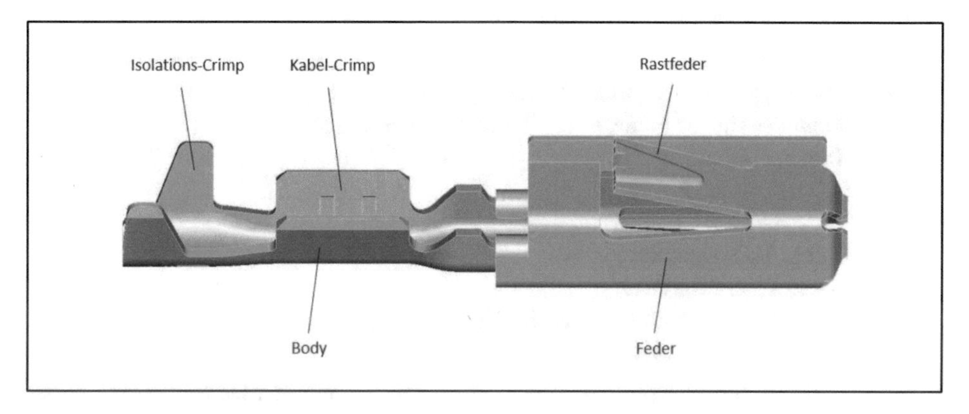

Abb. 3.15: Generischer Aufbau eines Stanzkontaktes

3.2.3.2 Generierung der exemplarischen Daten

Zur Erforschung der Analytik wurden zunächst möglichst viele Daten benötigt. Diese wurden auf expliziter Anfrage in einem TE-Werk generiert. Dabei wurden kontinuierlich Kamera-Daten über einen Zeitraum von drei Tagen am Stück (15.1.-17.01.2022) aufgezeichnet. Letztlich entstanden 65 Dateien mit jeweils bis zu 1.005.105 Zeilen. Jede Datei enthält die Aufzeichnung von Daten genau einer Stunde. Dabei wurden in Summe 36 Messwerte dokumentiert. Messwerte hierbei waren grundsätzlich gemessene Dimensionen am Stanzkontakt. Abbildung 3.16 zeigt drei generische Messwerte. Die genauen Messwerte werden aus Vertraulichkeitsgründen nicht gezeigt.

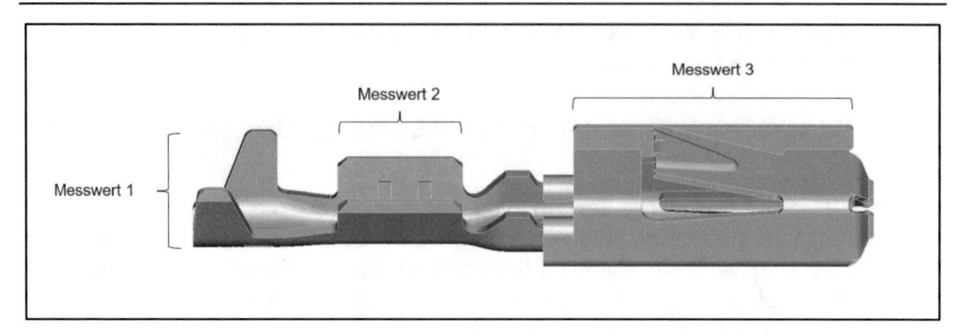

Abb. 3.16: Generische Messwerte am Stanzkontakt

Das Datenformat waren zunächst txt-Dateien, welche alle 36 Messwerte untereinander listete. Es sei erwähnt, dass die Messwerte 1, 12 und 31 unendlich und damit unbrauchbar sind. - Diese dienen primär der Kameraeinstellung bzgl. der übersichtlichen Datenaufzeichnung der Messwerte.

Jede Textdatei ist folgendermaßen aufgebaut:

- PN
- dd.mm.yy (dd - Tag, mm - Monat, yy - Jahr)
- hh:mm:ss (hh – Stunde, mm – Minute, ss – Sekunde)
- Kameranummer
- Name des Maßes
- Messwert
- Untere Toleranzgrenze
- Obere Toleranzgrenze
- Name des Fehlerbildfiles (nur bei Fehlerteilen)

Separat wurde ein Störungsprotokoll über denselben Zeitraum der Datengenerierung zur Verfügung gestellt. Tabelle 3.11 zeigt einen Auszug des Protokolls.

Tabelle 3.11: Auszug Störungsprotokoll 15.-17.1.2022

Störung	Datum	Startzeit	Dauer
Werkzeug-Reparatur	1.15.2022	10:28:30	3.275
Werkzeug-Reparatur	1.15.2022	14:00:00	0.208
Produktion	1.15.2022	14:12:29	0.003
Kurzzeitstörung	1.15.2022	14:12:40	0.006
Produktion	1.15.2022	14:13:00	0.014
Kurzzeitstörung	1.15.2022	14:13:49	0.019
Produktion	1.15.2022	14:14:59	0.003
Kurzzeitstörung	1.15.2022	14:15:11	0.016
Produktion	1.15.2022	14:16:08	0.029
Kurzzeitstörung	1.15.2022	14:17:53	0.021
Produktion	1.15.2022	14:19:07	0.012
Kurzzeitstörung	1.15.2022	14:19:51	0.017
Produktion	1.15.2022	14:20:53	0.039
Kurzzeitstörung	1.15.2022	14:23:15	0.084
Produktion	1.15.2022	14:28:17	0.003
Kurzzeitstörung	1.15.2022	14:28:27	0.022
Produktion	1.15.2022	14:29:45	0.006
Kurzzeitstörung	1.15.2022	14:30:06	0.011
Produktion	1.15.2022	14:30:45	0.070

Neben den Messdaten und dem Störungsprotokoll lagen auch alle dazugehörigen Kamerabilder aller Fehlerbilder während desselben Zeitraumes vor, in Summe 1.634 Bilder.

Exemplarische Kamerabilder, als auch die genauen Messpunkte dürfen an dieser Stelle nicht preisgegeben werden.

3.2.3.3 Erste Datensichtung

Zur vereinfachten Referenz wurde zunächst eine Tabelle mit durchnummerierten Datei-Nummern und den originalen Dateinamen erstellt. Im folgenden Verlauf wird sich kontinuierlich auf die vereinfachten Datei-Nummern bezogen. Tabelle 3.12 zeigt einen Auszug.

Tabelle 3.12: Auszug Referenztabelle Dateinummern - Dateinamen

Datei-Nr.	Datei-Name
1	x-xxxxxxx-x_1_06
2	x-xxxxxxx-x_1_07
3	x-xxxxxxx-x_1_08
4	x-xxxxxxx-x_1_09
5	x-xxxxxxx-x_1_10
6	x-xxxxxxx-x_1_11
7	x-xxxxxxx-x_1_12
8	x-xxxxxxx-x_1_13
9	x-xxxxxxx-x_1_14
10	x-xxxxxxx-x_1_16

Da die aufgezeichneten Kameradaten nur als Textdatei vorlagen, wurde zur weiteren Verarbeitung zunächst eine Konvertierung in andere Datenformate vorgenommen, d.h. die *.txt-Dateien in *.mat beziehungsweise *.csv umgewandelt.

Die erste Datensichtung geschah mittels des Programms ‚Octave', um grundlegend ein erstes Gefühl für die Daten zu bekommen. Dazu wurde ein kurzes Skript in Octave programmiert, welches die jeweilige Datei und den entsprechenden Messwert nimmt und grafisch darstellt. Das Octave-Skript ‚O_load Skript Version 1' kann dem Anhang entnommen werden.

Während der Erstsichtung der Dateien wurde eine Matrix über alle 33 Messwerte und 65 Dateien in MS Excel angelegt. Zunächst geschah die Auswahl der Dateien und Messwerte stichprobenartig, um dann gezielt bestimmte Dateien und Messwerte im Detail anzuschauen.

Hierbei zeigten sich bereits einige interessante Verläufe, die es galt, näher zu untersuchen. Beispielsweise zeigten sich bereits eindeutige Trends in Richtung OTG, UTG oder auch eine Stagnierung der Messwerte entlang der OTG beziehungsweise UTG. Die Abbildungen 3.17, 3.18, 3.19 und 3.20 zeigen einige Beispielbilder der Datensichtung.

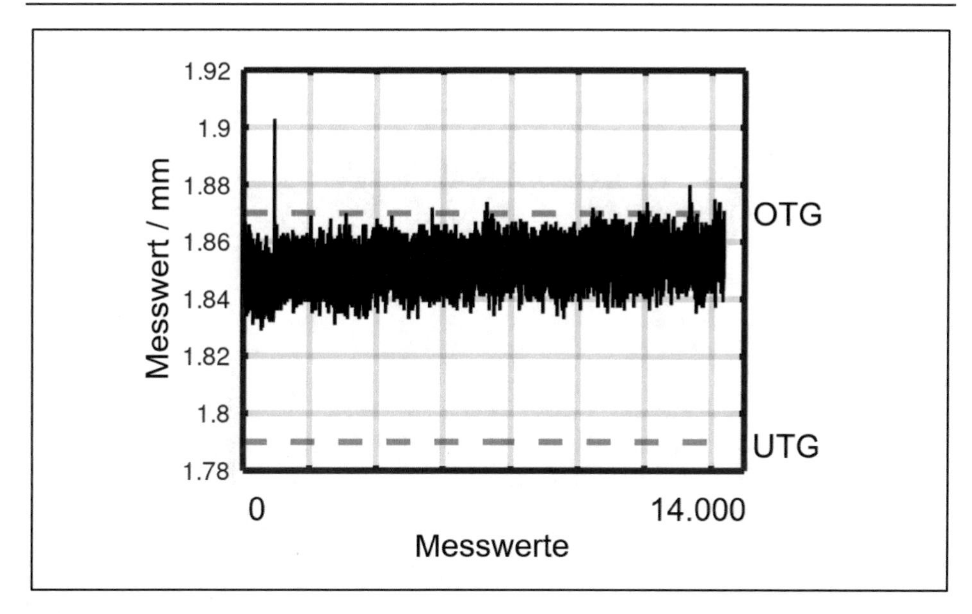

Abb. 3.17: Datensichtung – Datei 5, Messwert 4 – Trend in Richtung OTG

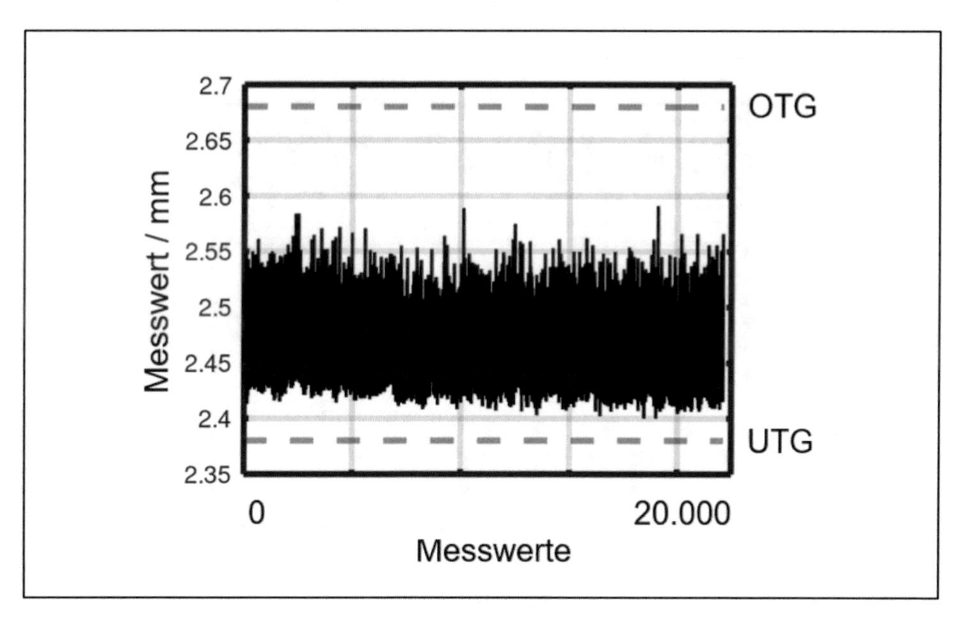

Abb. 3.18: Datensichtung – Datei 3, Messwert 10 – Trend in Richtung UTG

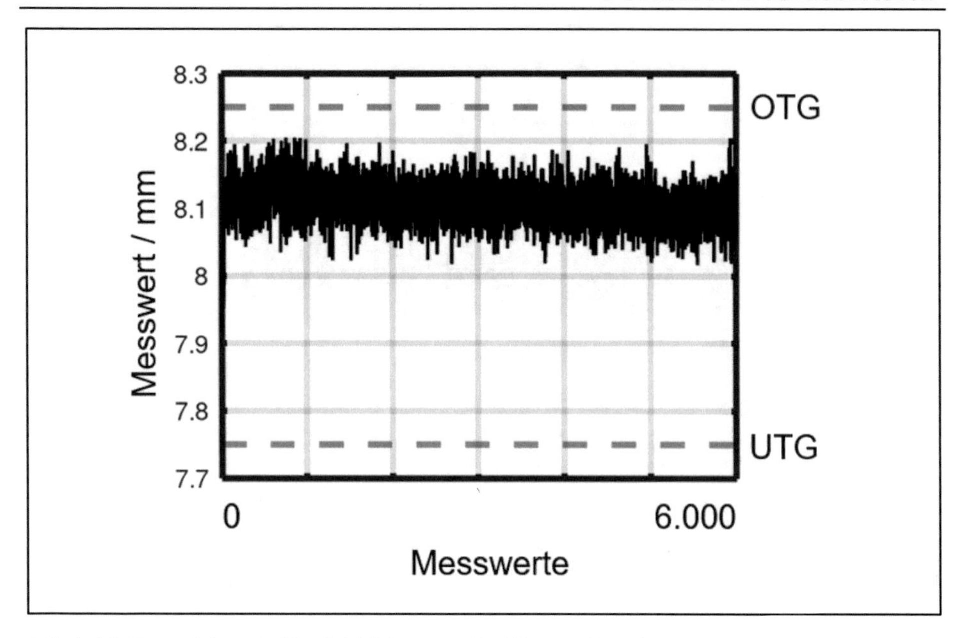

Abb. 3.19: Datensichtung - Datei 47, Messwert 9 – Abwärts-Trend

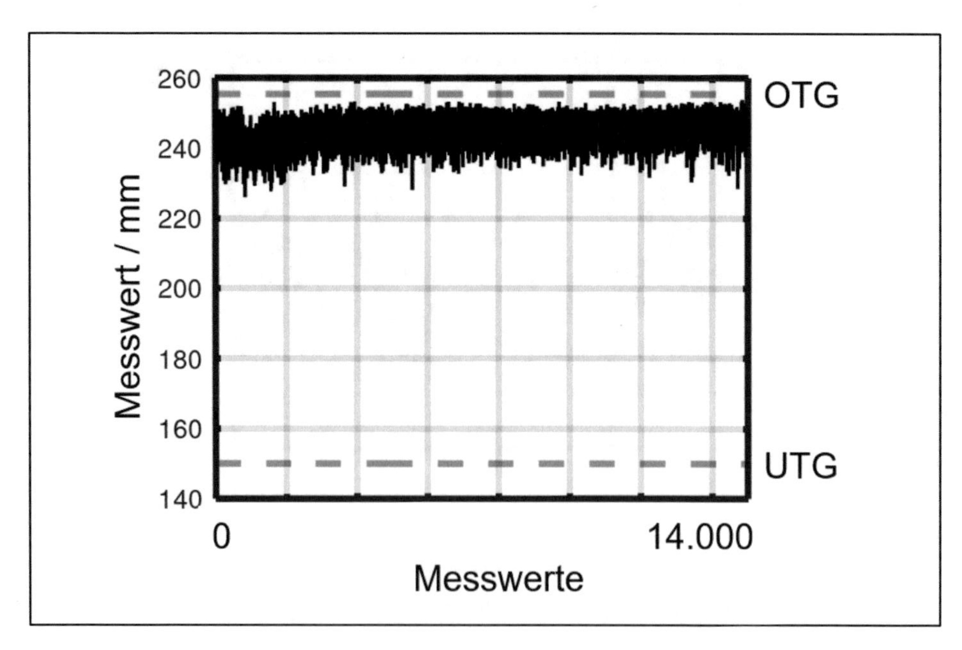

Abb. 3.20: Datensichtung - Datei 1, Messwert 13 – Stagnation entlang der OTG

Da das Datenscreening mittels des ersten Octave-Skripts noch wenig aussagekräftig war, wurde im zweiten Schritt die Darstellung der Messreihen mit zeitlichem Bezug erweitert. So wurde eine direkte Sichtbarkeit der Störungen in den grafischen Darstellungen erreicht. Das entsprechende Octave-Skript ‚Octave O_load Skript Version 2' kann wiederum dem Anhang entnommen werden.

Auch bei dieser zweiten Datensichtung wurde als Referenz und zwecks schnellen Überblicks die Matrix in MS Excel weiter befüllt. In den Abbildungen 3.21 und 3.22 finden sich wieder Beispiele.

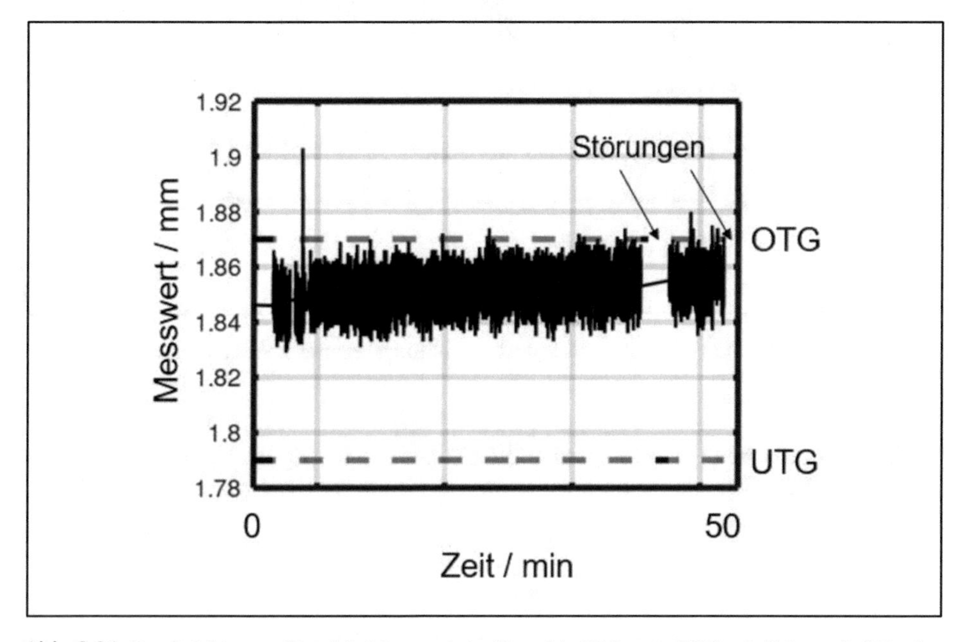

Abb. 3.21: Zweitsichtung – Datei 5, Messwert 4 – Trend in Richtung OTG mit Störung bei Erreichen der OTG

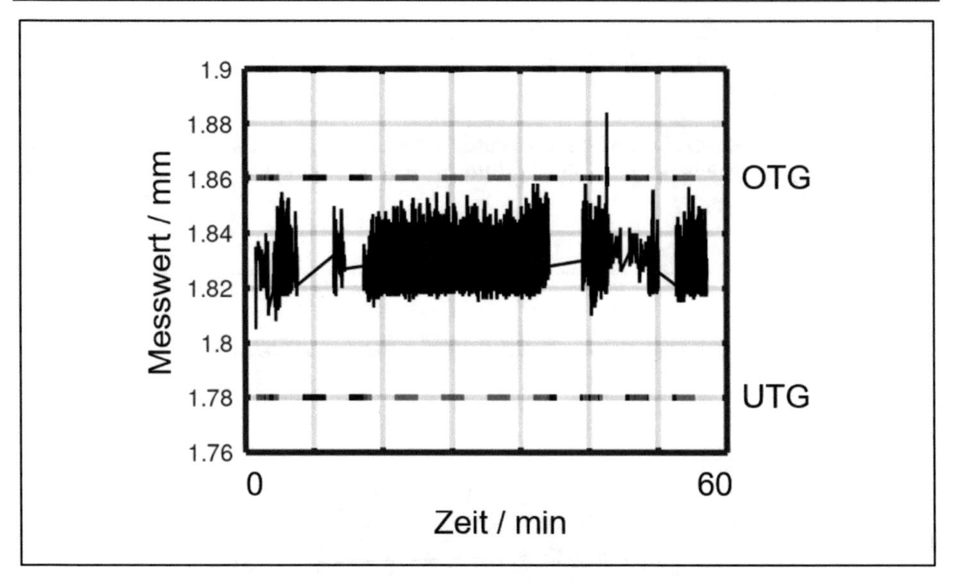

Abb. 3.22: Zweitsichtung – Datei 36, Messwert 6 – Störungsbehafteter Verlauf mit relativ großen Schwankungen

In etlichen grafischen Charts zeigt sich die (Kurzzeit-)Störung nach gewisser Entwicklung der Datenpunkte. Genau diese Fälle werden für die weitere Erforschung der Analytik fokussiert.

3.2.3.4 Bestätigung der Prozessfähigkeit

Nachdem die vorliegenden Daten gesichtet wurden, fällt auf, dass einige Messwerte bzgl. der zu entwickelnden Schwachstellenanalytik womöglich nicht stabil genug laufen, da sie nicht zentrisch verlaufen beziehungsweise zu große Schwankungen aufweisen. In diesen Fällen muss grundlegend an der Prozessstabilität gearbeitet werden. In diesem Kapitel soll daher zunächst die Prozessfähigkeit bestätigt werden. Zu diesem Zweck wurde zur Untersuchung exemplarisch Datei 2 ausgewählt, welche keinerlei Störungen aufweist. Mittels der Programms Minitab wurde die Standardabweichung in den Messwerten berechnet. Dies geschah unter Nutzung des Summary Reports für alle Messwerte (siehe Abbildung 3.23).

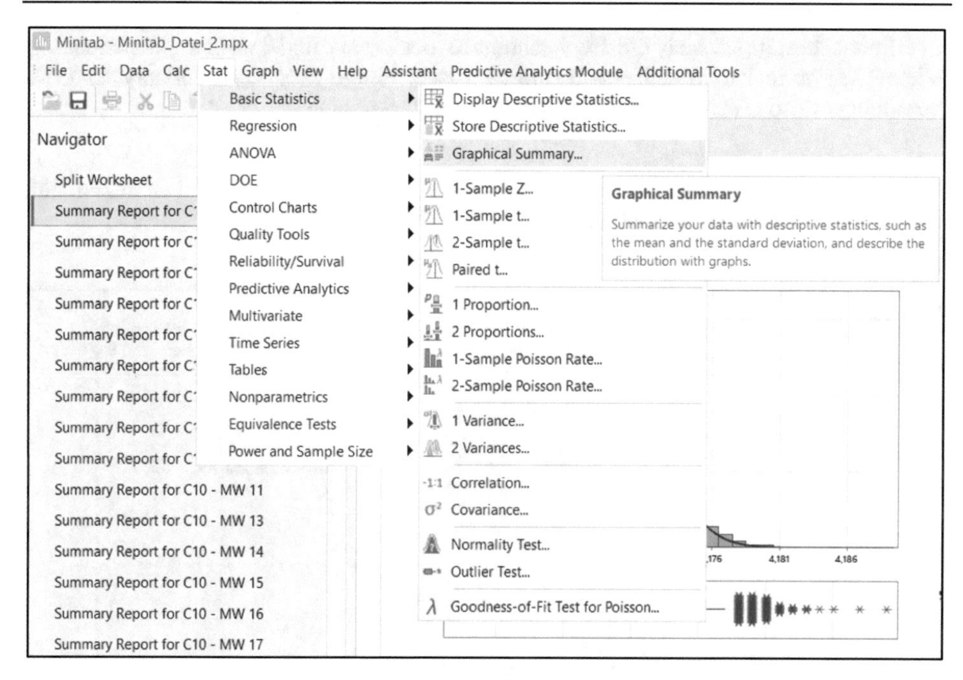

Abb. 3.23: Generierung Summary Report in Minitab

Datei 2 enthält 1.000.850 Datenzeilen. Unter Berücksichtigung der Anzahl der Messwerte sind das 27.050 Datensätze, was statistisch betrachtet eine ausreichend große Stichprobengröße bedeutet. Abbildung 3.24 zeigt exemplarisch Messwert 7 im zeitlichen Verlauf der Datei 2.

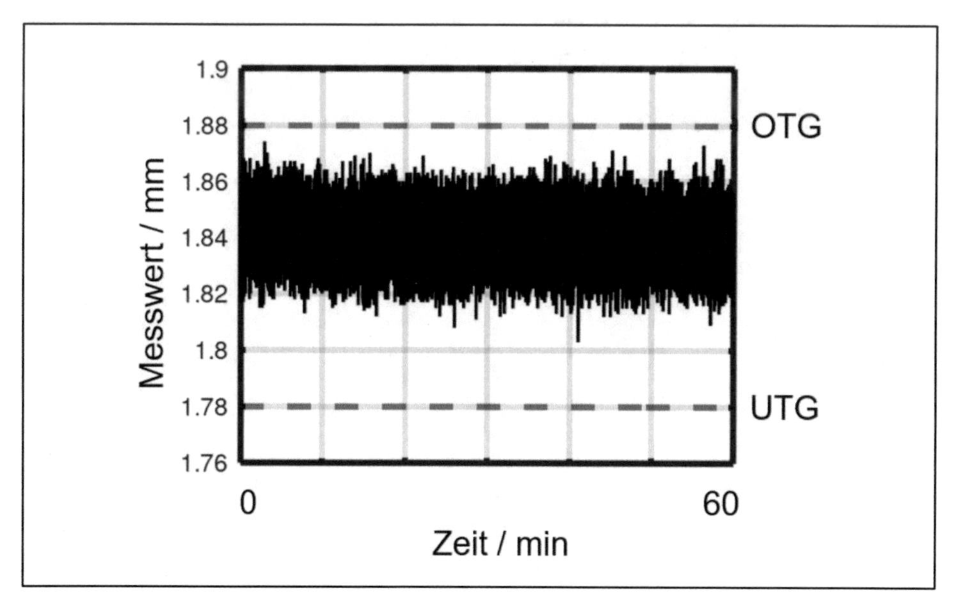

Abb. 3.24: Zeitlicher Verlauf - Datei 2, Messwert 7

In Minitab bestätigen sich die Beobachtungen der ersten und zweiten Datensichtung: Viele Messwerte laufen sehr stabil und zentrisch, einige aber stark entlang der OTG beziehungsweise UTG. – Dazu im Folgenden einige Beispiele.

Abbildung 3.25 zeigt das Histogramm des Messwertes 4, welcher nahezu zentrisch läuft und eine sehr kleine Standardabweichung von 0,0064 aufweist.

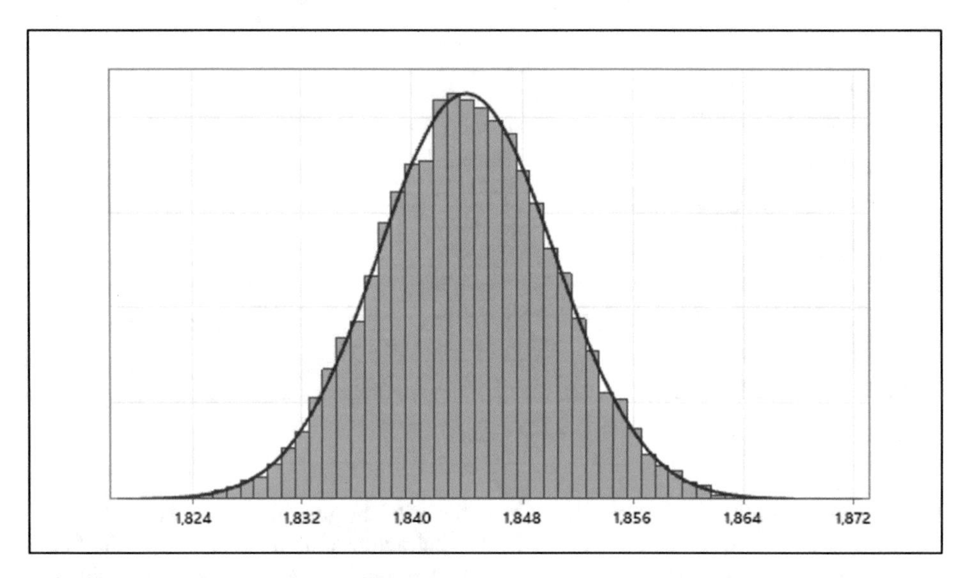

Abb. 3.25: Histogramm - Datei 2, Messwert 4

Abbildung 3.26 zeigt das Histogramm des Messwertes 15, der stark an der OTG läuft und mit 30,4 auch eine höhere Standardabweichung aufweist.

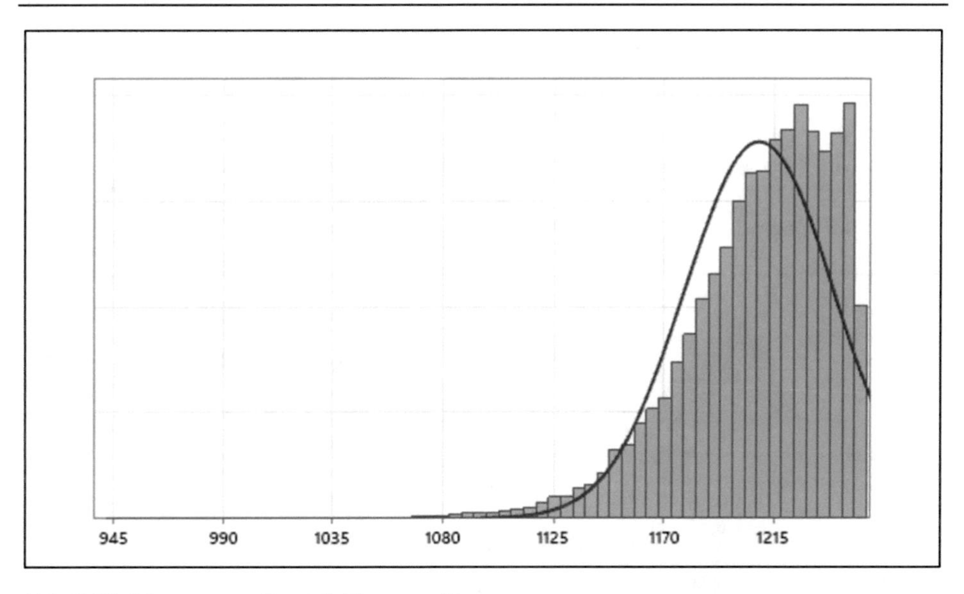

Abb. 3.26: Histogramm - Datei 2, Messwert 15

Abbildung 3.27 zeigt den Messwert 37, der sich nah an der UTG befindet und mit 49,68 ebenso eine höhere Standardabweichung aufweist.

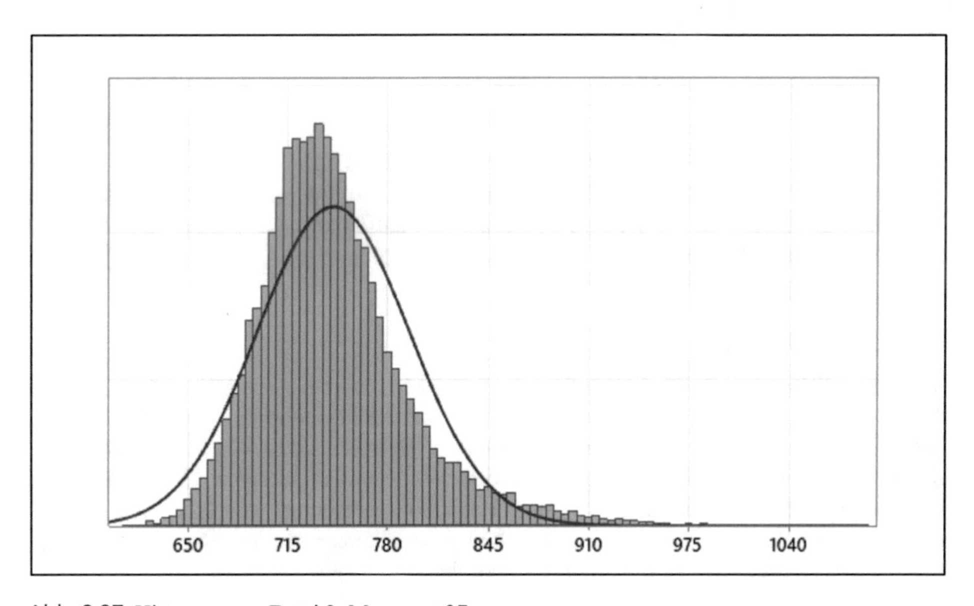

Abb. 3.27: Histogramm - Datei 2, Messwert 37

In der Automobilindustrie gilt grundsätzlich Six Sigma Niveau als Standard. Die SSA setzt schließlich stabil laufende Prozesse voraus. Daher wurden gezielt die Six Sigma Level für alle Messwerte berechnet. Ebenso wurden die Prozessfähigkeiten C_p und C_{pk}

untersucht. Tabelle 3.13 zeigt die zuvor genannten Berechnungen für drei exemplarische Messwerte.

Tabelle 3.13: Auszug - Sigma-Niveau und Prozessfähigkeiten anhand Datei 2

Messwert	Histogramm	StdDev	Sigma-Niveau UTG	Sigma-Niveau OTG	Cp	CPU	CPL	Cpk
23	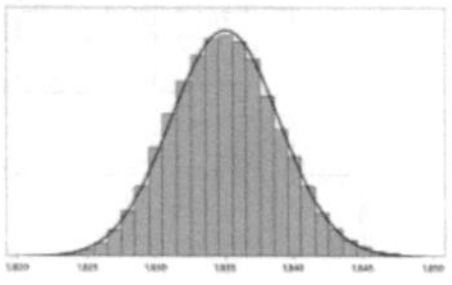	0,0039	11,54	8,97	3,42	2,99	3,85	2,99
29	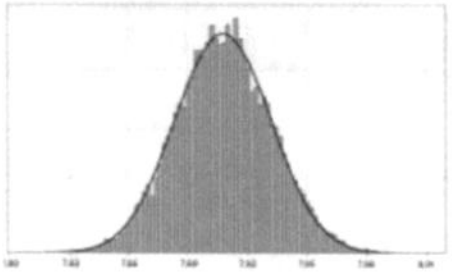	0,0241	6,54	14,21	3,46	4,74	2,18	2,18
32	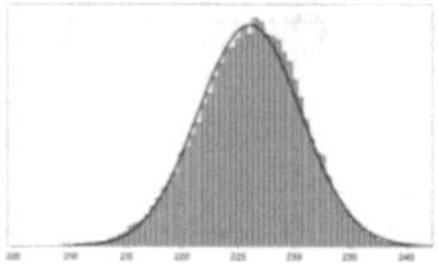	4,57	22,11	6,36	4,74	2,12	7,37	2,12

Stichprobenartig wurden neben Datei 2 auch weitere Dateien mit stabil laufender Produktion ohne enthaltene Störungen analysiert. Darin bestätigen sich alle Werte über die verschiedenen Dateien hinweg. Zusammenfassend kann festgestellt werden, dass alle Messwerte auf 5- beziehungsweise 6 Sigma Niveau laufen und grundlegend prozessfähig sind basierend auf den berechneten C_p und C_{pk} Werten.

3.2.3.5 Korrelationen

In diesem Kapitel sind die Korrelationen in den Messwerten zu untersuchen. Das Ziel der SSA ist es, Trends beziehungsweise Muster innerhalb mehrerer Kennzahlen zu erkennen, um potenzielle Schwachstellen zu identifizieren. Dazu wurden zunächst die Kamerabilder untersucht und gegenüber den vorliegenden internen Unterlagen (wie Produktionszeichnung, Kontrollplan und Prüfjobbeschreibung) geprüft, um die Aufzeichnung der Messpunkte genau zu verstehen. Anschließend wurden Analysen durchgeführt, welche Messwerte möglicherweise miteinander korrelieren könnten.

Eine erste grafische Darstellung der Messpaare mittels Octave sollte dabei helfen, stichprobenartig anhand von einigen Dateien und ausgewählten Messwerten, die zuvor visuell vielversprechend erschienen, gezielt auf Korrelationen zu untersuchen. Vielversprechend meint hier, dass augenscheinlich bei der Erst- und Zweitsichtung bereits Trends, Stagnation an UTG beziehungsweise OTG oder Sprünge erkennbar waren. Zu diesem

Zwecke wurde das Octave-Skript “O_Correlation” programmiert. Das vollständige Skript kann im Anhang eingesehen werden. Die Ergebnisse der Korrelationen wurden erneut in einer MS Excel Matrix zusammengefasst.

Basierend auf einer ersten Sichtung der Korrelationen kann festgestellt werden, dass keine Korrelationen bis eindeutige Korrelationen zwischen je zwei Messwerten existieren. Die Abbildungen 3.28, 3.29 und 3.30 zeigen exemplarisch einige ausgewählte grafische Darstellungen zu eindeutigen (linearen) Korrelationen. Diese sind typischerweise erkennbar durch Punktescharen, über welche man eine Gerade mit beliebiger Steigung legen könnte.

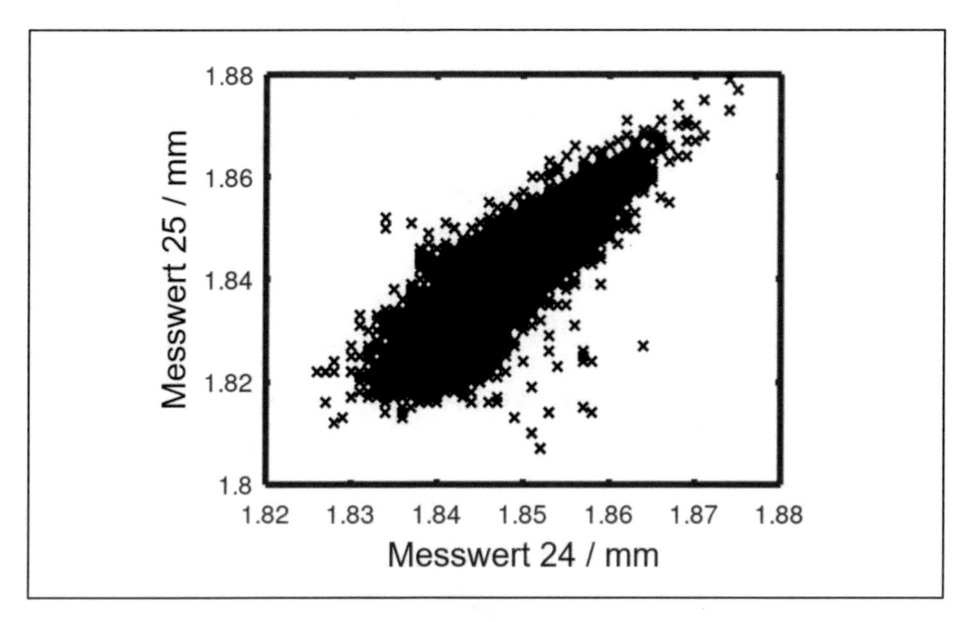

Abb. 3.28: Korrelation – Datei 5, Messwerte 24 & 25

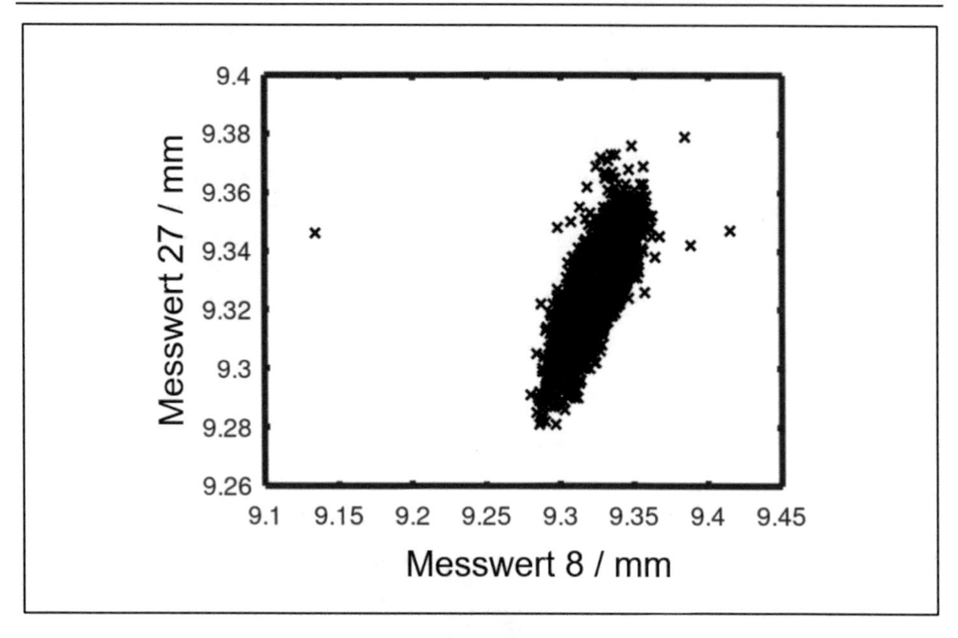

Abb. 3.29: Korrelation – Datei 5, Messwerte 8 & 27

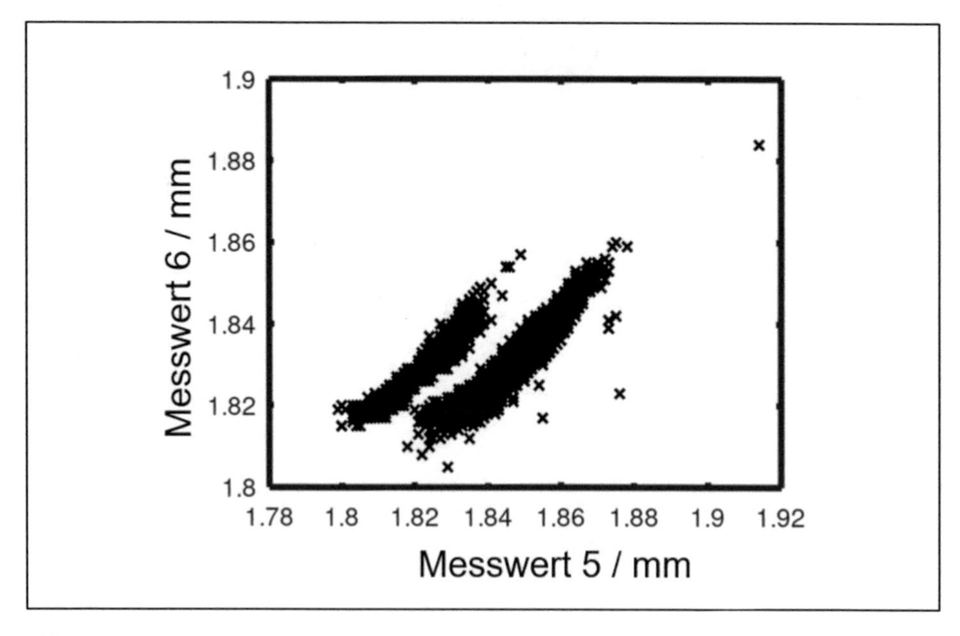

Abb. 3.30: Korrelation – Datei 36, Messwerte 5 & 6

Da nun ein erster qualitativer Einblick in vorherrschende Korrelationen vorliegt, wurde im zweiten Schritt eine Quantifizierung der Korrelationen vorgenommen. Dazu waren die Korrelationskoeffizienten zu berechnen. Erneut kam ein Octave-Skript

(„O_Korrkoeff" – siehe Anhang) zum Einsatz. Dieses Skript berechnet den Korrelationskoeffizienten auf zwei Arten:

- Erzeugung einer CSV-Datei mit den ganzheitlichen Korrelationskoeffizienten und
- Berechnung und grafische Darstellung der zeitabhängigen Korrelationskoeffizienten.

3.2.3.5.1 Berechnung der ganzheitlichen Korrelationskoeffizienten

Das Octave-Skript erzeugt zunächst eine beziehungsweise mehrere CSV-Dateien, je nachdem wie viele Blöcke eine Datei enthält. Ein Block meint in diesem Zusammenhang eine zeitliche Sequenz, in welcher die Produktion störungsfrei durchläuft. Ein Block wird stets durch zwei Störungen voneinander differenziert (siehe Abbildung 3.31).

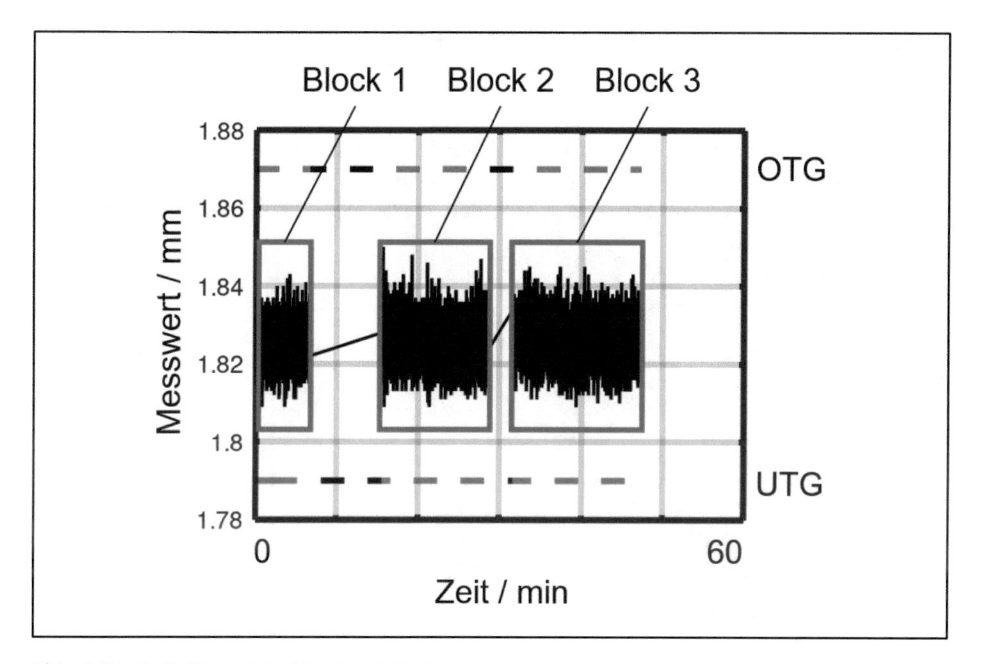

Abb. 3.31: Definition „Block" - Datei 33, Messwert 4

Abbildung 3.32 zeigt exemplarisch die Generierung von drei CSV-Dateien für eine Original-Datei, die zwei Störungen und daher drei Blöcke enthält.

Name	Status	Änderungsdatum	Typ	Größe
x-xxxxxxx-x_1_06_decoded		05.07.2022 13:19	Microsoft Access T...	3.980 KB
x-xxxxxxx-x_1_07_decoded		05.07.2022 13:19	Microsoft Access T...	7.034 KB
x-xxxxxxx-x_1_08_decoded		05.07.2022 13:19	Microsoft Access T...	5.767 KB
x-xxxxxxx-x_1_09_decoded		05.07.2022 13:19	Microsoft Access T...	5.408 KB
x-xxxxxxx-x_1_10_decoded		05.07.2022 13:19	Microsoft Access T...	3.749 KB
x-xxxxxxx-x_1_10_decoded_KorrKoeff_1		03.02.2023 11:44	CSV File	12 KB
x-xxxxxxx-x_1_10_decoded_KorrKoeff_2		03.02.2023 11:44	CSV File	11 KB
x-xxxxxxx-x_1_10_decoded_KorrKoeff_3		03.02.2023 11:44	CSV File	12 KB
x-xxxxxxx-x_1_11_decoded		05.07.2022 13:19	Microsoft Access T...	4.039 KB
x-xxxxxxx-x_1_12_decoded		05.07.2022 13:19	Microsoft Access T...	890 KB

Abb. 3.32: Erzeugung CSV-Datei(en)

Diese Dateien sind Matrizen, die für die verschiedenen Zeitbereiche (Blöcke) alle Korrelationskoeffizienten als Matrix anzeigen.

Zur weiteren Verarbeitung wurden die CSV-Dateien in Excel importiert und entsprechend farblich kodiert (siehe Abbildung 3.33). Niedrige Werte (nahe -1) geben eine negative Korrelation an (rot schattiert), während Werte nahe 1 eine positive Korrelation angeben (grün schattiert).

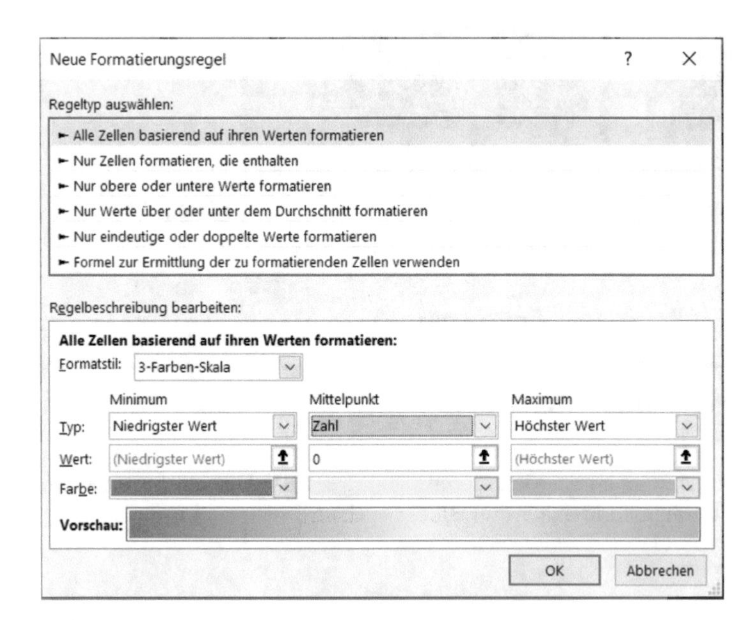

Abb. 3.33: Farbliche Verarbeitung der Korrelationsmatrizen in MS Excel

Zu diesem Zeitpunkt kann nun ein Abgleich mit den vorherigen Beobachtungen und Annahmen geschehen. Tabelle 3.14 zeigt einen Auszug der berechneten Korrelationskoeffizienten anhand Block 2 in Datei 5. Hier zu erkennen sind klare positive Korrelationen zwischen den Messwerten 5, 6 und 7 sowie negative Korrelationen zwischen den Messwerten 4 und 5 / 6 / 7.

Tabelle 3.14: Korrelationsmatrix – Auszug von Datei 5, Block 2

	1	2	3	4	5	6	7	8	9	10	11	12	13	14	15
1	1,000	0,000	0,000	0,000	0,000	0,000	0,000	0,000	0,000	0,000	0,000	0,000	0,000	0,000	0,000
2	0,000	1,000	0,441	0,306	0,031	-0,002	-0,068	0,202	0,261	0,051	0,048	0,000	-0,054	0,115	0,020
3	0,000	0,000	1,000	0,215	0,022	0,034	-0,051	0,002	0,051	-0,020	0,022	0,000	-0,164	-0,044	0,011
4	0,000	0,000	0,000	1,000	-0,622	-0,712	-0,633	0,093	-0,025	-0,017	0,015	0,000	-0,046	-0,059	0,010
5	0,000	0,000	0,000	0,000	1,000	0,919	0,817	0,058	0,188	-0,023	0,010	0,000	0,122	-0,017	-0,036
6	0,000	0,000	0,000	0,000	0,000	1,000	0,826	-0,003	0,181	-0,024	0,001	0,000	0,077	-0,011	-0,022
7	0,000	0,000	0,000	0,000	0,000	0,000	1,000	-0,062	0,246	-0,024	0,001	0,000	0,076	-0,033	-0,018
8	0,000	0,000	0,000	0,000	0,000	0,000	0,000	1,000	0,031	0,020	-0,026	0,000	0,517	0,049	0,016
9	0,000	0,000	0,000	0,000	0,000	0,000	0,000	0,000	1,000	0,006	0,007	0,000	0,039	0,031	0,002
10	0,000	0,000	0,000	0,000	0,000	0,000	0,000	0,000	0,000	1,000	0,000	0,000	-0,012	-0,008	-0,016
11	0,000	0,000	0,000	0,000	0,000	0,000	0,000	0,000	0,000	0,000	1,000	0,000	-0,025	0,010	-0,007
12	0,000	0,000	0,000	0,000	0,000	0,000	0,000	0,000	0,000	0,000	0,000	1,000	0,000	0,000	0,000
13	0,000	0,000	0,000	0,000	0,000	0,000	0,000	0,000	0,000	0,000	0,000	0,000	1,000	0,124	0,010
14	0,000	0,000	0,000	0,000	0,000	0,000	0,000	0,000	0,000	0,000	0,000	0,000	0,000	1,000	-0,025
15	0,000	0,000	0,000	0,000	0,000	0,000	0,000	0,000	0,000	0,000	0,000	0,000	0,000	0,000	1,000

Zur Bestätigung der festgestellten Korrelationen, wurden Korrelations-Matrizen für 20 Dateien mit hinreichend großen Blöcken und Störungen erzeugt. Anschließend wurden alle 20 Dateien zusammengefasst und die Korrelationskoeffizienten-Mittelwerte berechnet (vollständige Matrix siehe Anhang). Alle anderen Dateien waren zu diesem Zeitpunkt uninteressant, da keine Störungen auftraten oder die Blöcke nur klein und somit nicht aussagekräftig waren. Tabelle 3.15 fasst alle gefundenen Korrelationen mit Korrelationskoeffizienten $r > 0{,}5$ beziehungsweise $r < -0{,}5$ zusammen. Schwächere Korrelationen bleiben zunächst unbetrachtet.

Tabelle 3.15: Zusammenfassung der Korrelationen

	1	2	3	4	5	6	7	8	9	10	11	12	13	14	15	16	17	18	19	20	21	22	23	24	25	26	27	28	29	30	31	32	33	34	35	36
1	1																																		
2		1																																	
3			1																																
4				1	#	#	#																												
5					1	o	x																												
6						1	o																												
7							1																												
8								1					o															x					o				
9									1																				#							
10										1																									
11											1																								
12												1																							
13													1																		o	o			
14														1																		o			
15															1																				
16																1																			
17																	1																		
18																		1																	
19																			1																
20																				1															
21																					1														
22																						1													
23																							1	#	#											
24																								1	x											
25																									1	o										
26																										1											
27																											1					o				
28																												1								
29																													1							
30																														1						
31																															1					
32																																1	o			
33																																	1			
34																																		1		
35																																			1	
36																																				1

x Sehr starke (positive) Korrelation (Mittelwert); r >=0.75

o Starke (positive) Korrelation (Mittelwert); 0.75 > r > 0.5

Starke (negative) Korrelation (Mittelwert); -0.75 < r < -0.5

Die Markierung ist wie folgt definiert:

- x: Sehr starke positive Korrelation mit Korrelationskoeffizient r >=0,75
- o: Starke positive Korrelation mit Korrelationskoeffizient 0,75 > r > 0,5
- #: Starke negative Korrelation mit Korrelationskoeffizient -0,75 < r < -0,5

3.2.3.5.2 Berechnung der zeitabhängigen Korrelationskoeffizienten

Der zweite Teil des erwähnten Octave-Skriptes berechnet für das jeweilige Wertepaar den zeitabhängigen Korrelationskoeffizienten und stellt diesen grafisch dar. Bei diesem Schritt wurden zudem die Fensterbreiten variiert. Fensterbreite meint hier eine bestimmte Anzahl von Messwerten, über welche die Mittelwerte errechnet werden. Die Fensterbreite kann manuell im Skript variiert werden kann, d.h. es werden aus den vorliegenden Daten Mittelwerte gebildet und dargestellt. Die Fensterbreite zählt jeweils x Werte nach links beziehungsweise nach rechts. Zur Erforschung der Daten wurde eine Variation der Fensterbreite von 5, 10, 15, 20, 30, 50 und 100 vorgenommen.

Die folgenden Abbildungen 3.34, 3.35, 3.36 und 3.37 zeigen einige exemplarische Beispiele zu den zeitabhängigen Korrelationskoeffizienten unter Variation der Fensterbreite.

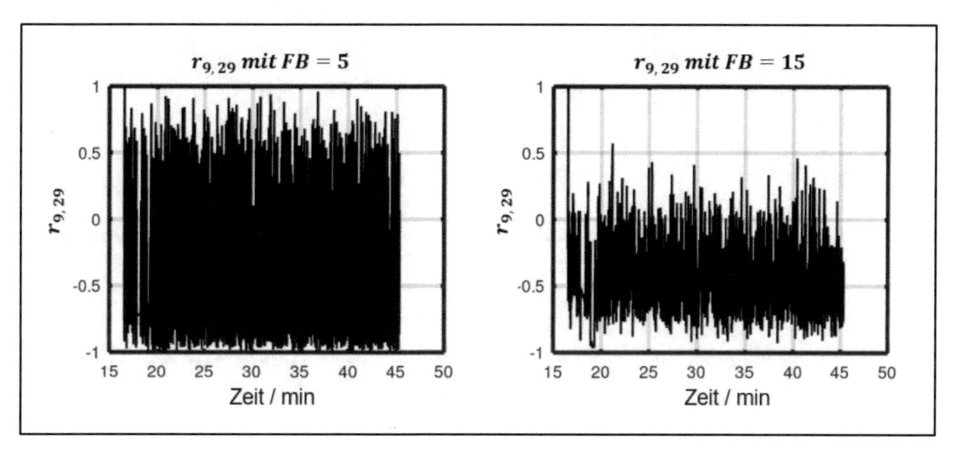

Abb. 3.34: Zeitabhängiger Korrelationskoeffizient Datei 5, Block 2, Messwerte 9 & 29, Fensterbreiten 5 & 15

Die Korrelation zwischen den Messwerten 9 und 29 zeigt sich im zeitlichen Verlauf stabil und wesentlich negativ. Es ist keine Veränderung der Korrelation über die Zeit hinweg erkennbar (siehe Abbildung 3.34).

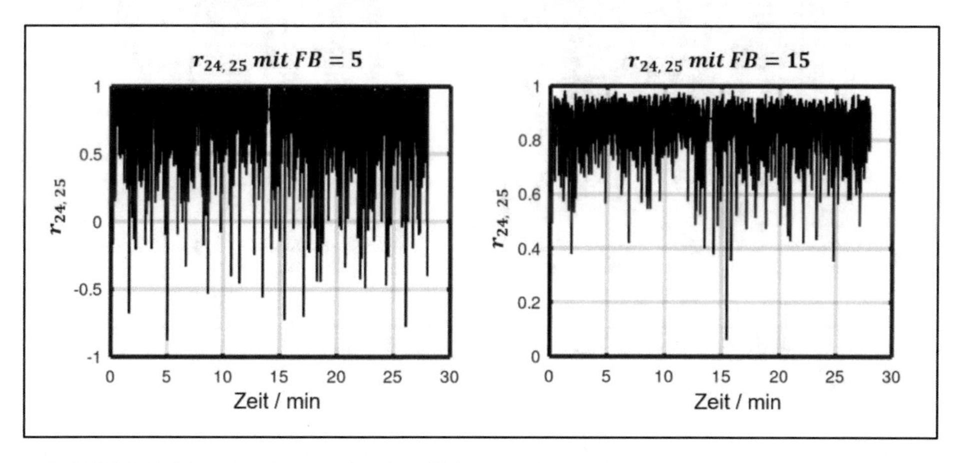

Abb. 3.35: Zeitabhängiger Korrelationskoeffizient Datei 32, Block 1, Messwerte 24 & 25, Fensterbreiten 5 und 15

Die Messwerte 24 und 25 korrelieren in zeitlicher Abfolge stark positiv miteinander. Ab Minute 15 werden zwar die Schwankungen etwas größer, aber im Wesentlichen bleibt der Korrelationskoeffizient zwischen 0,6 und 1 (siehe Abb. 3.35).

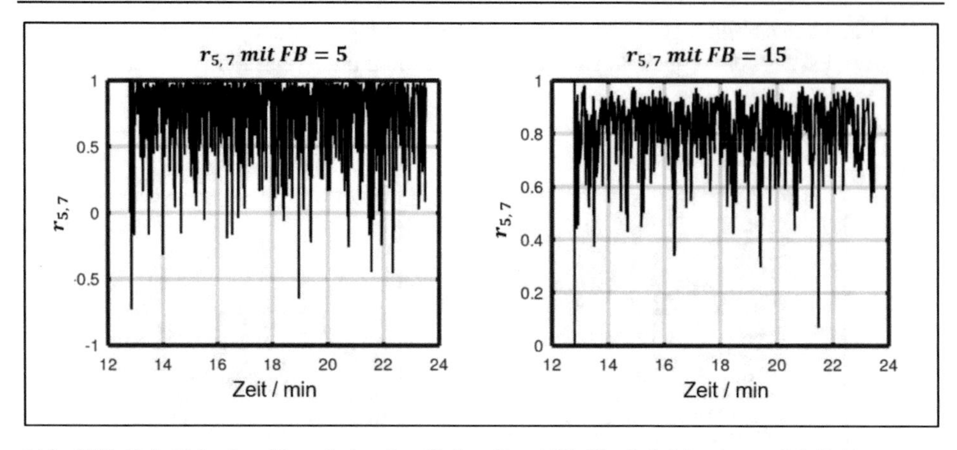

Abb. 3.36: Zeitabhängiger Korrelationskoeffizient Datei 55, Block 2, Messwerte 5 & 7, Fensterbreiten 5 und 15

Abbildung 3.36 zeigt, dass der zeitabhängige Korrelationskoeffizient zwischen den Messwerten 5 und 7 ebenso kontinuierlich stark positiv bleibt. Es gibt zwar einige Ausreißer, die aber nicht von wesentlicher Bedeutung sind.

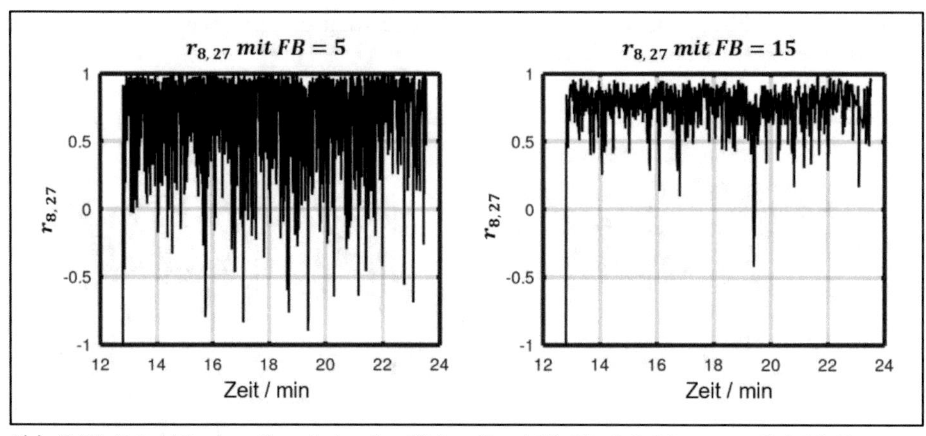

Abb. 3.37: Zeitabhängiger Korrelationskoeffizient Datei 55, Block 2, Messwerte 8 & 27, Fensterbreiten 5 und 15

Die Messwerte 8 und 27 korrelieren im zeitlichen Verlauf sehr stark positiv miteinander (siehe Abbildung 3.37). Auch hier kann keine Veränderung der zeitabhängigen Korrelation vor der eintretenden Störung in der 23. Minute festgestellt werden.

Eventuell hätte sich aus den Korrelationscharts auch am zeitlichen Verlauf eine potenzielle Schwachstelle ableiten lassen können. Daher wurden viele weitere Stichproben unter Variation der Fensterbreiten genommen und erneut in einer Excel-Matrix zusammengefasst (Auszug siehe Abbildung 3.38).

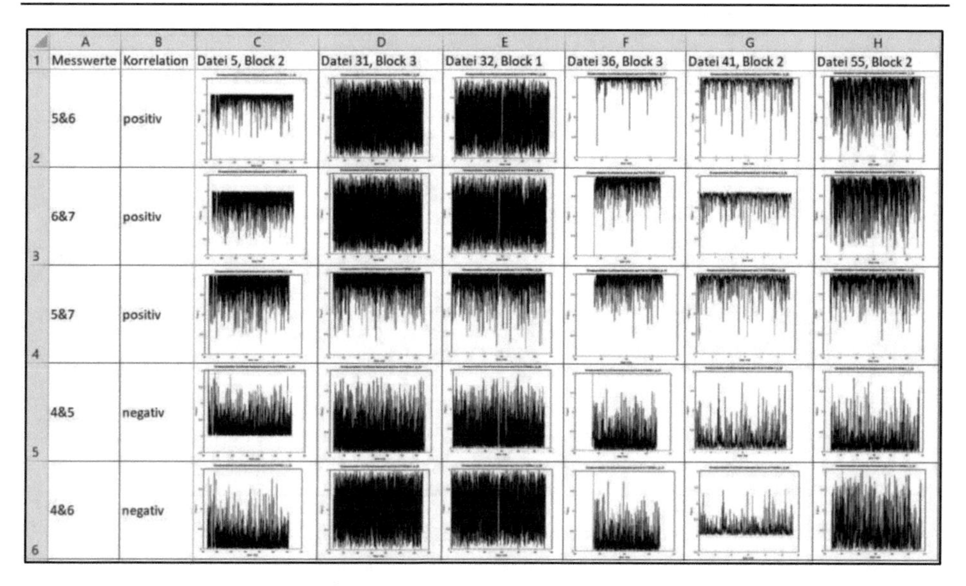

Abb. 3.38: Grafische Zusammenfassung der zeitabhängigen Korrelationskoeffizienten - Auszug

Im Gesamten zeigen sich dahingehend allerdings keine eindeutigen Zusammenhänge. Teilweise deuten sich leichte Änderungen in den Korrelationen an (Schwankungen werden größer oder kleiner, vermehrte Ausreißer etc. – Vergleich Abbildungen 3.34 bis 3.37), die aber nicht durchgängig und stark genug beobachtet werden können, um daraus Rückschlüsse zu ziehen und entsprechend Schwachstellen abzuleiten.

Kurz zusammengefasst wurden (starke bis sehr starke) positive und negative Korrelationen in den Messwerten 4, 5, 6, 7, 8, 9, 13, 23, 24, 25, 26, 27, 29, 32 und 33 festgestellt. Diese werden im Folgekapitel gezielt aufgegriffen.

3.2.3.6 Prognose

An dieser Stelle sind die folgenden Gegebenheiten und Erkenntnisse festzuhalten:

- Es gibt 33 Messwerte, von denen zu jedem Zeitpunkt der aktuelle Wert, sowie die Toleranzgrenzen bekannt sind.
- Innerhalb der 33 Messwerte gibt es eindeutige Korrelationen.

Basierend auf diesen Informationen wird im folgenden Verlauf eine Prognose abgeleitet. Dazu wird die Steigung der Mittelwerte der jeweiligen Messwerte genutzt und zur UTG beziehungsweise OTG extrapoliert. Dies geschieht zunächst einzeln für jeden Messwert. Abbildung 3.39 zeigt die Extrapolation beispielhaft für zwei Messwerte.

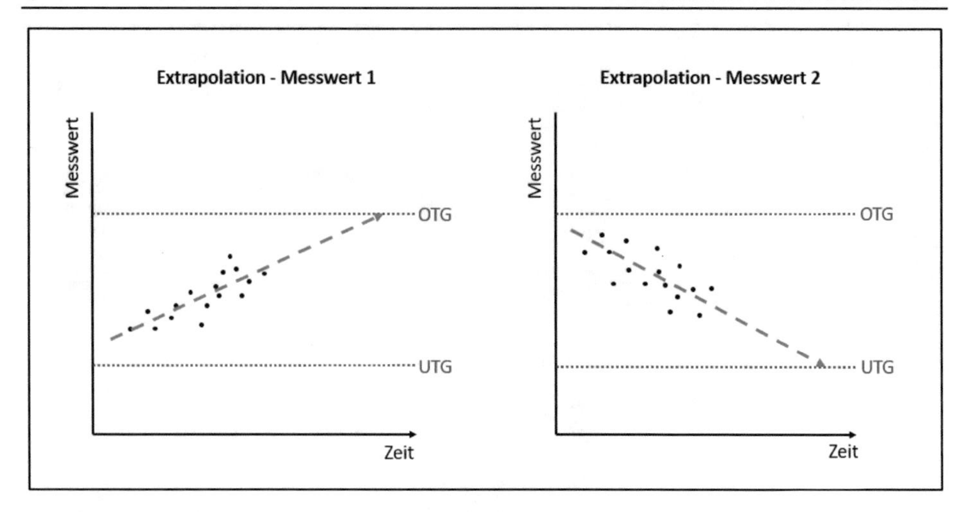

Abb. 3.39: Extrapolation der Messwerte über die Steigung der Mittelwerte

Zu diesem Zweck wurde das Octave-Skript „O_Prognosis“ programmiert. Das detaillierte Skript kann dem Anhang entnommen werden. Das Skript nimmt jeweils den aktuellen Wert und ermittelt über die letzten x Werte (definiert als Fensterbreite) die Prognose wann (bei linearem Verhalten) die Messdaten aus dem Toleranzfenster (UTG/OTG) herauslaufen würden. Damit ergibt sich schließlich die Anzahl der noch zu produzierenden Teile bis zur potenziellen Störung. Dabei werden insbesondere die korrelierenden Messgrößen in Betracht gezogen. Im Skript lassen sich die zu betrachtenden Messwerte über [4,5,6,7] o.ä. festlegen. Das Skript wurde zunächst für die 11 positiv korrelierenden Messwerte 5, 6, 7, 8, 13, 24, 25, 26, 27, 32 und 33 und zusätzlich für die weiteren 4 Messwerte in negativen Korrelationen 4, 9, 23 und 29 mittels Variation der Fensterbreite durchgespielt. Alles wurde wiederum in MS Excel übersichtlich festgehalten (siehe Abbildung 3.40) und die Ergebnisse anschließend detailliert geprüft.

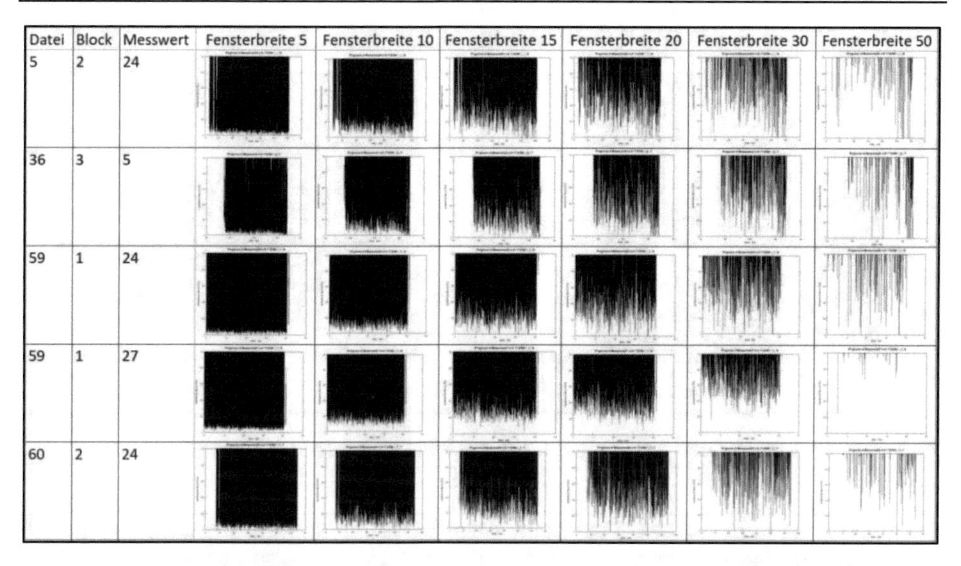

Datei	Block	Messwert	Fensterbreite 5	Fensterbreite 10	Fensterbreite 15	Fensterbreite 20	Fensterbreite 30	Fensterbreite 50
5	2	24						
36	3	5						
59	1	24						
59	1	27						
60	2	24						

Abb. 3.40: Zusammenfassung des Datenscreenings zu den Prognosen - Auszug

Es wird festgestellt, dass es durchaus einige vielversprechende Prognosen gibt, d.h. in ihrer Form mittels linearer Extrapolation auf eine baldige potenzielle Störung hindeuten. Bei einer Fensterbreite von ‚5' sind die linearen Entwicklungen nur schwer visuell erkennbar, da sich die Mittelwerte der aktuellen Messwerte bei kleinen Fensterbreiten recht zügig in Richtung UTG beziehungsweise OTG extrapolieren. Aufgrund der Vielzahl der Messwerte sind im Ergebnis bei einer Fensterbreite von ‚5' zunächst schwarze blockartige Gebilde zu sehen. Umso größer die Fensterbreite gewählt wird, desto eindeutiger wird das Verhalten, wobei ab einer Fensterbreite von ca. ‚30' sich die Aussagekraft aufgrund der Anzahl der reduzierten Datenpunkte wieder vermindert.

Die folgenden Abbildungen 3.41, 3.42, 3.43, 3.44 und 3.45 zeigen einige Beispiele der Ergebnisse des Prognoseskriptes bei Fensterbreiten von ‚5' und ‚15'.

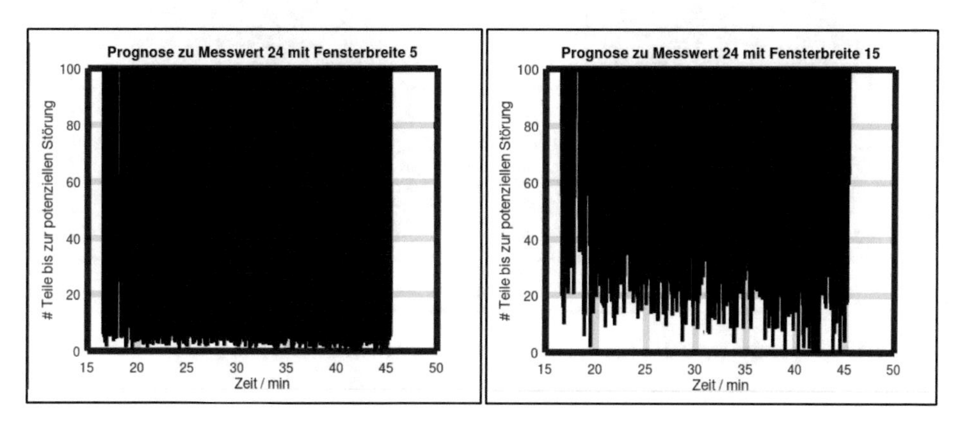

Abb. 3.41: Prognose - Datei 5, Block 2, Messwert 24 bei Fensterbreiten 5 und 15

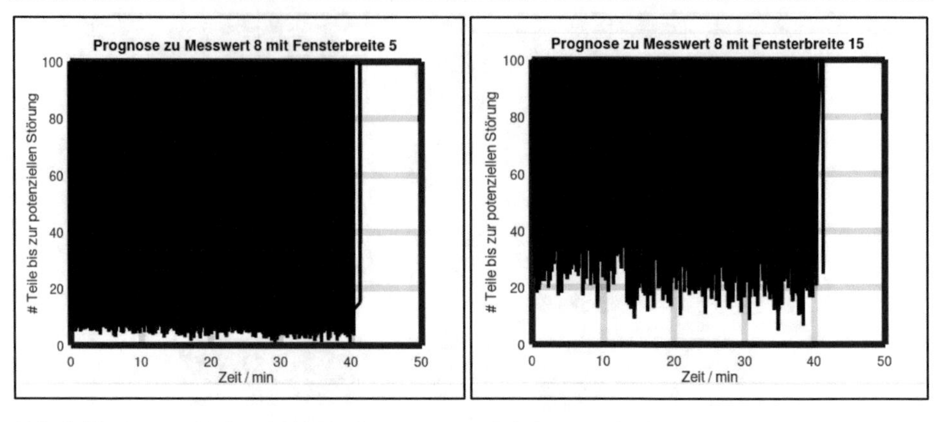

Abb. 3.42: Prognose - Datei 59, Block 1, Messwert 8 bei Fensterbreiten 5 und 15

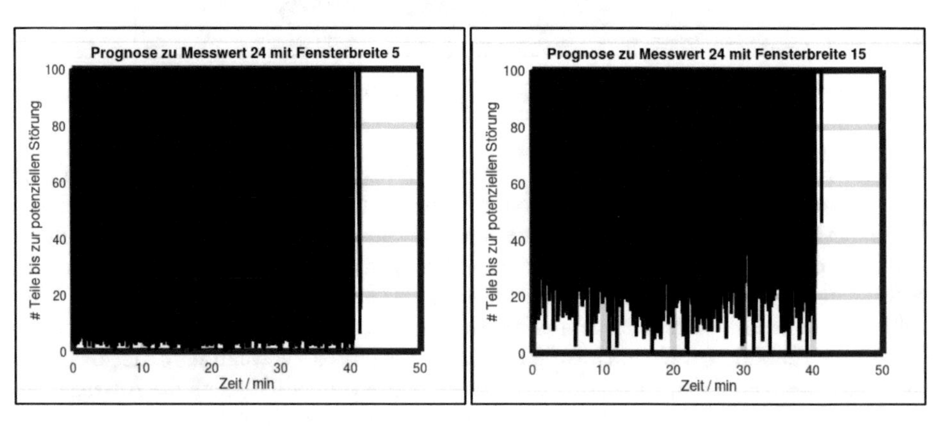

Abb. 3.43: Prognose - Datei 59, Block 1, Messwert 24 bei Fensterbreiten 5 und 15

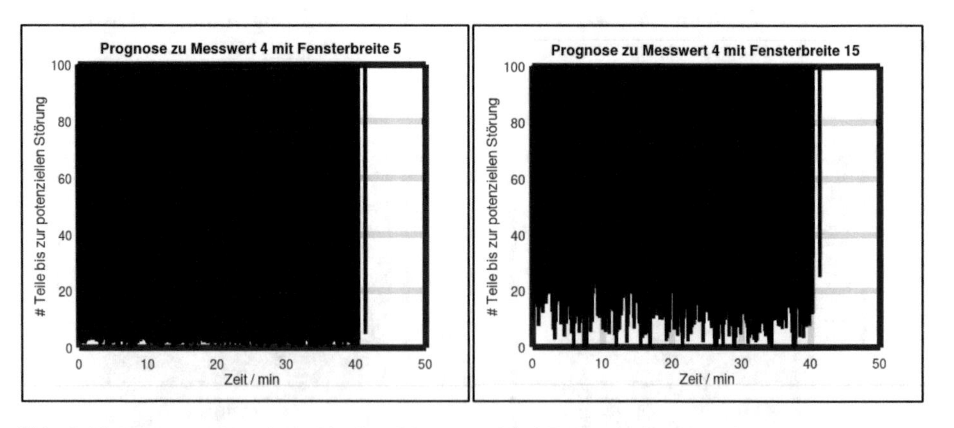

Abb. 3.44: Prognose - Datei 59, Block 1, Messwert 4 bei Fensterbreiten 5 und 15

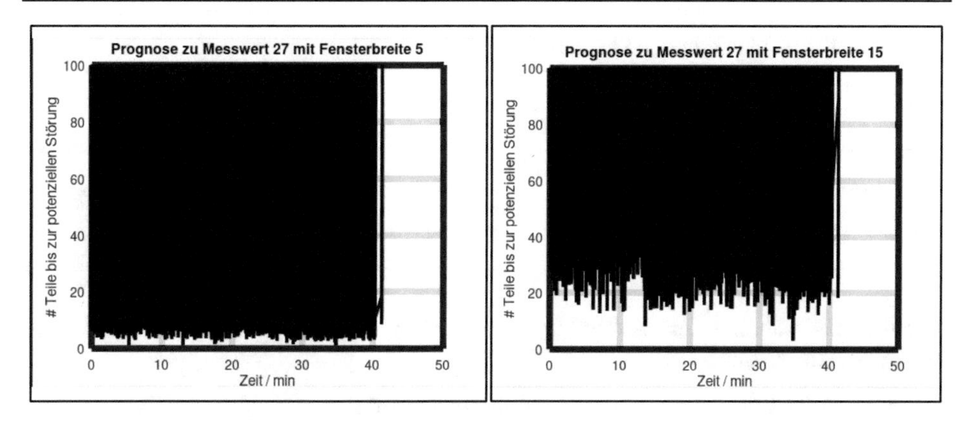

Abb. 3.45: Prognose - Datei 59, Block 1, Messwert 27 bei Fensterbreiten 5 und 15

Es wird angenommen, dass sich basierend auf den geschilderten Erkenntnissen (lineare) Trends womöglich gut vorhersagen lassen, Sprünge allerdings nicht. Sprünge sind von Natur aus schwer vorherzusagen, da diese eben sprunghaft auftreten, ohne vorher einen klaren Trend in Richtung OTG beziehungsweise UTG erkennen zu lassen. Sprünge könnten beispielsweise dann auftreten, wenn sich die Fertigungssituation durch zu diesem Zeitpunkt unbekannte Faktoren abrupt ändert. Allerdings könnten Sprünge im weiteren Verlauf zumindest protokolliert werden und bei gewisser Anzahl oder Häufung ein Hinweis durch die SSA gegeben werden.

Eine weitere Herausforderung liegt in der Tatsache, dass bisher 15 korrelierende Messwerte im Fokus sind (4, 5, 6, 7, 8, 9, 13, 23, 24, 25, 26, 27, 29, 32 und 33). Gemäß dem Konzept der SSA kann allerdings eine beliebige Teilmenge der Messwerte zeitgleich gewisse Trends in positiver beziehungsweise negativer Korrelation zeigen. So gilt es nun, eine Weiterentwicklung des Prognoseskriptes vorzunehmen.

Zunächst wird die Fensterbreite fix auf ‚15' festgelegt. Folgende Überlegungen haben zu dieser Entscheidung geführt: Die Geschwindigkeit des Stanzwerkzeugs ist zu beachten. Sofern eine Schwachstelle frühzeitig durch die Prognose identifiziert wurde und eine potenzielle Störung bevorsteht, muss der Bediener in der Produktion auch genügend Zeit zum Eingreifen haben. Alle (Kurzzeit-)Störungen, die durch die oben aufgeführte Prognose hätten entdeckt werden können, haben sich mindestens 12 Minuten lang im Trend angebahnt. D.h. bei 395 Teilen pro Minute, bedeutet das 4.738 Stück in 12 Minuten. Mit einer Fensterbreite von ‚15' würden 316 Datenpunkte aufgezeichnet bis zur potenziellen Störung (siehe Tabelle 3.16). Dies schafft ausreichend Zeit und Einblick in den Trend der Messdaten, um gezielt vor Eintreten der Störung einzugreifen.

Tabelle 3.16: Produktionsmengen in Zeiteinheiten

Durchschnittliche Produktionsmenge		
15.-17.1.2022	1.705.758	Stück
24h	568.586	Stück
1h	23.691	Stück
1min	395	Stück

Die Idee ist, während der Anwendung der SSA, die Echtzeit-Messdaten mittels eines Ampelsystems anzuzeigen:

- $x > 20$ Teile bis zur potenziellen Störung = grün,
- $10 < x < 20$ Teile bis zur potenziellen Störung = gelb,
- $x < 10$ Teile bis zur potenziellen Störung = rot

Die Ampeleinheiten wurden mit 10 und 20 gewählt, da gemäß der Prognoseuntersuchung bei bis zu 20 Produkten alles stabil zu laufen scheint. Zu diesem Zeitpunkt gibt es noch nicht hinreichend genug Indizien zur potenziellen Störung. Etliche Messwerte haben sich knapp über 20 „wieder gefangen". Zwischen 20 und 10 lassen sich die Trends allerdings bereits gut erkennen. Geringer als 10 kam es dann zumeist tatsächlich zur Störung.

Die Verfeinerung des Skriptes wurde mittels Octave umgesetzt. Das vollumfängliche Octave Skript „O_Prognosis_Traffic_Lights" kann dem Anhang entnommen werden.

Das Skript gibt je zwei grafische Darstellungen aus: eine gelbe ‚Ampel' und eine rote ‚Ampel'. Jedes Chart zeigt die Anzahl aller Messwerte, die zeitgleich gemäß Prognose (lineare Extrapolation) aus dem Toleranzfenster herauslaufen würden. Zur Vollständigkeit wurden vergleichsweise auch zum einen nur die stark korrelierenden Messwerte durchgespielt (d.h. $r > 0{,}75$ beziehungsweise $r < -0{,}75$ / Messwerte 5, 7, 8, 24, 25 und 27) und zum anderen alle 33 Messwerte in Betracht gezogen, sprich auch alle ohne jegliche Korrelation. Alle Ergebnisse der verfeinerten Prognose wurden in MS Excel übersichtlich dokumentiert (Auszug siehe Abbildung 3.46).

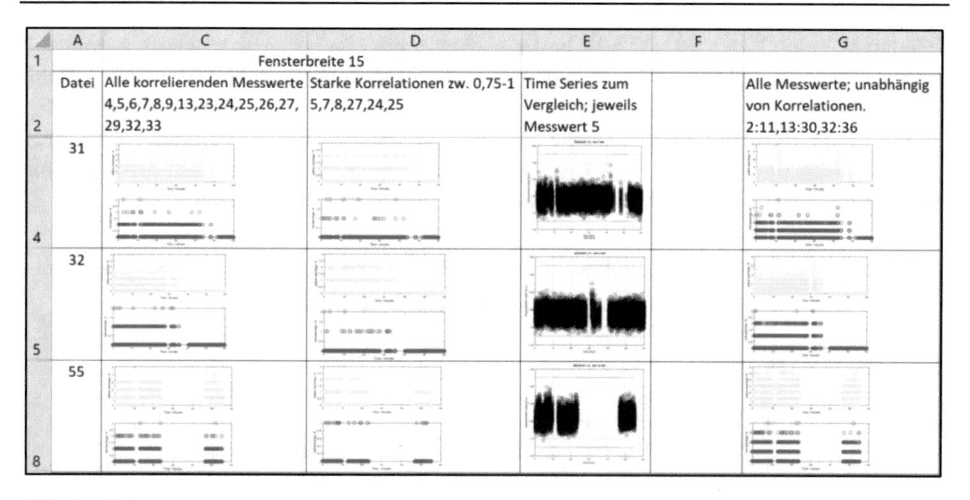

Abb. 3.46: Zusammenfassung der Ergebnisse der verfeinerten Prognose

Die folgenden Abbildungen 3.47, 3.48 und 3.49 zeigen beispielhaft das Ergebnis der Ampelprognosen für Dateien, die (Kurzzeit-)Störungen enthalten für jeweils die drei genannten verschiedenen Betrachtungen:

1) Alle korrelierenden Messwerte 4,5,6,7,8,9,13,23,24,25,26,27,29,32,33
2) Nur die stark korrelierenden Messwerte 5,7,8,24,25,27
3) Alle Messwerte unabhängig von Korrelationskoeffizienten

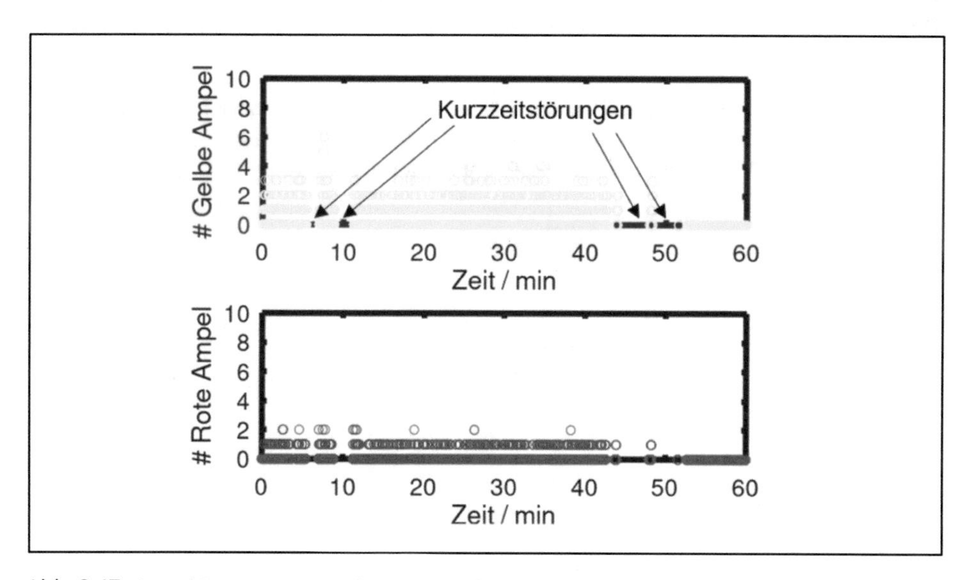

Abb. 3.47: Ampel-Prognose – Datei 31 – Betrachtung 1

Abbildung 3.48 zeigt die Ampelprognose für alle korrelierenden Messwerte (4,5,6,7,8,9,13,23,24,25,26,27,29,32,33). Der obere Bereich der Darstellung gibt dabei Aufschluss über die gelbe Ampel. Es lassen sich 4 Kurzzeitstörungen erkennen (jeweils bei den Minuten 8, 10, 44 und 50). In der gelben Ampel befinden sich nahezu permanent zwei Messwerte, teils sogar bis zu 6 Messwerte. Ab Minute 52 läuft die Fertigung stabil und störungsfrei weiter. Es befinden sich keine Messwerte in der gelben Ampel. Analog ist der untere Bereich der Darstellung zur roten Ampel zu lesen. Es befindet sich nahezu permanent ein Messwert in der roten Ampel, teilweise auch zwei. Sobald die Fertigung störungsfrei läuft, sind keine Messwerte in der roten Ampel zu erkennen.

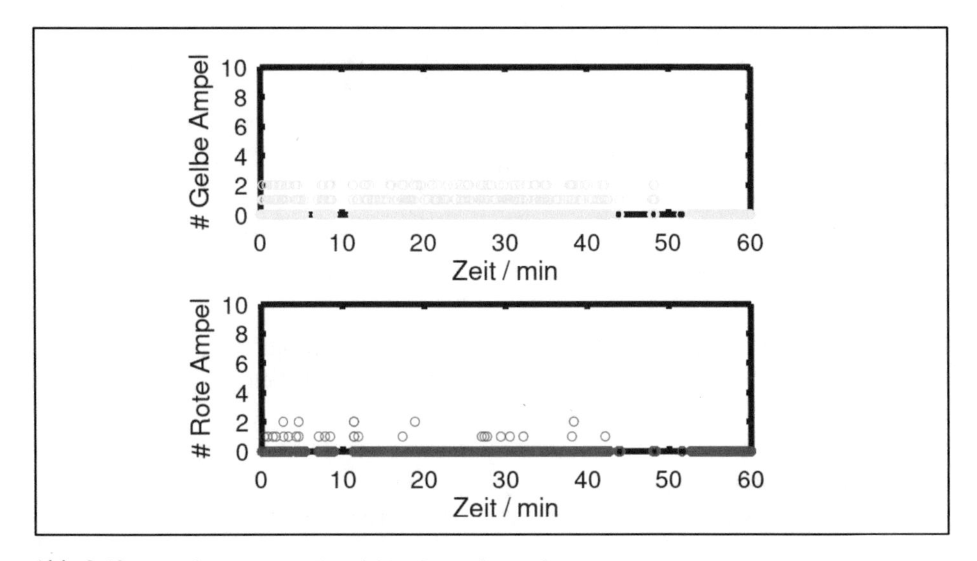

Abb. 3.48: Ampel-Prognose – Datei 31 – Betrachtung 2

Abbildung 3.49 ist analog zu Abbildung 3.48 zu lesen, betrachtet aber lediglich die stark korrelierenden Messwerte 5, 7, 8, 24, 25 und 27. Es fällt auf, dass bei reduzierter Betrachtung der Messwerte auch die Ampeln reduzierter ausfallen.

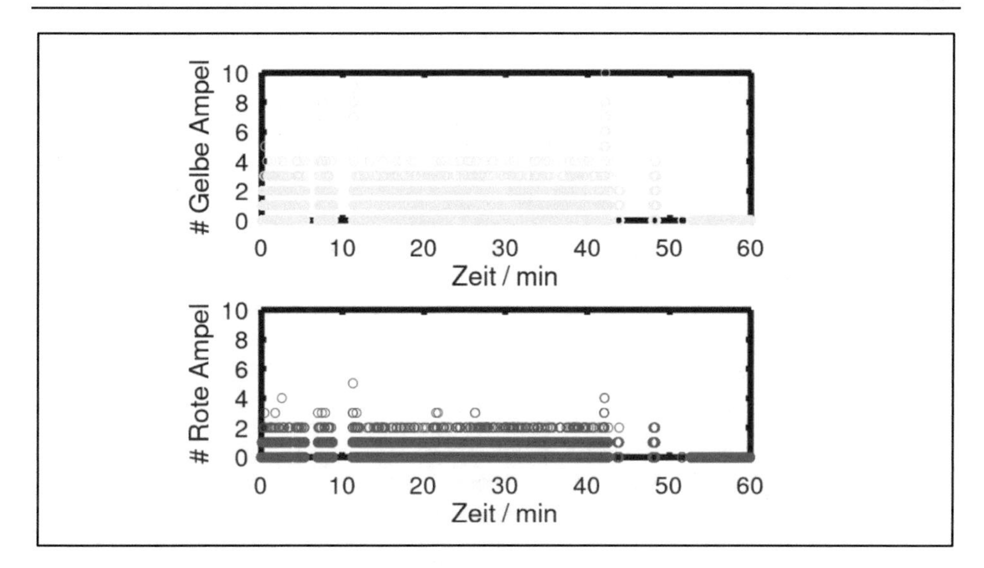

Abb. 3.49: Ampel-Prognose – Datei 31 – Betrachtung 3

Abbildung 3.49 zieht alle Messwerte unabhängig von Korrelationskoeffizienten in die Ampelprognose mit ein. Ähnlich zur Abbildung 3.47 zeigen sich deutliche gelbe und rote Ampeln vor den jeweiligen Kurzzeitstörungen, nicht aber bei störungsfreier Fertigung.

Die folgenden Abbildungen 3.50, 3.51, 3.52, 3.53, 3.54 und 3.55 zeigen jeweils weitere exemplarische Beispiele bezüglich der Anwendung der Ampelprognose unter den verschiedenen Betrachtungsweisen.

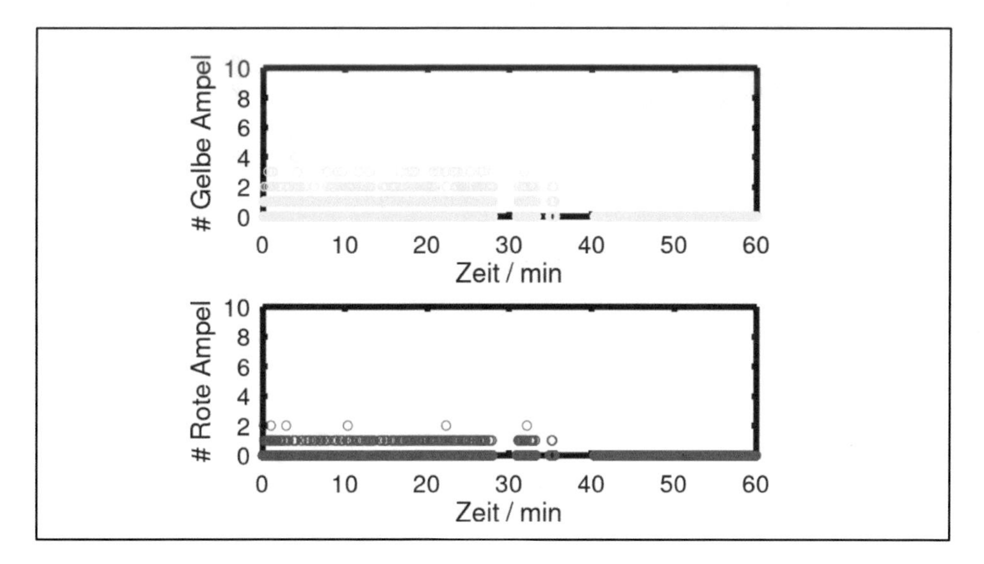

Abb. 3.50: Ampel-Prognose – Datei 32 – Betrachtung 1

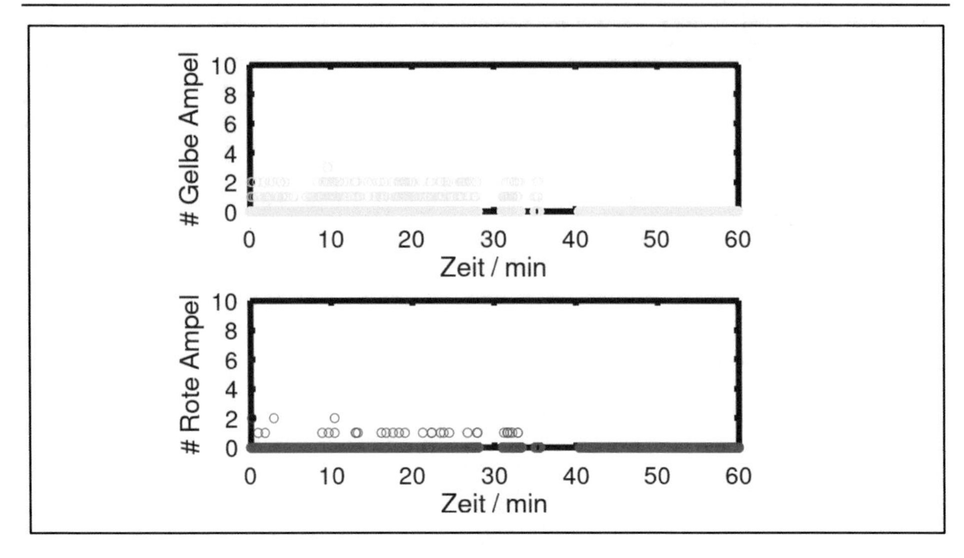

Abb. 3.51: Ampel-Prognose – Datei 32 – Betrachtung 2

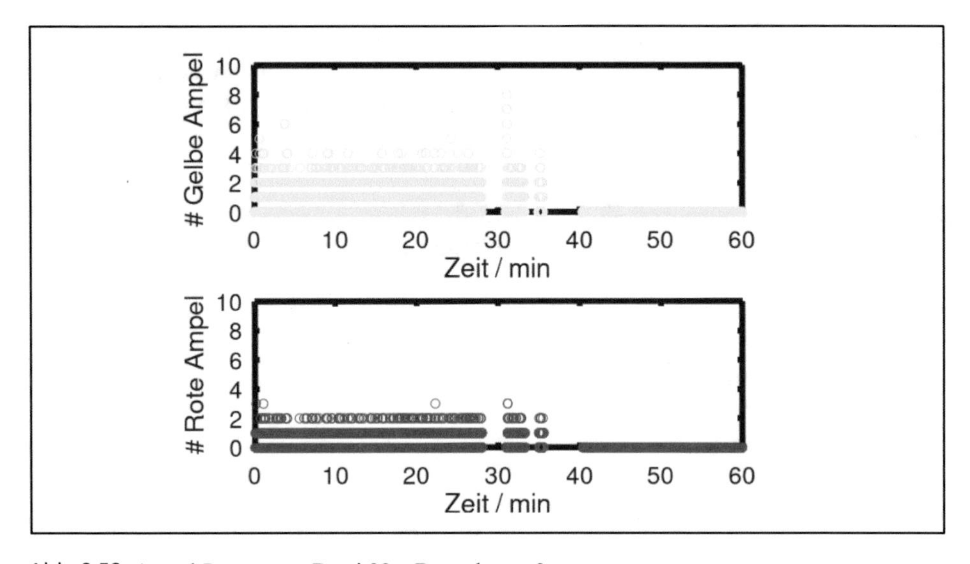

Abb. 3.52: Ampel-Prognose – Datei 32 – Betrachtung 3

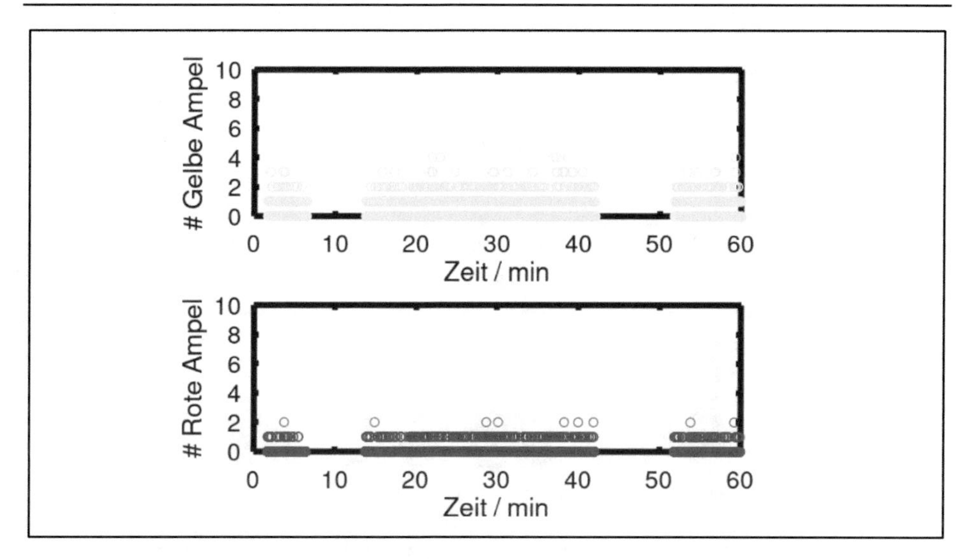

Abb. 3.53: Ampel-Prognose – Datei 60 – Betrachtung 1

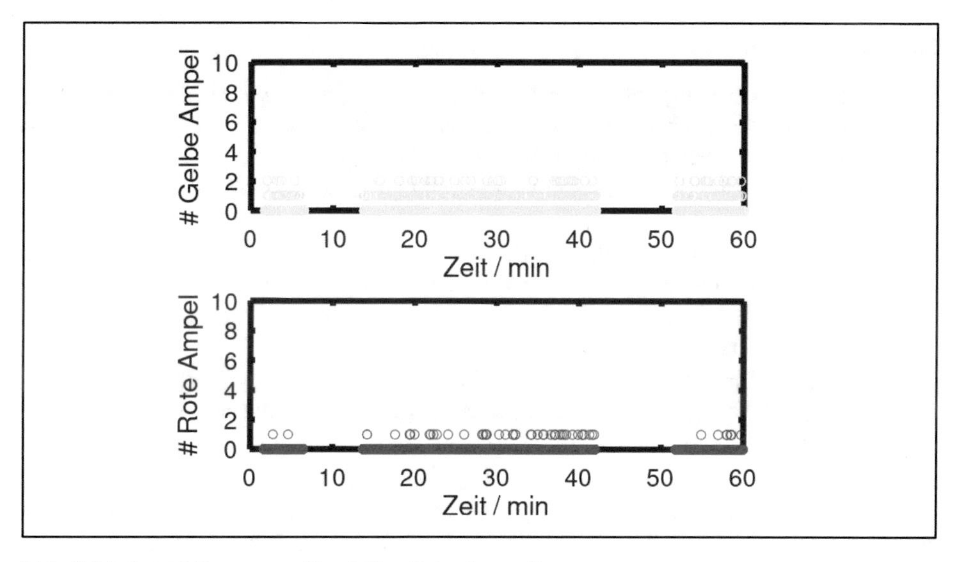

Abb. 3.54: Ampel-Prognose – Datei 60 – Betrachtung 2

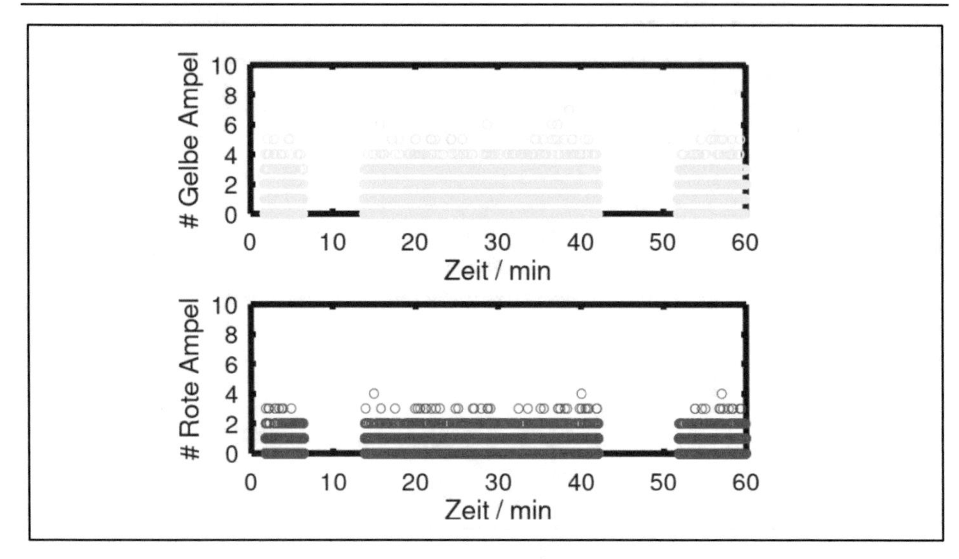

Abb. 3.55: Ampel-Prognose – Datei 60 – Betrachtung 3

Folgende Erkenntnisse können festgehalten werden:

- Bei allen störungsbehafteten Verläufen gibt es zwei bis drei Messwerte in der gelben Ampel beziehungsweise ein bis zwei Messwerte in der roten Ampel als Indiz für die baldige Störung unter Betrachtung 1.
- Im Wesentlichen zeigen sich korrelierende Messwerte auffällig bzgl. der Prognose.
- Es herrscht ein sehr ähnliches Profil in der Betrachtung aller Messwerte gegenüber der Betrachtung korrelierender Messwerte in der Prognose.
- Nur die stark korrelierenden Messwerte zu betrachten, gibt zu wenig Aufschluss über eine baldige potenzielle Störung.
- Ein stabil laufender, störungsfreier Prozess zeigt sich unauffällig in der Prognose, d.h. es zeigen sich 0 Messwerte in der gelben als auch roten Ampel.

Zusammengefasst ist es grundlegend zweckdienlich, sich auf alle korrelierenden Messwerte zu konzentrieren. Die Betrachtung aller Messwerte unabhängig von Korrelationen zeigen ein sehr ähnliches Profil. Letztlich soll die SSA in Echtzeit laufen. Daher sind auch die Datenströme zu bedenken. Umso mehr Daten generiert und verarbeitet werden müssen, desto längere Zeit vergeht bis zur Darstellung und letztlich bis zum möglichen Eingriff.

Während der Anwendung der SSA müssen stets die gelbe, als auch die rote Ampel beachtet werden. Nur die rote Ampel zu betrachten, gäbe mit der aktuellen Einstellung kein rechtzeitiges Indiz auf die baldige Störung. Die gelbe Ampel hingegen verschafft genügend Zeit für den Bediener, rechtzeitig eingreifen zu können.

3.2.3.7 Mathematische Formulierung

Die Erkenntnisse der Erforschung der SSA werden im Folgenden formell zusammengebracht. Die nachfolgenden 5 Schritte sind für alle korrelierenden Messwerte

$$r_{xy} \leq -0{,}5 \; bzw. \, r_{xy} \geq 0{,}5 \text{ und } \mu \in \mathbb{R}$$

anzuwenden.

Schritt 1: Bestimmung des gleitenden Mittelwertes

$$\bar{x} = \sum_{i=j-FB}^{j} \frac{\mu_i}{FB} \tag{3.1}$$

mit

$j = aktueller\ Zähler$

$\mu = \ Messwert$

$FB = Fensterbreite$

Schritt 2: Approximation der Messwerte mittels Polynom 1. Grades durch Anwendung der Methode der kleinsten Quadrate

$$f(x) = y = mx + b \tag{3.2}$$

mit

$x = 1 \ldots FB$

wobei

$m\ und\ b\ aus\ der\ Approximation\ gewonnen\ werden.$

Die Variable m repräsentiert den Trend für den zeitlichen Verlauf der Messwerte. Die Variable b wird in den folgenden Schritten nicht weiter berücksichtigt, da lediglich die Steigung m für die Prognose relevant ist.

Schritt 3: Bestimmung der Prognose (Anzahl der Teile bis zur potenziellen Störung)

$$y \leq mx + x_i \; mit \; y = OTG \tag{3.3}$$

$$y \geq mx + x_i \; mit \; y = UTG$$

mit

$$x_i = aktueller\ Messwert\ x\ bei\ i$$

$$OTG = Obere\ Toleranzgrenze$$

$$UTG = Untere\ Toleranzgrenze$$

$$x = Anzahl\ der\ Teile\ bis\ zur\ Erreichung\ der\ OTG\ bzw. UTG$$

umgestellt nach x:

$$x \geq \frac{OTG - x_i}{m}$$

$$x \leq \frac{UTG - x_i}{m}$$

Schritt 4: Definition der Ampel

$$gelb, wenn\ 10 < x \leq 20 \tag{3.4}$$

$$rot, wenn\ x \leq 10$$

mit

$$x = Anzahl\ der\ Teile\ bis\ zur\ Erreichung\ der\ OTG\ bzw. UTG$$

Schritt 5: Aufsummierung aller Ampeln über alle korrelierenden Messwerte

$$y_{rot} = \sum_{i=1}^{n} x_{rot,i} \tag{3.5}$$

$$y_{gelb} = \sum_{i=1}^{n} x_{gelb,i}$$

3.2.3.8 Verifizierung der erforschten Schwachstellenanalytik

Zur Verifizierung der erforschten SSA wurde ein weiteres Datenset derselben exemplarischen Anlage und desselben Produktes angefordert (Referenz: Kapitel 3.2.3.1). Der Zeitraum der Verifizierungs-Messdaten erstreckte sich vom 09.-13.10.2022 und umfasst 51 Dateien. Ziel ist es, die Reproduzierbarkeit der Erkenntnisse zur Schwachstellenanalytik nachzuweisen und gegebenenfalls feinere Änderungen in der Ampelprognose vorzunehmen.

Zur vereinfachten Handhabung wurde erneut eine Referenztabelle zu Original-Dateien und Datei-Nummern erstellt (siehe Tabelle 3.17).

Tabelle 3.17: Auszug Referenztabelle Verifizierungs-Daten – Dateinummern und Dateinamen

Datei-Nr.	Datei-Name
V1	x-xxxxxxx-x_1_17
V2	x-xxxxxxx-x_1_18
V3	x-xxxxxxx-x_1_19
V4	x-xxxxxxx-x_1_20
V5	x-xxxxxxx-x_2_10
V6	x-xxxxxxx-x_2_11
V7	x-xxxxxxx-x_2_13
V8	x-xxxxxxx-x_2_15
V9	x-xxxxxxx-x_2_16
V10	x-xxxxxxx-x_2_17

3.2.3.8.1 Datensichtung

Zunächst wurden die Daten grundlegend exemplarisch gesichtet, um sicherzustellen, dass Art und Umfang der benötigten Grundlage entsprechen. Stichprobenartig kann festgehalten werden, dass es Dateien mit großem Datenumfang sind, störungsfrei, aber auch störungsbehaftet. In diesem Rahmen waren auch einige Dateien augenscheinlich wieder auffällig, was die folgenden Abbildungen 3.56, 3.57 und 3.58 belegen.

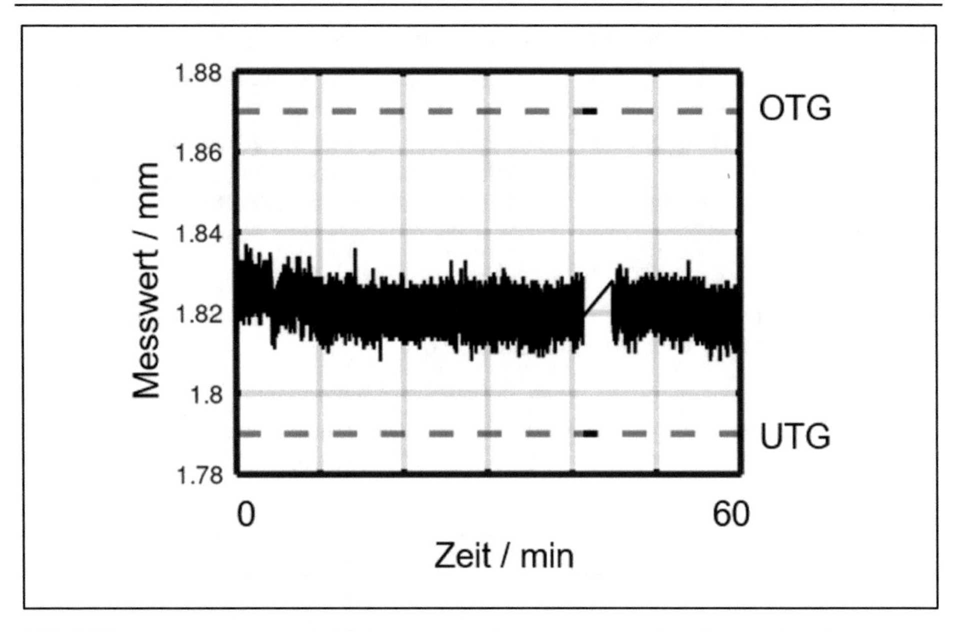

Abb. 3.56: Datensichtung zur Verifizierung – Datei V17, Messwert 4 – Abwärts-Trend

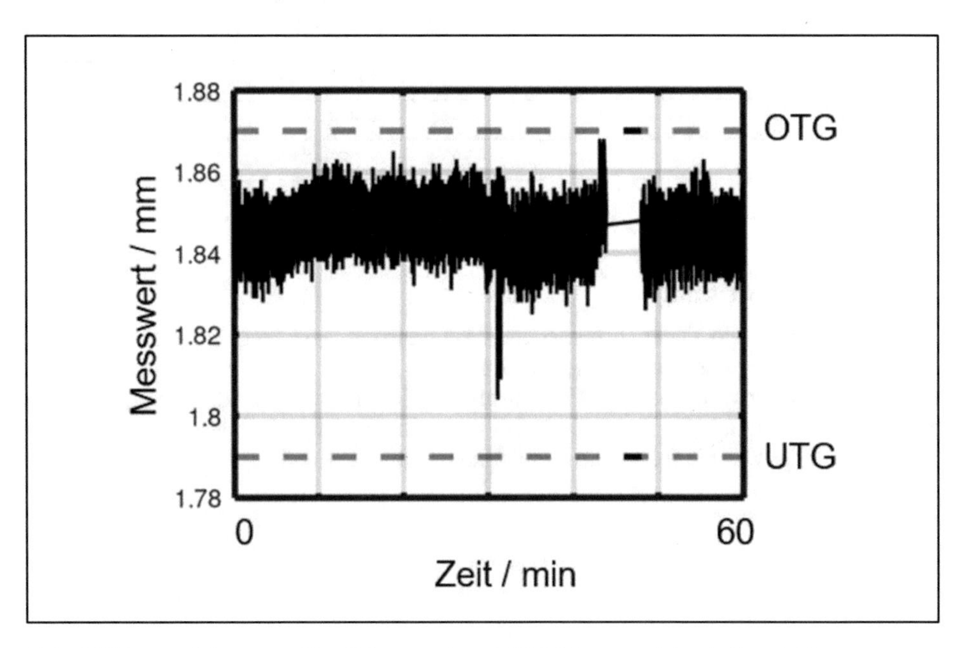

Abb. 3.57: Datensichtung zur Verifizierung – Datei V36, Messwert 23 – Auf- und Abwärts-Trends

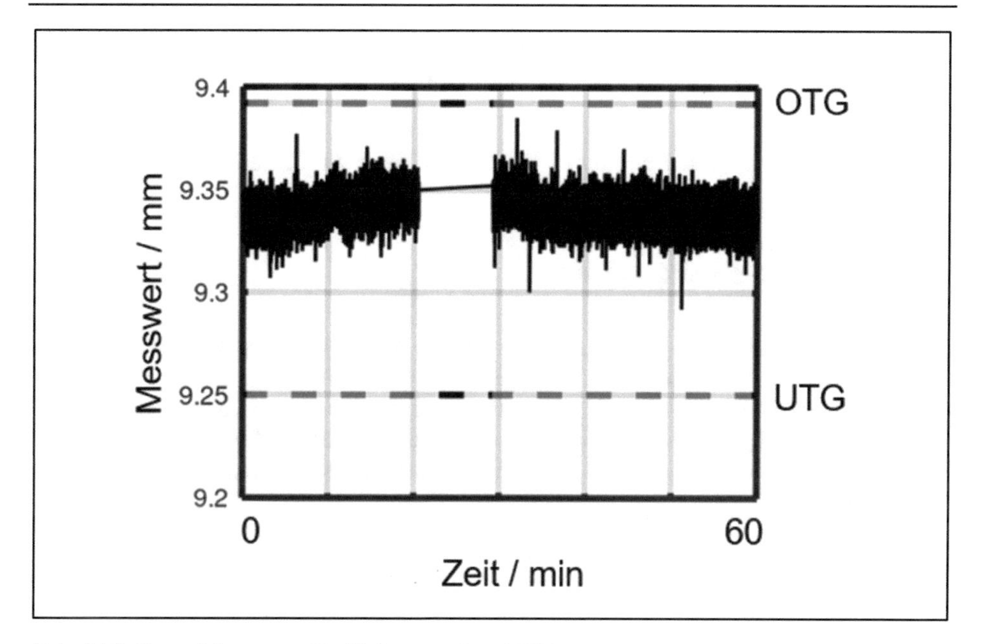

Abb. 3.58: Datensichtung zur Verifizierung – Datei V41, Messwert 8 – Auf- und Abwärts-Trends

3.2.3.8.2 Erwartungen an die Ampelprognose

Alle festgelegten Parameter von der Erforschung der SSA werden im Folgenden unverändert für die Verifizierung beibehalten, d.h. die korrelierenden Messwerte (4, 5, 6, 7, 8, 9, 13, 23, 24, 25, 26, 27, 29, 32 und 33) bleiben in der Betrachtung sowie die Fensterbreite von ‚15', als auch die Festlegung der Ampel (10 beziehungsweise 20 noch zu produzierende Teile als rote beziehungsweise gelbe Ampel). Sprich es wird keinerlei Variation der Bedingungen vorgenommen, um vollumfängliche Reproduzierbarkeit nachzuweisen. Klare Erwartungen während der Anwendung des Ampel-Prognose-Skriptes sind:

1) Alle Dateien, die störungsfrei und stabil durchlaufen, sollten sich auch in der Ampel nicht auffällig zeigen.
2) Alle störungsbehafteten Dateien sollten in der Ampel (gelb und/oder rot) anschlagen.
3) Dateien, die zwar störungsfrei durchlaufen, aber sichtlich auffällige Schwankungen im Verlauf zeigen, sollten zumindest in der gelben Ampel auffallen.

Die Erwartung, dass eine Datei als auffällig eingestuft wird, ist an folgende Aspekte geknüpft:

- Messpunkte, die sich außerhalb der definierten UTG/OTGs befinden,
- Zeitgleicher Trend von mindestens zwei Messwerten in Richtung UTG und/oder OTG,
- Enthaltene Sprünge zeitgleich in mindestens zwei Messwerten und/oder
- Zeitgleiche Stagnation von mindestens zwei Messwerten entlang der UTG und/oder OTG.

Die Kennzeichnung auffälliger Messwerte innerhalb der Dateien beim Screening und Festlegen der Erwartungen erfolgte mit roter Schattierung.

Die Bewertung einer gesamten Datei wurde anhand folgender Kriterien festgelegt:

- <=1 Messwert auffällig = grün
- 2 Messwerte auffällig = gelb
- >2 Messwerte auffällig = rot

Alle Erwartungen wurden vor der Anwendung des Ampel-Prognose-Skriptes dokumentiert. Dazu wurden insbesondere diejenigen Messwerte mit starken Korrelationen r > 0,75 beziehungsweise r < -0,75 in die Betrachtung der Erwartungshaltung einbezogen. Tabelle 3.18 zeigt einen Auszug der Erwartungsdokumentation. Eine Tabelle mit allen Erwartungen zu allen Dateien kann dem Anhang entnommen werden.

Tabelle 3.18: SSA-Verifizierung - Auszug der Erwartungen

Dateinr.	Messwert 5	Messwert 7	Messwert 8	Messwert 24	Messwert 25	Messwert 27	Erwartung
V1	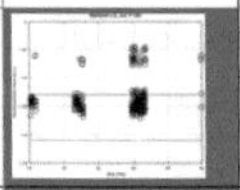	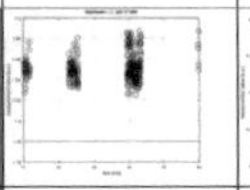	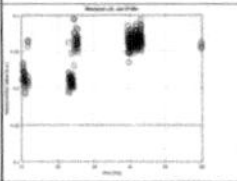	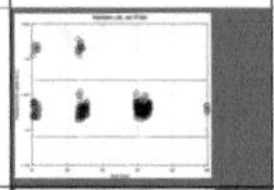	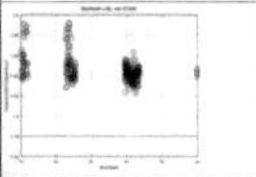	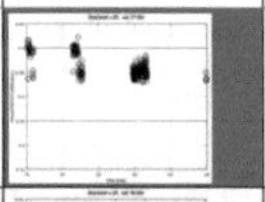	rot
V2	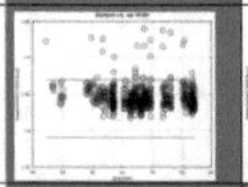	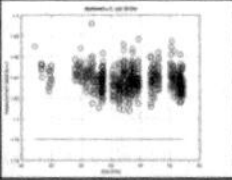	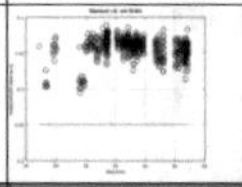	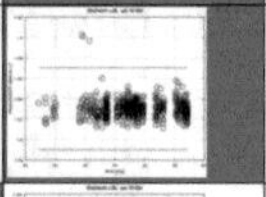	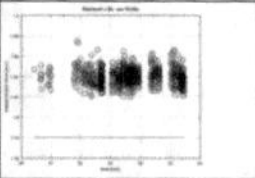	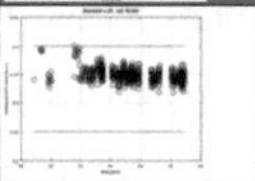	gelb
V3	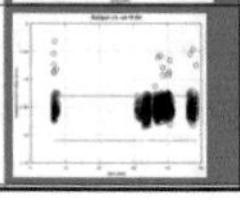	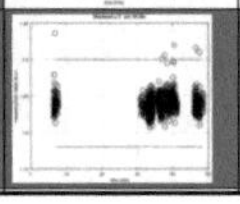	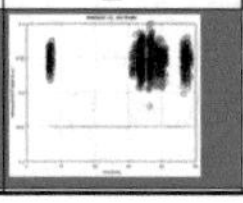	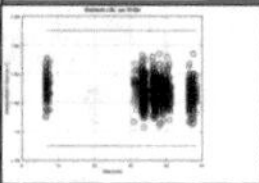	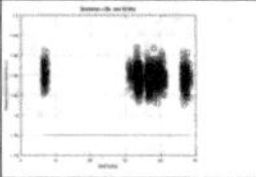	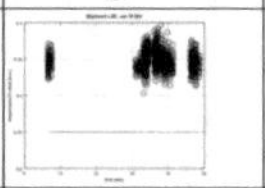	rot

3.2.3.8.3 Prognose mit Ampel

Das Ampel-Prognose-Skript wurde vollumfänglich für alle verfügbaren 51 Dateien angewendet. Im Folgenden sind einige exemplarische Beispiele zu finden (siehe Abbildungen 3.59 bis 3.61).

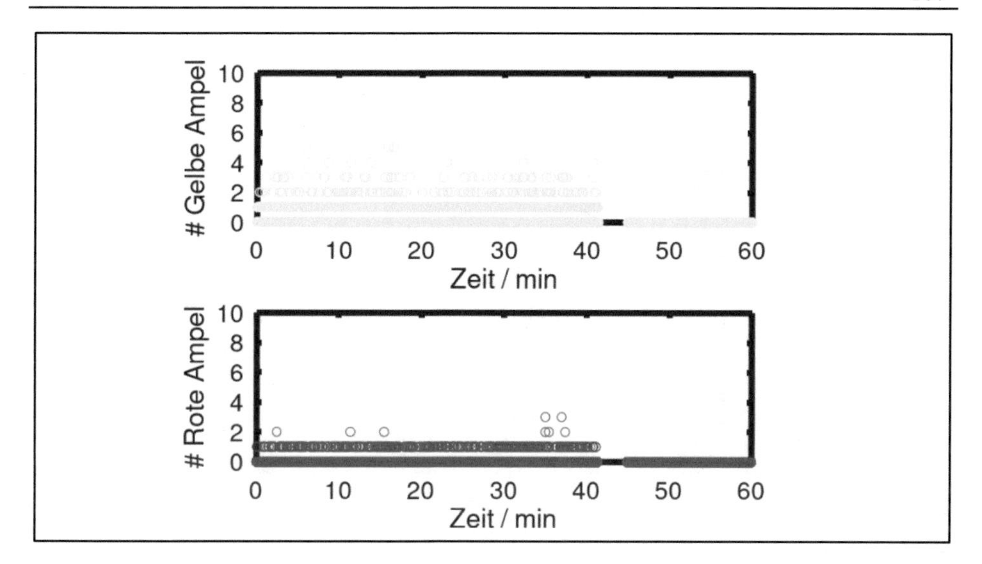

Abb. 3.59: Verifizierung – Ampel-Prognose für Datei V17

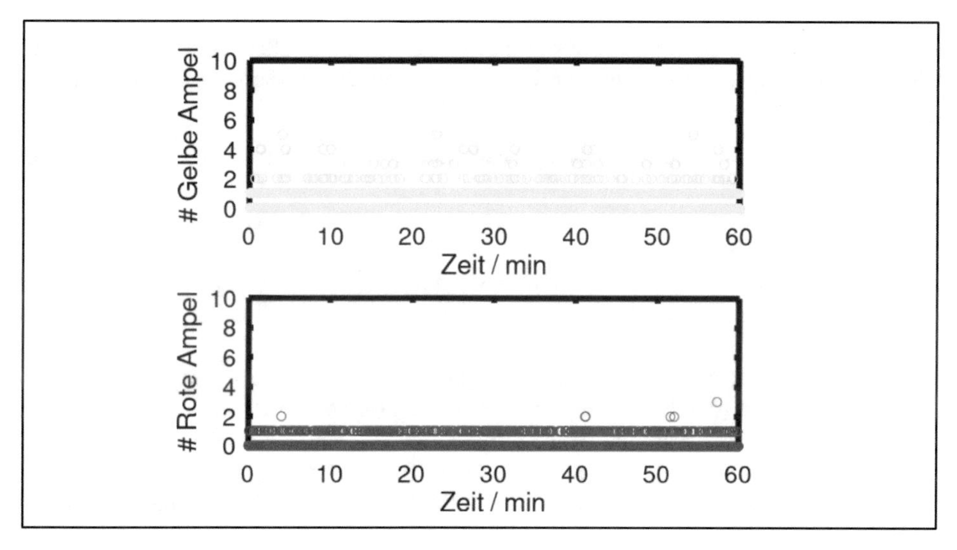

Abb. 3.60: Verifizierung – Ampel-Prognose für Datei V34

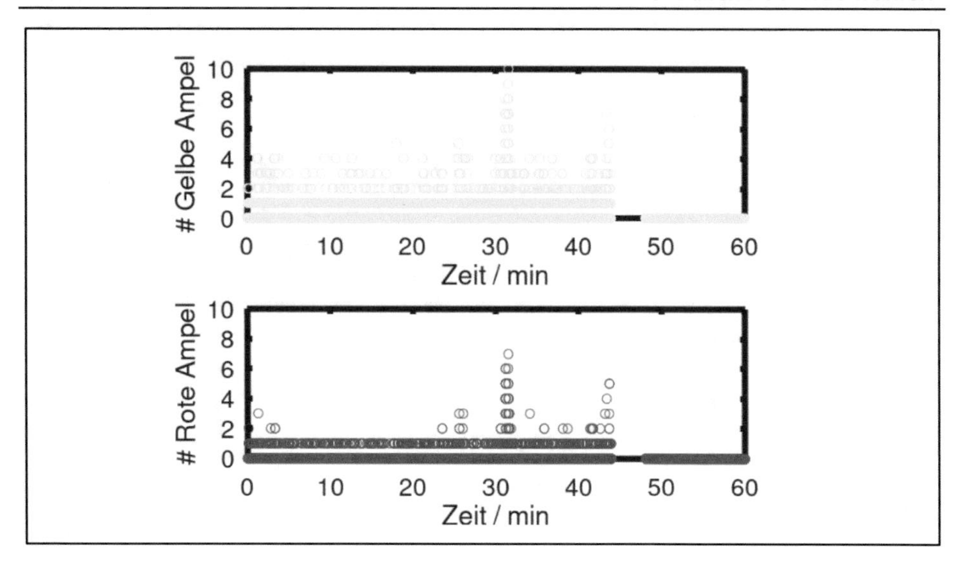

Abb. 3.61: Verifizierung – Ampel-Prognose für Datei V36

Folgende Feststellungen können nach eingehender Sichtung aller Ergebnisse und Vergleich mit den zuvor dokumentierten Erwartungen für die verfügbaren 51 Dateien festgehalten werden:

- 9 Dateien beinhalten zu wenig Daten und konnten daher nicht auf Aussagekraft überprüft werden.
- Bei 30 Dateien sind Erwartung und das Ergebnis der Ampelprognose deckungsgleich.
- Bei 1 Datei hätte die Ampelprognose (fälschlicherweise) angeschlagen, obwohl die Produktion stabil durchlief (d.h. Erwartung grün/gelb, aber Ampelprognose rot).
- Bei 6 Dateien hätte die Ampelprognose die potenziellen Störungen nicht vorausgesagt (d.h. Erwartung rot, aber Ampelprognose grün/gelb).
- Bei 2 Dateien hätte die Ampelprognose bereits eine eventuelle potenzielle Störung vorhergesagt, die aber nicht eintrat (d.h. Erwartung grün, aber Ampel bereits gelb). Dieser Fall ist ok, da die Produktion schließlich störungsfrei durchlief.
- In 3 Dateien hätte die Ampel keine potenziellen Störungen vorhergesagt (d.h. grüne Ampel), obwohl zumindest eine gelbe Ampel erwartet wurde. Dieser Fall ist ok, da die Produktion schließlich störungsfrei durchlief.

In Summe liegt die Wirksamkeit der Ampelprognose also bei 83% ((30+2+3)/(51-9)*100%). Bei 17% der Dateien kann die Funktionalität der SSA nicht durchgehend bestätigt werden. Allerdings ist zu erwähnen, dass auch nicht alle Randbedingungen während der Generierung der Daten vollumfänglich bekannt waren. Beispielsweise hat es einen Einfluss auf die Generierung der Kameradaten im Falle, dass der Anlagen-Bediener zufällig zu einem bestimmen Zeitpunkt die Kameralinse putzte (dazu mehr im späteren Kapitel 4.1).

Innerhalb der Verifizierung gab es eine Datei mit Sprüngen. Wie bereits oben erwähnt, bahnen sich diese nicht allmählich über Trends an und sind daher kaum vorherzusagen. Dennoch schlägt die Ampelprognose beim Sprung an. Die folgenden Abbildungen 3.62 und 3.63 zeigen das besagte Beispiel.

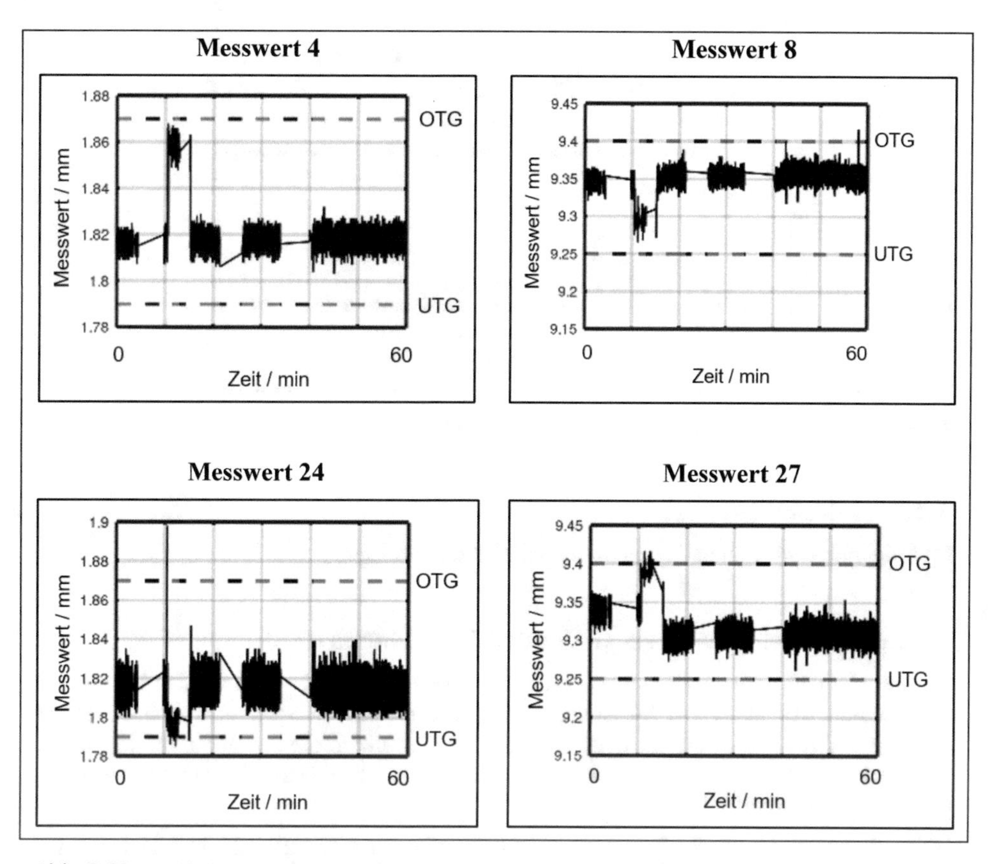

Abb. 3.62: Verifizierung – Sprünge; Datei V13, Messwerte: 4, 8, 24, 27

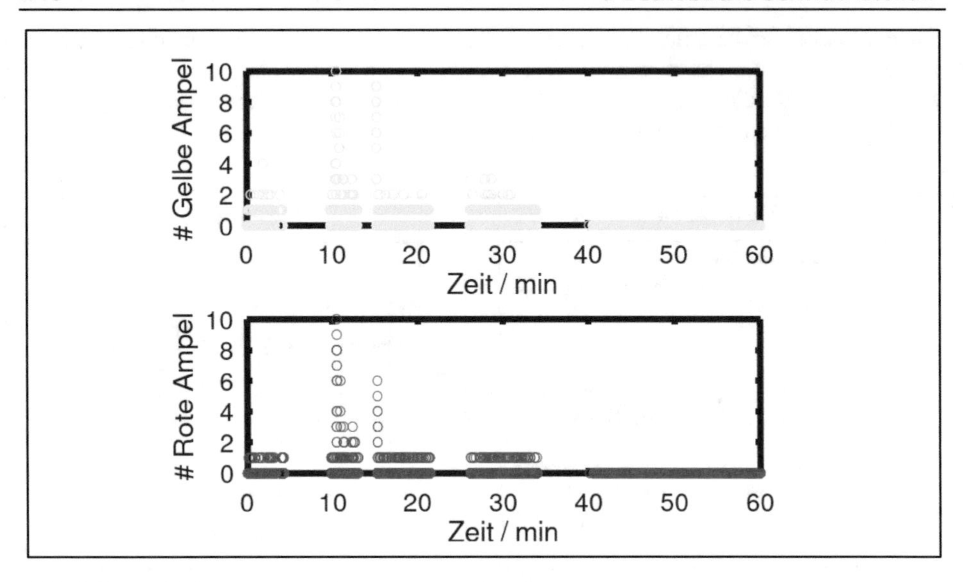

Abb. 3.63: Verifizierung – Ampelprognose; Datei V13

3.2.3.8.4 Rechenbeispiel

Im Folgenden findet sich ein exemplarisches Rechenbeispiel.

3.2.3.8.4.1 Bestimmung des gleitenden Mittelwertes

Gegeben ist eine Menge von Messwerten. Die gleitenden Mittelwerte werden jeweils aus der Summe des aktuellen Messwertes und den jeweils vorigen und nachfolgenden Messwerten gemäß definierter Fensterbreite, dividiert durch die Fensterbreite, bestimmt. Bei einer Fensterbreite von ‚1‘ gleichen die gleitenden Mittelwerte der Messwerte selbst, da durch ‚1‘ dividiert wird.

Beispielhaft werden in die folgende Formel der Messwert #3 aus Tabelle 3.19 bei Fensterbreiten ‚1‘ beziehungsweise ‚5‘ eingesetzt.

$$y = \sum_{i=j-FB}^{j} \frac{\mu_i}{FB}$$

$$y(3)_{FB=1} = \frac{1{,}843}{1} = 1{,}843$$

$$y(3)_{FB=5} = \frac{1{,}828 + 1{,}849 + 1{,}843 + 1{,}841 + 1{,}834}{5} = 1{,}839$$

Tabelle 3.19 zeigt exemplarisch die Berechnung der gleitenden Mittelwerte bei Fensterbreiten ‚1‘ und ‚5‘ für 20 Messwerte.

Tabelle 3.19: Rechenbeispiel – Berechnung der gleitenden Mittelwerte

Messwert #	Messwerte	Gleitender Mittelwert bei FB=1	Gleitender Mittelwert bei FB=5
1	1,828	1,828	-
2	1,849	1,849	-
3	1,843	1,843	1,8390
4	1,841	1,841	1,8422
5	1,834	1,834	1,8398
6	1,844	1,844	1,8384
7	1,837	1,837	1,8364
8	1,836	1,836	1,8352
9	1,831	1,831	1,8338
10	1,828	1,828	1,8334
11	1,837	1,837	1,8326
12	1,835	1,835	1,8346
13	1,832	1,832	1,8376
14	1,841	1,841	1,8376
15	1,843	1,843	1,8396
16	1,837	1,837	1,8404
17	1,845	1,845	1,8418
18	1,836	1,836	1,8420
19	1,848	1,848	1,8424
20	1,844	1,844	1,8400

Abbildung 3.64 zeigt das Rechenbeispiel grafisch dargestellt für 130 Messwerte.

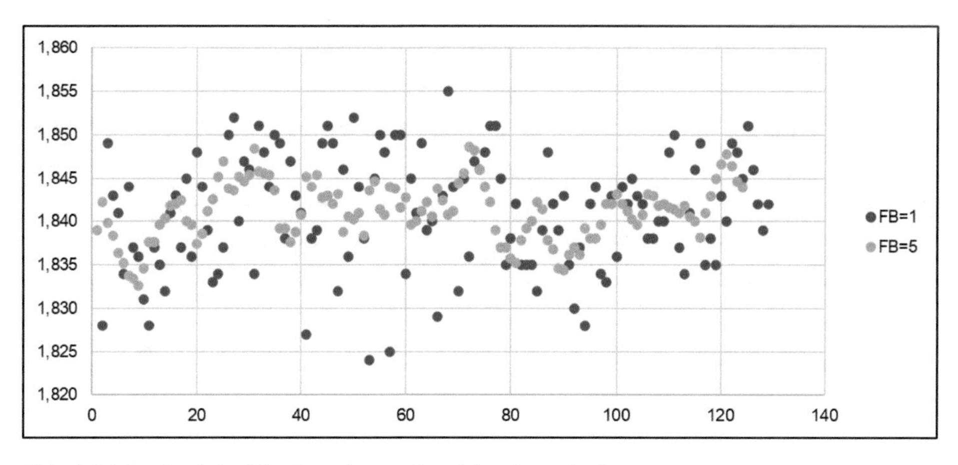

Abb. 3.64: Rechenbeispiel – Berechnung der gleitenden Mittelwerte

3.2.3.8.4.2 Approximation der Messwerte

Eingangsgrößen für die Approximation sind die zuvor ermittelten gleitenden Mittelwerte (siehe Kapitel 3.2.3.8.4.1 basierend auf dem Rechenbeispiel anhand einer Fensterbreite von ‚1'). Die Steigung der Geraden basiert dabei auf der entsprechenden Approximation von m mittels Polynom 1. Grades durch Anwendung der Methode der kleinsten Quadrate. Aufgrund des methodischen Ansatzes und zum Zwecke einer robusten Prognose, zählt die Approximation stets 10 Werte nach links und 10 Werte nach rechts, ausgehend vom aktuellen Messwert. Betrachtet wird hier eine gleichbleibende, definierte Fensterbreite von ‚15'. Somit berechnet sich die Gerade stets aus 15 Datenpunkten (gleitenden Mittelwerten).

Tabelle 3.20 zeigt exemplarisch einen Auszug der Approximation von m und b für 20 Datenzeilen bei einer Fensterbreite von ‚15' unter Nutzung des Befehls ‚Polyfit' im Programm Octave[211].

Tabelle 3.20: Rechenbeispiel – Approximation der Messwerte

Dateninput (zuvor ermittelte gleitende Mittelwerte)	m	b
1,828	Wird nicht berechnet, da nicht hinreichend genügend Datenpunkte für die lineare Approximation vorliegen.	
1,849		
1,843		
1,841		
1,834		
1,844		
1,837		
1,836		
1,831		
1,828		
1,837	-0,00018214	1,8387
1,835	-0,00045357	1,8415
1,832	4,29E-05	1,8373
1,841	0,00015714	1,8359
1,843	0,00053929	1,8333
1,837	0,00059643	1,8335
1,845	0,00077857	1,8317
1,836	0,00062857	1,8326
1,848	0,00048929	1,8336

[211] Alle Octave Skripte können dem Anhang entnommen werden.

Die Abbildungen 3.65 und 3.66 zeigen die ermittelten Geraden und Funktionsgleichungen für die in Tabelle 3.20 gelisteten Werte.

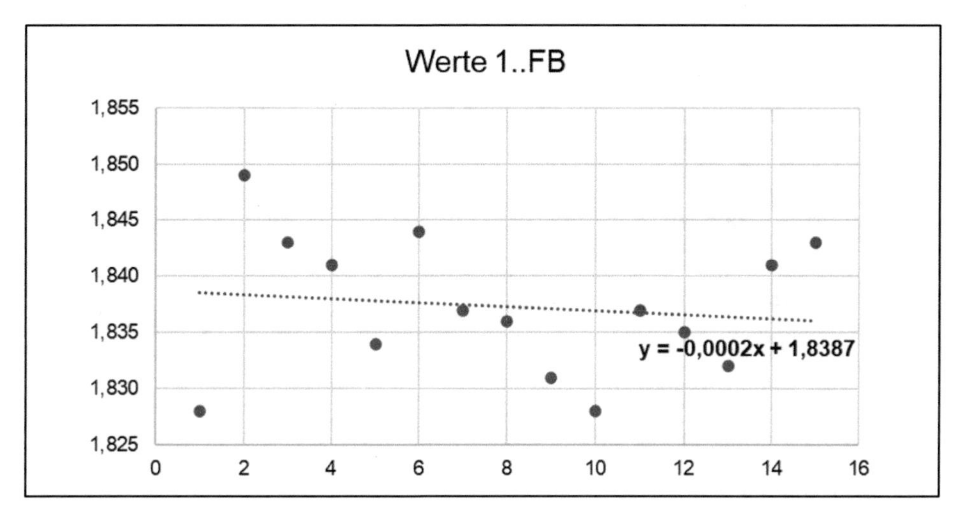

Abb. 3.65: Rechenbeispiel – Approximation der Messwerte – 1..FB

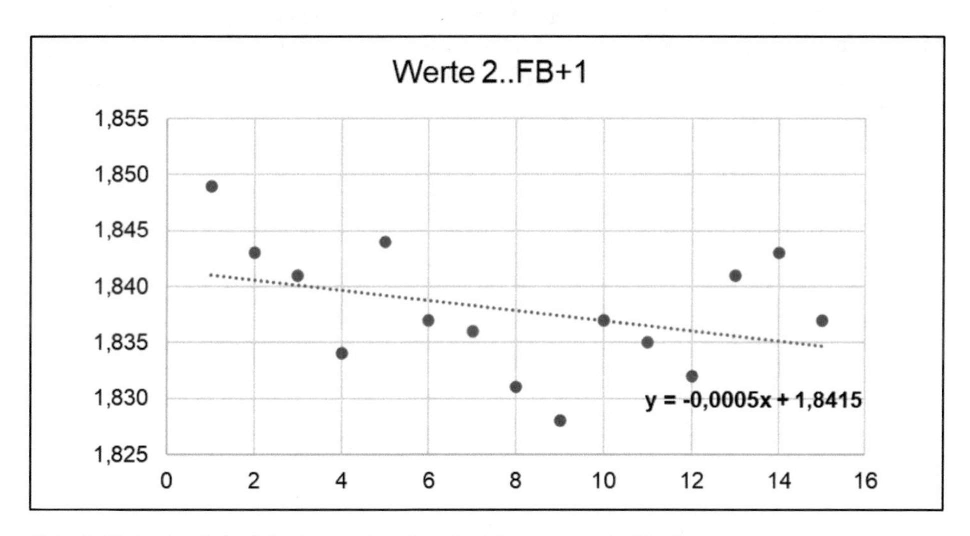

Abb. 3.66: Rechenbeispiel – Approximation der Messwerte – 2..FB+1

3.2.3.8.4.3 Bestimmung der Prognose

Für die Bestimmung der Prognose wird jeweils die zuvor bestimmte Approximation von m genutzt. Bei $OTG = 1{,}87$ wird die Anzahl der noch zu produzierenden Teile wie folgt berechnet:

$$x \geq \frac{OTG - x_i}{m}$$

$$x(15) \geq \frac{1{,}87 - 1{,}843}{-0{,}00018214}$$

$$x(15) \geq -148{,}24$$

Bei $UTG = 1{,}79$ wird die Anzahl der noch zu produzierenden Teile wie folgt berechnet:

$$x \leq \frac{UTG - x_i}{m}$$

$$x(15) \leq \frac{1{,}79 - 1{,}843}{-0{,}00018214}$$

$$x(15) \leq 290{,}98$$

Tabelle 3.21 zeigt eine exemplarische Übersicht aller errechneten Prognosen für 24 Messwerte. Für die Ampeldefinition wird lediglich der positive Wert jeweils aus der Anzahl der noch zu produzierenden Teile bis UTG beziehungsweise OTG weiterverwendet.

Tabelle 3.21: Rechenbeispiel - Prognose

Messwert #	Messwert	m	Anzahl Teile bis OTG	Anzahl Teile bis UTG	Positiver Wert aus Anzahl Teile bis OTG/UTG
1	1,828	NaN	NaN	NaN	NaN
2	1,849	NaN	NaN	NaN	NaN
3	1,843	NaN	NaN	NaN	NaN
4	1,841	NaN	NaN	NaN	NaN
5	1,834	NaN	NaN	NaN	NaN
6	1,844	NaN	NaN	NaN	NaN
7	1,837	NaN	NaN	NaN	NaN
8	1,836	NaN	NaN	NaN	NaN
9	1,831	NaN	NaN	NaN	NaN
10	1,828	NaN	NaN	NaN	NaN
11	1,837	NaN	NaN	NaN	NaN
12	1,835	NaN	NaN	NaN	NaN
13	1,832	NaN	NaN	NaN	NaN
14	1,841	NaN	NaN	NaN	NaN
15	1,843	-0,00018214	-148,24	290,98	290,98
16	1,837	-0,00045357	-72,756	103,62	103,62
17	1,845	4,29E-05	583,33	-1283,3	583,33
18	1,836	0,00015714	216,36	-292,73	216,36
19	1,848	0,00053929	40,795	-107,55	40,795
20	1,844	0,00059643	43,593	-90,539	43,593
21	1,839	0,00077857	39,817	-62,936	39,817
22	1,833	0,00062857	58,864	-68,409	58,864
23	1,834	0,00048929	73,577	-89,927	73,577
24	1,837	0,00028929	114,07	-162,47	114,07

3.2.3.8.4.4 Ampeldefinition

Die Ampeldefinition prüft, ob der errechnete positive Wert aus der Anzahl der noch zu produzierenden Teile bis UTG beziehungsweise OTG unterhalb einer definierten Grenze liegt. Tabelle 3.22 zeigt exemplarisch die Aufzeichnung der Ampelprüfung einiger Messwerte. Die Ampel wurde wie folgt definiert:

- x < 20 Teile bis zur UTG/OTG = gelb,
- x < 10 Teile bis zur UTG/OTG = rot

Tabelle 3.22: Rechenbeispiel - Ampeldefinition

Messwert #	Messwert	m	Positiver Wert aus Anzahl Teile bis UTG/OTG	gelbe Ampel	rote Ampel
637	1,853	0,00084643	20,084	0	0
638	1,854	0,001075	14,884	1	0
639	1,843	0,00095357	28,315	0	0
640	1,839	0,00089643	34,582	0	0
641	1,859	0,0014857	7,4038	1	1
642	1,831	0,00083929	46,468	0	0
643	1,848	0,00083571	26,325	0	0
644	1,84	0,000475	63,158	0	0
645	1,846	0,00072143	33,267	0	0
646	1,846	0,00029286	81,951	0	0

3.2.3.8.4.5 Aufsummierung der Ampeln

Abschließend werden alle Ampeln über alle Messwerte aufsummiert. Tabelle 3.23 zeigt beispielhaft die Aufsummierung gelber Ampeln von 5 Messwerten über 10 Datenzeilen. Analog geschieht das ebenso für rote Ampeln.

Tabelle 3.23: Rechenbeispiel – Aufsummierung der Ampeln

Daten-zeilen #	#Gelbe Ampel Messwert 1	#Gelbe Ampel Messwert 2	#Gelbe Ampel Messwert 3	#Gelbe Ampel Messwert 4	#Gelbe Ampel Messwert 5	Summe Gelbe Ampel
1	0	0	0	0	1	1
2	1	0	1	0	0	2
3	0	0	0	0	1	1
4	0	0	0	0	1	1
5	1	1	1	0	0	3
6	0	0	1	1	0	2
7	0	1	1	1	0	3
8	0	1	0	1	0	2
9	0	1	1	1	1	4
10	0	1	1	1	1	4

3.2.3.8.5 Fazit der Verifizierung

Die erforschte Schwachstellenanalytik ist in ihren Grundzügen reproduzierbar und somit anwendbar. Der Kern besteht in der Feststellung der (positiv und negativ) korrelierenden Messwerte, gefolgt von der Prognose aller aus der Toleranz laufenden Messwerte mittels Ampelsystem. Das Ampelsystem ist derzeit definiert mit gelb < 20 noch zu produzierenden Teilen und rot < 10 noch zu produzierenden Teilen. Ein Rechenbeispiel zeigt die

Anwendung der mathematischen Berechnungen. Es konnte mittels Verifizierung belegt werden, dass die SSA grundlegend funktional ist. Dennoch gäbe es die Option, die Sensibilität durch Veränderung der Ampelprognose zu steigern, beispielsweise durch die Definition der roten Ampel < 15 Teile.

3.2.3.9 Produktivitätspotenzial der Schwachstellenanalytik

Das Produktivitätspotenzial wird beispielhaft anhand des Datensets der Schwachstellenverifizierung (09.-13.10.2022) aufgezeigt. Die SSA hätte bei Anwendung innerhalb der besagten 5 Tage 14 Kurzzeitstörungen vor dessen Eintreten identifiziert (siehe Tabelle 3.24).

Tabelle 3.24: Produktivitätspotenzial der SSA – Auflistung der Kurzzeitstörungen

Art der Störung	Datum	Uhrzeit	Dauer
Kurzzeitstörung	10.10.2022	19:34:13	00:01:23
Kurzzeitstörung	10.10.2022	19:37:04	00:01:13
Kurzzeitstörung	10.10.2022	19:38:18	00:00:35
Kurzzeitstörung	10.10.2022	19:39:59	00:00:31
Kurzzeitstörung	11.10.2022	16:10:32	00:00:34
Kurzzeitstörung	11.10.2022	16:11:33	00:00:48
Kurzzeitstörung	11.10.2022	16:23:59	00:11:51
Kurzzeitstörung	11.10.2022	20:10:51	00:01:11
Kurzzeitstörung	11.10.2022	20:12:28	00:00:29
Kurzzeitstörung	11.10.2022	20:21:26	00:05:55
Kurzzeitstörung	12.10.2022	03:09:43	00:23:19
Kurzzeitstörung	12.10.2022	03:19:42	00:09:24
Kurzzeitstörung	12.10.2022	23:34:11	00:00:42
Kurzzeitstörung	12.10.2022	23:39:30	00:01:10
			00:59:05

D.h. die Stillstandszeit der Stanzmaschine hätte in 5 Tagen um 59:05 Minuten reduziert werden können. Da die Anlage 24/7 läuft, bedeutet dies hochgerechnet auf 1 Jahr knapp 72 Stunden. Aktuell sind bei TE Connectivity bereits 35 Stanzmaschinen in verschiedenen Standorten konnektiert. Unter der Annahme, dass durch die SSA ein ähnliches Produktivitätspotenzial an allen Stanzmaschinen vorherrscht, so käme man tatsächlich auf 2.520 Stunden Stillstandszeit-Reduzierung, was letztlich 105 Tage pro Jahr bedeutet.

Auf das Forschungsbeispiel übertragen, können die gewonnenen Erkenntnisse und Produktivitätsoptimierung zunächst direkt an der betrachteten Stanzanlage umgesetzt werden. Allerdings wird dieser Kontakt ebenso in anderen Werken und Ländern innerhalb TE produziert. Somit ist es möglich, basierend auf der Einzelforschung dieser einen Stanzmaschine den Mehrwert auf viele weitere Anlagen zu übertragen.

3.2.3.10 Anwendung beziehungsweise Umsetzung im praktischen Betrieb

TE Connectivity nutzt bereits ML (über die Zusammenarbeit mit einem externen Dienstleister), um Abnormalitäten in der laufenden Fertigung frühzeitig zu erkennen. Als Basis dient die digitale statistische Prozesskontrolle. Die dabei generierten Daten werden über einen Algorithmus für jede einzelne Kennzahl unabhängig analysiert und visualisiert. Es zeigt sich, dass der externe Dienstleister zwar Spezialist in ML ist, aber zu wenig Wissen über die Detailprozesse und insbesondere Abhängigkeiten zwischen den Kennzahlen beherbergt. Erste Gespräche mit der externen Firma haben erkennen lassen, dass es einige grundlegende Modelle gibt, auf Basis dessen das System selbst lernt und Abnormalitäten erkennt. Diese Abnormalitäten wurden allerdings bislang nicht zu genau den Zeitpunkten festgestellt, zu denen die erforschte Schwachstellenanalytik die potenziellen Störungen angezeigt hätte. Daher werden im nächsten Schritt die SSA-Erkenntnisse zur Verfeinerung des aktuell angewendeten Modells miteingebunden.

Innerhalb TE Connectivity sind bereits 121 Anlagen konnektiert. Darunter fällt auch die zur Erforschung der SSA genutzten Stanzanlage. Die erforschte SSA beherbergt also ein immens großes Produktivitätspotenzial, sofern man die errechneten wirtschaftlichen Potenziale des vorigen Kapitels bedenkt.

Abbildung 3.67 zeigt die Systemlandschaft, welche TE Connectivity nutzt, um ML basierend auf den konnektierten Anlagen zu etablieren. Die Daten werden direkt an den Anlagen generiert, über Spark[212] in Echtzeit in die Cloud übermittelt und verarbeitet. Die Ergebnisse werden anschließend auf Anlagenbildschirmen beziehungsweise mobilen Geräten visualisiert.

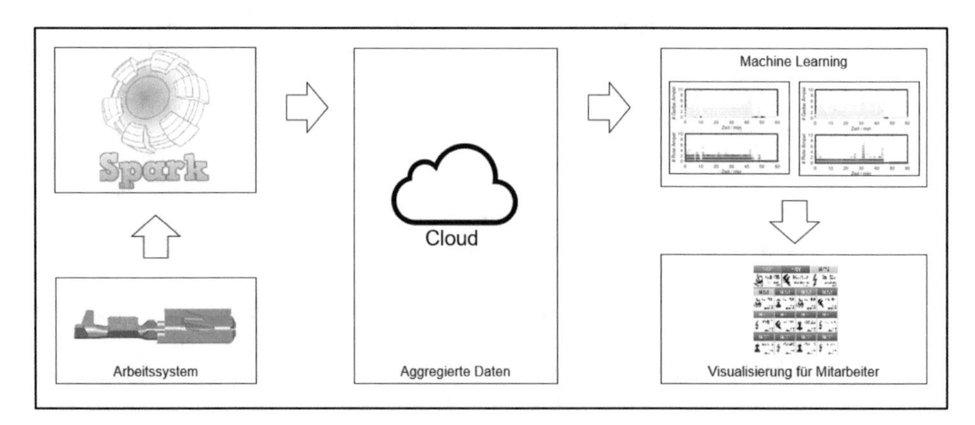

Abb. 3.67: Systemlandschaft TE Connectivity; Stand August 2022[213]

[212] Minicomputer zur Übersetzung der Daten in IT-Sprachen

[213] Angelehnt an (TE Connectivity, 2022) – 1, Folie 41

3.2.4 Voraussetzungen für die Funktionalität im praktischen Betrieb

Zunächst ist zu erwähnen, dass Informationssysteme in vielen Branchen das Rückgrat betrieblicher Strukturen und Abläufe bilden.[214] Grundlegend muss der Datenfluss gewährleistet sein, insbesondere das Abgreifen der Echtzeitdaten an den Maschinen. Da dies bei TE mittels Spark geschieht, sind auch IT-Fachkräfte im Produktionsbereich erforderlich, welche über Programmierfähigkeiten beziehungsweise -kapazitäten verfügen.

3.2.4.1 IT-Datenübertragung

Des Weiteren muss die Digitalisierungsmöglichkeit gegeben sein und somit überhaupt die Option, dass Daten abgegriffen werden können. Zu erwähnen ist hier als Grundvoraussetzung eine gute Breitbandversorgung. Wünschenswert wäre 5G mit starkem Fokus auf für Maschinen ausgelegte Kommunikation. Rauchhaupt sagte auf der ZVEI-Jahrestagung 2018, dass 5G „mehr als nur Wireless“ bedeutet. Zu diesem Zeitpunkt gründete sich bereits die 5G ACIA (Alliance for Connected Industries and Automation).[215] Auch Ziesemer sprach bereits in 2018 über erforderliche Cybersicherheit, künstliche Intelligenz, 5G und Breitband- beziehungsweise Glasfaserversorgung als Plattformökonomie in produzierenden Unternehmen.[216] Wegbereiter der smarten Produktion sind somit lokale Netzwerke beziehungsweise Netzwerkdienste, 5G und Datenzentren.[217]

Neben einwandfreiem Datenmaterial sind aber auch erhebliche Investitionen in die Infrastruktur zu tätigen, sodass leistungsfähige Software eingesetzt und die Daten schnell verarbeitet werden können, um Berechnungen in vertretbarer Zeit geliefert zu bekommen.[218] All das zählt ebenso zu den Grundvoraussetzungen für die Funktionalität der SSA in der Praxis.

Durch die Erforschung der SSA kann klar festgestellt werden, dass man tatsächlich auf den niedrigsten Datenlevel gehen muss, um Erkenntnisse abzuleiten. Denn nur auf niedrigstem Level der Messgrößen können Korrelationen festgestellt und für die weitere Prognose genutzt werden. Abbildung 3.68 visualisiert, dass die Daten also direkt am Arbeitssystem zu generieren sind, aber übergreifend über die Maschine, Produktionslinie, Produktionsstätte bis zum gesamten Unternehmen den Mehrwert bringen können.

[214] (Stutz, 2009), S. 1

[215] (Rauchhaupt, 2018)

[216] (Ziesemer, 2018)

[217] (Rauchhaupt, 2018)

[218] (Tegel, 2012), S. 1

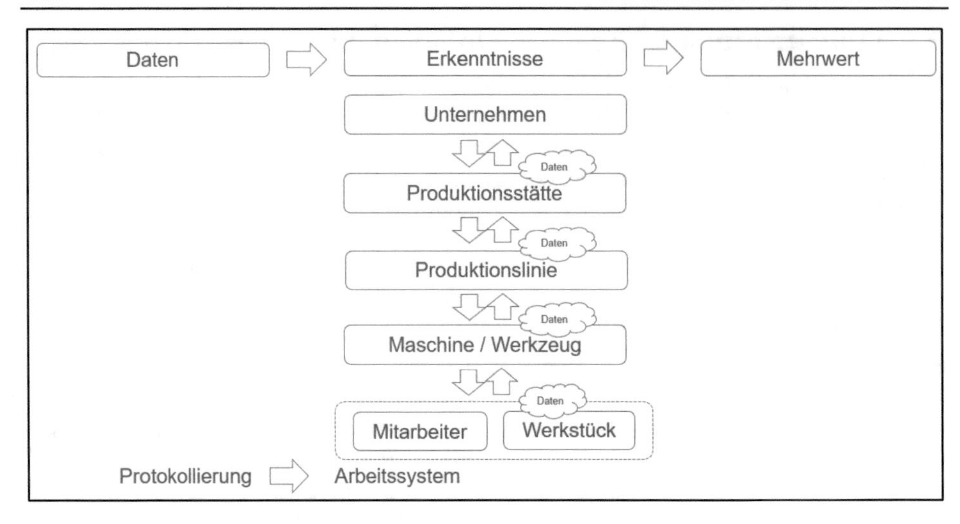

Abb. 3.68: Generierung der Daten auf niedrigstem Detaillevel

3.2.4.2 Datengüte

Neben der Datenverfügbarkeit spielt auch die Datengüte eine wesentliche Rolle. Im Rahmen der Erforschung der SSA wurden ausschließlich Kameradaten genutzt. Diese sollten in der Theorie relativ präzise sein, zeigen sich aber auch bzgl. ihrer Messmittelfähigkeit begrenzt. Abbildung 3.69 zeigt ein Histogramm des Messwertes 9 aus Datei 2.

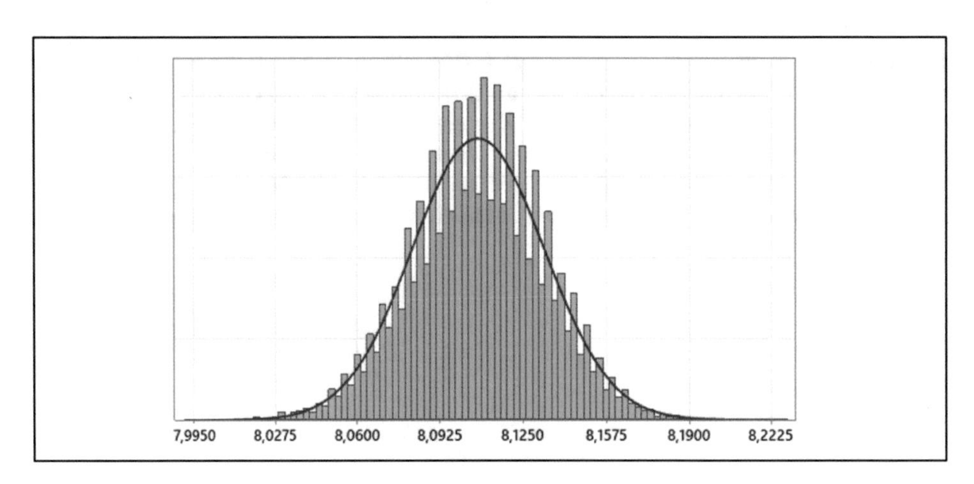

Abb. 3.69: Histogramm - Messwert 9, Datei 2

Diese Darstellung könnte auf die begrenzte Fähigkeit des Kamerasystems zurückführbar sein. Erwähnenswert sind hier die Auflösung beziehungsweise Pixelgröße sowie Kamerageschwindigkeit und Belichtungszeit. Daher sei an dieser Stelle nochmal auf einige Fachliteratur zu Kamerasystemen eingegangen, um darzulegen, dass Kameradaten im Grunde hinreichend genau genug sind, um Schwachstellen aus den aufgenommenen Daten abzuleiten.

3.2.4.3 Kameratechnik

Die Kameramesstechnik hat in den letzten Jahren in stärkerem Maße als viele andere Messverfahren an Bedeutung gewonnen. Pfeifer und Schmitt sagen, dass dies zum einen begründet in der hohen Flexibilität und Verarbeitungsgeschwindigkeit der Systeme liegt, welche durch die rasante Entwicklung im Bereich der Rechnertechnik ermöglicht wird. Zum anderen stellt die Messung beziehungsweise Prüfung anhand eines Kamerabildes eine Technologie dar, welche sich für viele industrielle Anwendungen prinzipiell eignet.[219] Wesentliche Vorteile von Kamerasystemen sind die hohe Messgeschwindigkeit und vor allem die hohe Objektivität. Gerade bei schwer voneinander unterscheidbaren Merkmalen ist ein automatisches Bildverarbeitungssystem als Messmittel hervorragend geeignet.[220]

Systeme zur automatisierten Sichtprüfung vereinen Elemente aus vielen Bereichen der Technik. Genau das stellt allerdings gleichzeitig eine große Herausforderung bei der Entwicklung, beim Installieren, bei der Inbetriebnahme als auch beim Betrieb dar.[221] Abbildung 3.70 zeigt den grundlegenden schematischen Aufbau eines Bildverarbeitungssystems.

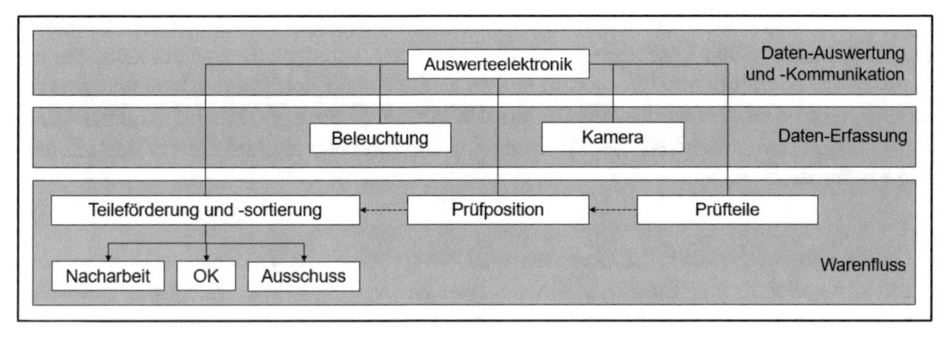

Abb. 3.70: Schematischer Aufbau eines Bildverarbeitungssystems[222]

Es ist dennoch unumstritten, dass die Zukunft der industriellen Qualitätssicherung durch intelligente Bildverarbeitungssysteme beziehungsweise optische Mess- und Prüftechnik mitbestimmt werden, da diese weit komplexere Aufgaben erfüllen, als das bloße automatisierte Erfassen ausgewählter Daten an isolierten Kontrollpunkten. Solche Systeme gelten schon heute als unverzichtbare Komponenten des Qualitätsmanagements und werden künftig gewissermaßen als ‚Sinnesorgane' einer durchgängig vernetzten Produktion dienen, welche eben nahezu in Echtzeit große Mengen an Material-, Produkt- und Prozessdaten zur Verfügung stellen.[223]

---

[219] (Pfeifer, Schmitt, 2010), S. 177

[220] (Pfeifer, Schmitt, 2010), S. 184

[221] (Marxer, Bach, Keferstein, 2021), S. 208

[222] Angelehnt an (Fraunhofer, 2020), S. 26

[223] (Fraunhofer, 2020), S. 17

Durch das Heranrücken der Messtechnik nah an den Produktionsprozess lassen sich Qualitätsabweichungen frühzeitig zum Zeitpunkt der Produktion bereits bei ihrer Entstehung erkennen.[224] Eine der wichtigsten Kenngrößen ist dabei die örtliche Auflösung, sprich die Anzahl und Anordnung der Pixel. Die Auflösung „ist ein Maß für die Darstellbarkeit von kleinsten Details in einer gegebenen Szene."[225]

An dieser Stelle sei erwähnt, dass eine Stanzmaschine mit bis zu 1.500 Hüben pro Minute produziert. Beim Einsatz von Kamerasystemen muss also auch explizit darauf geachtet werden, dass die Kameras mit hoher Geschwindigkeit Daten aufzeichnen können. Auf dem Markt gibt es bereits zahlreiche Modelle mit sehr hoher Datenrate. Fraunhofer schreibt dazu im Leitfaden zur industriellen Bildverarbeitung von 2020: „Am oberen Ende der Leistungsskala rangieren Modelle mit so hohen Datenraten, dass eine Übertragung via standardisierter Kameraschnittstellen in Echtzeit nicht mehr möglich ist. Solche Systeme verfügen über einen sehr schnellen, kamerainternen Speicher, in den die Bilddaten mit höchster Geschwindigkeit geschrieben werden. Zur weiteren Verarbeitung müssen die Bilddaten [...] an einen Rechner übertragen werden."[226]

ML als leistungsstarkes Werkzeug leitet aktuell eine neue Ära für die Bildverarbeitung ein. Wie bereits oben beschrieben, werden unter ML Algorithmen verstanden, die anhand von Beispielbildern lernen und selbstständig Daten analysieren beziehungsweise klassifizieren. Dabei wird das Wissen aus den zur Verfügung gestellten Lerndaten generiert. Die Leistungsfähigkeit des Systems wird anschließend anhand der erzielten Ergebnisse bewertet.[227]

Je höher die produzierten Stückzahlen beziehungsweise die Taktrate eines Prozesses, desto sinnvoller ist der Einsatz automatisierter Sichtprüfsysteme. Damit ein Bildverarbeitungssystem erfolgreich in eine industrielle Produktion integriert werden kann, müssen allerdings die Prüfbedingungen konstant beziehungsweise standardisiert und auch alle Prüfmerkmale eindeutig und quantitativ beschreibbar sein.[228] Die gelernte Bewertung von Prüfmerkmalen ist dabei nicht nur vom automatischen Lernverfahren, sondern auch von der verwendeten Stichprobe der Lernbeispiele abhängig. Dadurch könnte es dazu kommen, dass bei einem an sich völlig störungs- oder fehlerfreien Prüfsystem Klassifizierungsfehler auftauchen, die lediglich aufgrund von falsch gewählten Lernbeispielen entstehen.[229] Bei dem exemplarisch zur Erforschung und Verifizierung genutzten Stanzprozess ist dies allerdings höchst unwahrscheinlich aufgrund der Menge der betrachteten Daten. Schließlich wurden über 1 Mio. Datensätze zur Erforschung der SSA genutzt.

---

[224] (Fraunhofer, 2020), S. 17

[225] (Fraunhofer, 2020), S. 38

[226] (Fraunhofer, 2020), S. 48

[227] (Fraunhofer, 2020), S. 18

[228] (Fraunhofer, 2020), S. 24

[229] (Fraunhofer, 2020), S. 24

Weiterführende Informationen zu Kamerasystemen können der folgenden Literatur entnommen werden[230]:

- VDI-Fachbereich 8: Optische Technologien
- VDI/VDE-Fachausschuss 8.12: Bildverarbeitung in der Mess- und Automatisierungstechnik
- VDI/VDE/VDMA-Richtlinie 2632: Industrielle Bildverarbeitung
- VDI/VDE-Richtlinie 2628: Automatisierte Sichtprüfung – Beschreibung der Prüfaufgabe

Abschließend ist als Vorrausetzung für die Funktionalität der SSA im praktischen Betrieb zu erwähnen, dass hinreichend genug Schwankungen beziehungsweise Schwankungsbreiten der Kennzahlen beziehungsweise Messgrößen vorhanden sein müssen. Anderenfalls (falls der Prozess zu stabil läuft), können keine Erkenntnisse aus der SSA abgeleitet werden.

3.2.5 Fazit zur Strukturierung und Diagnose von betrieblichen Schwachstellen

Kapitel 3 hat grundlegend aufgezeigt, wie eine Struktur von betrieblichen Schwachstellen aussehen kann. Anschließend wurde detailliert beschrieben, wie die Schwachstellen präventiv mittels Kennzahlen diagnostiziert werden können. Im Folgenden werden zwei der forschungsleitenden Fragen beantwortet.

1) **Wie kann eine ganzheitliche Katalogisierung von betrieblichen Schwachstellen aussehen sowie Schwachstellen kriteriengeleitet und präventiv sowie systematisch identifiziert werden?**
Der Schwachstellenkatalog bedient sich bei der Strukturierung an den sieben Elementen eines Arbeitssystems gemäß DIN EN ISO 6385 (Arbeitsaufgabe, Arbeitsablauf, Eingabe, Ausgabe, Arbeits-/Betriebsmittel, Mensch und Umgebungseinflüsse). Ein Kennzahlenkatalog wurde in einer vollumfänglichen Matrix dem Schwachstellenkatalog gegenübergestellt. Anschließend wurden Schwachstellen und Kennzahlen miteinander verknüpft und die Verknüpfungen durch Experten verifiziert. Im Weiteren wurde anhand eines exemplarischen Stanzkontaktes die Mathematik für die Schwachstellenanalytik erforscht. Eine Verifizierung und Darlegung der Produktivitätspotenziale belegten grundlegend, dass Schwachstellen durchaus präventiv und systematisch durch eine SSA identifiziert werden können.

3) **Wie kann eine Schwachstellenanalytik vor dem Hintergrund der Digitalisierung und der zunehmenden Verfügbarkeit von Daten zur Produktivitätsoptimierung genutzt werden? Welche Voraussetzungen müssen erfüllt sein, damit eine Schwachstellenanalytik funktionieren kann?**
Mit zunehmender Digitalisierung werden auch zunehmend mehr Daten generiert – an Mikro-Arbeitssystemen, als auch Makro- Arbeitssystemen, Produktionslinien, Fertigungsbereichen und fabrikübergreifend. Voraussetzungen für die

[230] (Fraunhofer, 2020), S. 78ff.

Verarbeitung der Daten in der Schwachstellenanalytik sind die IT-Datenübertragung, Datengüte als auch Kameratechnik. Eine Produktivitätsoptimierung kann schließlich dann erreicht werden, wenn die identifizierten Schwachstellen methodisch behandelt werden. Kapitel 4 wird hierzu die Grundlagen erörtern.

Die Erforschung der Schwachstellenanalytik erfolgte anhand eines exemplarischen Stanzkontaktes. Die Kennzahlen umfassten dabei im Wesentlichen über Kameratechnik messbare Dimensionen. Schwachstellen in anderen Subelementen könnten nicht immer in diesem Maße strukturiert ableitbar sein (beispielsweise Arbeitssystemelement „Mensch"). Daher kann eine Übertragbarkeit der Schwachstellenanalytik auf alle Subelemente eines Arbeitssystems nicht final bestätigt werden.

4 Methodenzuweisung

In diesem Kapitel wird erörtert, wie der bereits identifizierten Schwachstelle eine Methode zugewiesen wird.

4.1 Zugriff auf Methoden

Die jeweilige Schwachstelle wurde zuvor Kennzahlen-geleitet identifiziert. Es gilt nun die Schwachstelle methodisch zu behandeln. Schröter hat bereits vor einigen Jahrzehnten festgestellt, dass der Methodenzugriff im Anwendungsfalle mindestens folgende Gegebenheiten voraussetzt:

- Es muss eine genaue Ziel- und Problemdiagnose geben.
- Es muss ein gewisser Methodenbestand (Kenntnis, welche Methoden in Frage kommen) vorliegen.
- Es muss die ‚richtige' Kriterien-geleitete Auswahl von Einzelmethoden geschehen.[231]

Aus Kapitel 3 ist bereits bekannt, dass Muster in korrelierenden Kennzahlen beziehungsweise Messwerten erkannt werden können und so die Schwachstelle diagnostiziert werden kann. Bezugnehmend auf die exemplarischen Forschungsdaten des Stanzkontaktes aus Kapitel 3.2.3 und unter Nutzung der Kennzahlen-Schwachstellen-Matrix aus Kapitel 3.2.2 würden die genutzten Kennzahlen zu „Dimensionen / Produktmaße" Hinweis zu 34 potenziellen Schwachstellen im Einzel-Arbeitssystem, aber auch am Verbund von Arbeitssystemen geben (siehe Tabelle 4.1).

[231] (Schröter, 1989), S. 167

J. Schweiger, *Präventive Schwachstellenanalytik mit Methodenzuweisung zur Produktivitätsoptimierung von Fertigungsbetrieben der Automobilzulieferindustrie*, ifaa-Edition, https://doi.org/10.1007/978-3-662-68769-7_4

Tabelle 4.1: Auszug Schwachstellen – Kennzahlen – Matrix (Kennzahl „Dimensionen / Produktmaße")

ID	Prüfbereich	Systemelement	Subelement	Schwachstelle	K219 Dimensionen / Produktmaße
S2	Einzel-Arbeitssystem	Arbeitsaufgabe	Fertigungsart	Montagearbeiten mangelhaft	x
S3	Einzel-Arbeitssystem	Arbeitsaufgabe	Dokumentationsexistenz	Dokumentierte Arbeitspläne unzureichend	x
S4	Einzel-Arbeitssystem	Arbeitsaufgabe	Dokumentationsexistenz	Dokumentierte Fertigungsvorschriften unzureichend	x
S44	Einzel-Arbeitssystem	Ausgabe	Menge	Menge nicht realisierbar oder unbekannt	x
S48	Einzel-Arbeitssystem	Ausgabe	Maßhaltigkeit	Maßhaltigkeit nicht gegeben	x
S49	Einzel-Arbeitssystem	Ausgabe	Qualität	Qualität nicht erreicht	x
S50	Einzel-Arbeitssystem	Ausgabe	Bearbeitungsverluste	Ausschuss zu hoch	x
S51	Einzel-Arbeitssystem	Ausgabe	Bearbeitungsverluste	Option Nacharbeit nicht gegeben	x
S52	Einzel-Arbeitssystem	Ausgabe	Bearbeitungsverluste	Reale Nacharbeit unzureichend	x
S129	Einzel-Arbeitssystem	Betriebs-/Arbeitsmittel	Betriebsmitteldaten	Technische Eignung (Qualität) nicht gegeben	x
S146	Einzel-Arbeitssystem	Betriebs-/Arbeitsmittel	Betriebsmittel-Bereitschaft	Instandhaltungsbedarf nicht dokumentiert	x
S149	Einzel-Arbeitssystem	Betriebs-/Arbeitsmittel	Betriebsmittel-Bereitschaft	Technische Überwachungsprüfungen nicht durchgeführt	x
S150	Einzel-Arbeitssystem	Betriebs-/Arbeitsmittel	Betriebsmittel-Bereitschaft	Instandhaltungen nicht rechtzeitig realisiert	x
S158	Einzel-Arbeitssystem	Betriebs-/Arbeitsmittel	Rüstzeiten und -Optimierung	Keine Optimierungsoptionen angewendet	x
S159	Einzel-Arbeitssystem	Betriebs-/Arbeitsmittel	Rüstzeiten und -Optimierung	technische Optimierung unzureichend	x
S161	Einzel-Arbeitssystem	Betriebs-/Arbeitsmittel	Losgrößen-Problematik	Optimierungen technischer Art unzureichend	x
S168	Einzel-Arbeitssystem	Schnittstellen	Fertigungsarten	Werkbank-Fertigung nicht zweckdienlich	x
S169	Einzel-Arbeitssystem	Schnittstellen	Fertigungsarten	Werkstatt-Fertigung nicht zweckdienlich	x
S170	Einzel-Arbeitssystem	Schnittstellen	Fertigungsarten	Fließende Fertigung nicht zweckdienlich	x
S171	Einzel-Arbeitssystem	Schnittstellen	Fertigungsarten	Insel-Fertigung nicht zweckdienlich	x
S172	Einzel-Arbeitssystem	Schnittstellen	Fertigungsarten	Reihen-Fertigung nicht zweckdienlich	x
S173	Einzel-Arbeitssystem	Schnittstellen	Fertigungsarten	Automatische Fertigung (z.B. Transferstraße) nicht zweckdienlich	x
S174	Einzel-Arbeitssystem	Schnittstellen	Fertigungsarten	Verfahrenstechnische Fließfertigung nicht zweckdienlich	x
S175	Einzel-Arbeitssystem	Schnittstellen	Fertigungsarten	Fertigung nach dem Platzprinzip (Baustellenfertigung) nicht zweckdienlic	x
S176	Einzel-Arbeitssystem	Schnittstellen	Fertigungsarten	Fertigung nach dem Wanderprinzip nicht zweckdienlich	x
S178	Einzel-Arbeitssystem	Schnittstellen	Qualitätsmanagement	Qualitätsstatistiken nicht vorhanden	x
S182	Einzel-Arbeitssystem	Schnittstellen	Qualitätsmanagement	Qualitätsabweichungen nicht dokumentiert	x
S222	Zwischen-Arbeitssystemen	Fertigungskategorien	Fertigungskategorien	Teile-Fertigung mangelhaft	x
S223	Zwischen-Arbeitssystemen	Fertigungskategorien	Fertigungskategorien	Einzelfertigung mangelhaft	x
S224	Zwischen-Arbeitssystemen	Fertigungskategorien	Fertigungskategorien	Fließende Fertigung mangelhaft	x
S225	Zwischen-Arbeitssystemen	Fertigungskategorien	Fertigungskategorien	Montagearbeiten mangelhaft	x
S234	Zwischen-Arbeitssystemen	Prozessgrunddaten	Prozessgrunddaten	Fertigungsvorschriften nicht vorhanden / falsch	x
S252	Zwischen-Arbeitssystemen	Ablaufgestaltung	Randbedingungen	Fertigungstechnische Faktoren nicht hinreichend abgestimmt	x
S253	Zwischen-Arbeitssystemen	Ablaufgestaltung	Randbedingungen	Fördertechnische Faktoren nicht hinreichend abgestimmt	x

Diese 34 Schwachstellen konnten zwar mittels Schwachstellenanalytik gezielt eingegrenzt werden, aber aufgrund der vorliegenden Anzahl gilt es, die exakt zutreffende Schwachstelle nun zu konkretisieren.

Die ursprüngliche Idee war es, direkt der identifizierten Schwachstelle eine konkrete Methode zuzuweisen. Somit hätte eine vergleichbare Vorgehensweise wie bei der Erstellung und Verknüpfung der Schwachstellen-Kennzahlen-Matrix nun auch für die Verknüpfung von Schwachstellen und anwendbarer Methoden in einer Matrix mit Behelf von Methodenkreisen zur Reduzierung der Komplexität verfolgt werden können.

Aber bereits das gezeigte exemplarisches Forschungsbeispiel ist letztlich so immens komplex, sodass nicht ohne weiteres eine Zuweisung einer konkreten Einzelmethode unmittelbar nach Diagnose der Schwachstelle(n) geschehen kann. Daher wurde die ursprüngliche Idee zunächst verworfen, von der Schwachstelle über einen Methodenkreis auf die Einzelmethode zu schließen. Vielmehr wird gegenwärtig auch hier der „lernende" Gedanke verfolgt: Nachdem die Schwachstelle bekannt ist, muss gezielt Ursachenforschung betrieben werden. Erst wenn die konkrete Ursache bekannt ist, kann auf die anzuwendende Methode geschlossen werden. Als Behelf zur Ursachenforschung wird das Ishikawa-Diagramm (auch Fischgrätendiagramm genannt) empfohlen[232]. Weitere

[232] (Schweizer, 2008), S. 94

Optionen zur Ergründung von Ursachen sind unter anderem die Ursachenanalyse[233], die Fehlerbaumanalyse[234], die 5-Why-Analyse[235] oder das Affinitätsdiagramm[236].

Ein großer Vorteil des Fischgrätendiagramms ist, dass die sieben Elemente des Arbeitssystems sehr einfach abgebildet werden können und so die Ursache sehr strukturiert gefunden und damit die konkrete Schwachstelle definiert werden kann.

Im exemplarischen Beispiel des Stanzkontaktes wurden die Ursachen mittels Ishikawa-Diagramm bereits zusammengetragen. Basierend auf Erfahrungswerten der Anlagenbediener könnten beispielsweise mögliche Ursachen in der Verschmutzung der Kameralinse, der Abwicklung des Rohmaterials, dem Durchziehen des Stanzbandes oder dem Abprallen des Stanzwerkzeugs liegen. Abbildung 4.1 zeigt das genannte Ishikawa-Diagramm, welches bislang basierend auf Eingriffen des Bedieners bei (Kurzzeit-)Störungen zusammengetragen werden konnte. Dieses wird in diesem Rahmen (noch) nicht vollständig sein, dient aber als gute Startbasis bei der Ursachenforschung.

233 (Schweizer, 2008), S. 93

234 (Edler, Soden, Hankammer, 2015), S. 3

235 (George, Rowlands, Price, Maxey, 2016), S. 145

236 (ifaa, 2008), S. 31

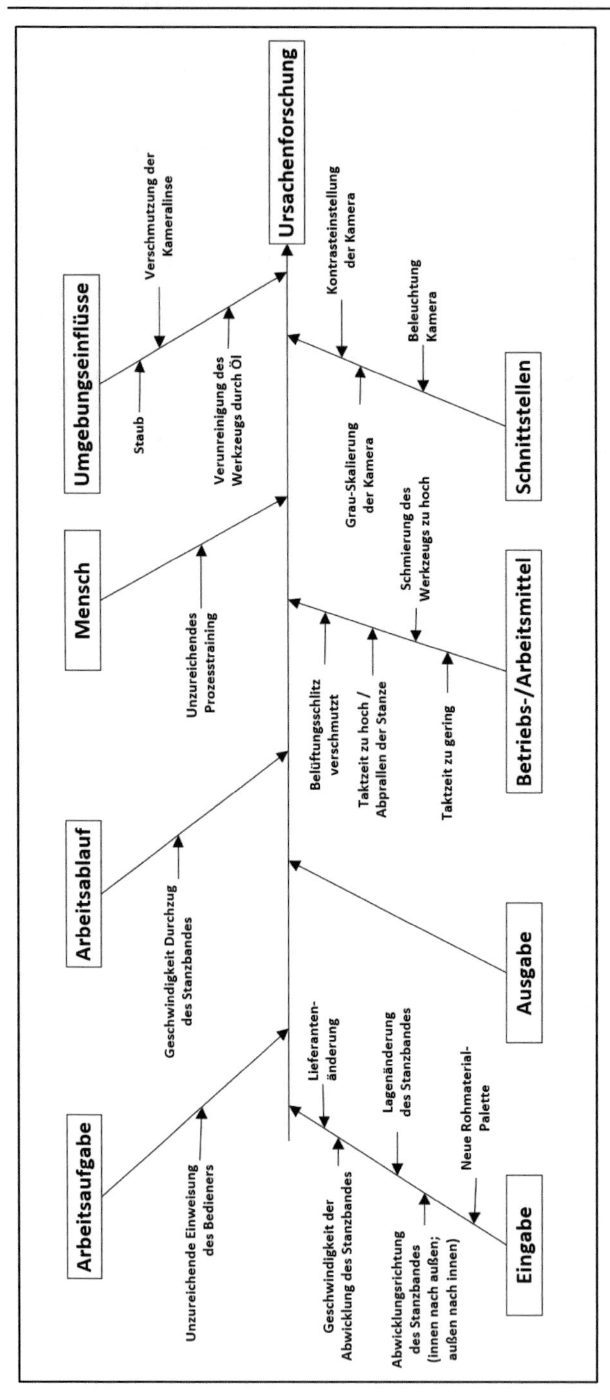

Abb. 4.1: Ishikawa-Diagramm als Hilfsmittel zur Ursachenforschung[237]

[237] Abgeleitet aus (TE Connectivity, 2022) - 2, S. 8ff.

Aktuell stehen (noch) nicht hinreichend genug Daten digital zur Ursachenforschung zur Verfügung. Diese Daten werden aber bei TE Connectivity ab sofort digital protokolliert mittels des sogenannten „Digitalen Werkzeug Managers". Der Digitale Werkzeug Manager ist eine TE-spezifische, webbasierte Applikation, in welcher alle Störungen ausnahmslos dokumentiert werden. Der jeweilige Bediener vermerkt dabei, was genau er bei welchem Anlagenstopp gemacht hat, um die jeweilige Situation zu lösen.

Die Aufzeichnungen im Digitalen Werkzeug Manager werden dabei behilflich sein, künftig direkt Erkenntnisse zu konkreten Schwachstellen abzuleiten und darauf basierend unmittelbar die korrekte Methode zuzuweisen bei bestimmten vorliegenden „Messwert-Profil". Daher ist es fortan außerordentlich wichtig, jegliche Bediener-Eingriffe bei (Kurzzeit-)Störungen zu dokumentieren.

Es ist zu erkennen, dass derzeit noch sehr viel Expertenwissen beziehungsweise Erfahrung der Bediener in der Produktion notwendig ist, um die „korrekte" und zu diesem Zeitpunkt anwendbare Methode zu wählen und schließlich anzuwenden. Als Behelf kann der erstellte Methodenkatalog (siehe Anhang) dienen.

Folgendes Ablaufdiagramm zeigt den Status Quo der aktuellen SSA mit Ursachenforschung, Störungsbehebung und Protokollierung (siehe Abbildung 4.2).

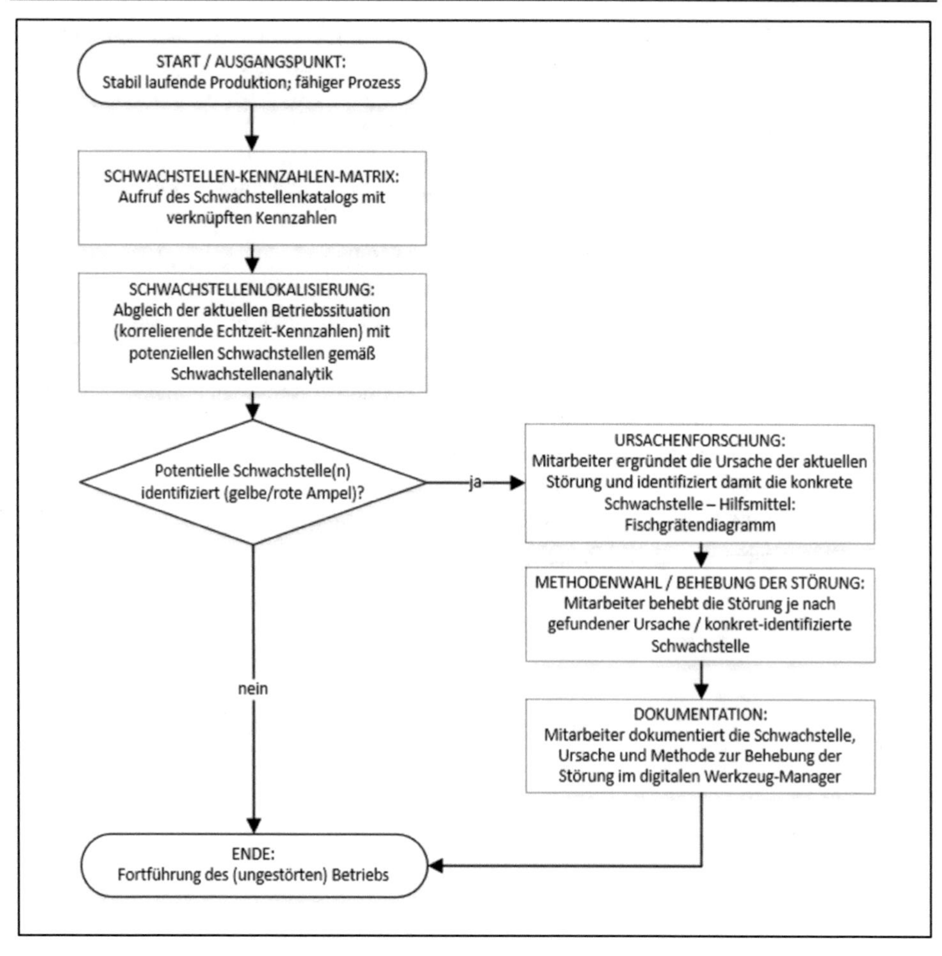

Abb. 4.2: Erweiterung des Grundkonzepts der Schwachstellenanalytik mit Ursachenforschung, Störungsbehebung und Protokollierung

4.2 Option der Anwenderunterstützung (Methodenanwendung)

Idealerweise würde das gesamte SSA-Konzept ergänzt durch eine praktische Anleitung zur Methodennutzung. Dazu müssten Beschreibung und entsprechendes Knowhow zu den Methoden einschließlich Schritt-für-Schritt-Anleitungen einmalig verfasst werden. Dies könnte dann im Rahmen einer App auf einem mobilen Endgerät zur Verfügung gestellt werden. In der Praxis würde dann bei entsprechender (gelber oder roter) Ampel ein direkter Hinweis zum methodischen Eingriff bei diagnostizierter Schwachstelle gegeben, bevor die Störung auftritt und den Bediener schrittweise durch die Behebung der Schwachstelle leiten.

4.3 Erweiterung zu einem Regelkreis / Optimaler Ablauf

Es ist angedacht, dass die SSA stetig an die Echtzeit-Daten der Produktion angebunden ist. Sollte nun bei identifizierter Schwachstelle, gefolgt von Methodenanwendung Änderungen vorgenommen werden, so könnte es an anderer Stelle erneut zu einer Schwachstelle kommen. Auch nach erfolgreicher Verbesserung sollten Kennzahlen weiterhin dauerhaft überwacht werden.[238] Daher ist es notwendig, in diesem Sinne einen Regelkreis zu etablieren. So wird der Algorithmus kontinuierlich durchlaufen, bis sich der Zustand des (Arbeits-) Systems im Optimum einpendelt. Das folgende Ablaufdiagramm zeigt die künftige SSA einschließlich Regelkreis (siehe Abbildung 4.3).

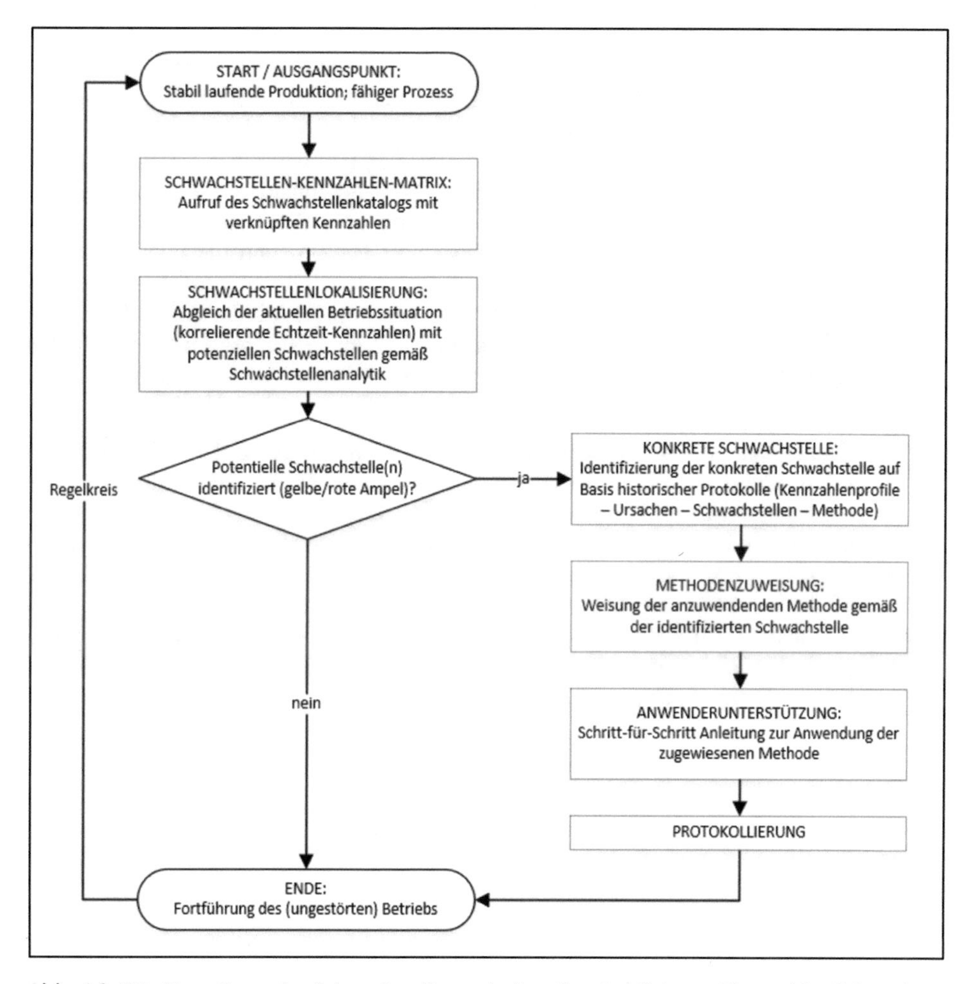

Abb. 4.3: Künftiges Setup der Schwachstellenanalytik – Ganzheitlich von Kennzahl – Schwachstelle – Methode im Regelkreis

[238] (Lennings, 2008), S. 83

4.4 Ausblick zur KI-gestützten Schwachstellenanalytik

Noch höheres Produktivitätspotenzial der Schwachstellenanalytik wird dann erzielt werden, wenn sie vollumfänglich in den ML-Modellen einfließt und zur kontinuierlichen Verfeinerung der ML-Modelle dient. An dieser Stelle werden die zwei verbliebenen forschungsleitenden Fragen aufgegriffen und beantwortet.

2) **Wie lässt sich eine Kennzahlensammlung nutzen, um gezielt basierend auf der Schwachstelle die korrekte Methode zuzuweisen?**
Der Ausgangspunkt bleibt ein fähiger Prozess. Die SSA ist Teil des ML-Modells. Die ML-Applikation verarbeitet kontinuierlich die aufgezeichneten Echtzeit-Daten und analysiert diese hinsichtlich der Korrelationen gemäß SSA. Die aktuelle Betriebssituation wird fortdauernd mit den potenziellen Schwachstellen abgeglichen. Sofern gelbe oder gar rote Ampeln identifiziert werden, so wird eine Schwachstelle gemeldet. ML lernt in diesem Fall, bei welchem Kennzahlenprofil welche Schwachstelle auftrat. Folgend behandelt der Bediener die aufgetretene Schwachstelle methodisch und dokumentiert dies im Digitalen Werkzeug Manager. Fortan lernt ML basierend auf den Daten aus dem Digitalen Werkzeug Manager, bei welchem Kennzahlenprofil und existenter Schwachstelle welche Methode angewendet wurde. Diese Erkenntnisse werden dokumentiert und fließen anschließend in eine weitere ML-Modellverfeinerung, sodass künftig direkt die anzuwendende Methode basierend auf dem aktuellen Kennzahlenprofil und identifizierter Schwachstelle zugewiesen werden kann.

4) **Eignet sich eine Schwachstellenanalytik für den Einsatz in der Praxis? Wie kann sichergestellt werden, dass die methodische Behandlung einer Schwachstelle nicht zu einer anderen Schwachstelle führt?**
Das folgende Ablaufdiagramm (siehe Abbildung 4.4) zeigt den notwendigen Regelkreis des maschinellen Lernens basierend auf der SSA mit anschließender Methodenzuweisung. Die SSA ist letztlich kein Einzelvorgang, sondern befindet sich im fortdauernden Betrieb. Durch das stetige Durchlaufen der KI-gestützten SSA, wird sich der Zustand des (Arbeits-) Systems durch den Regelkreis in Richtung Optimum entwickeln.

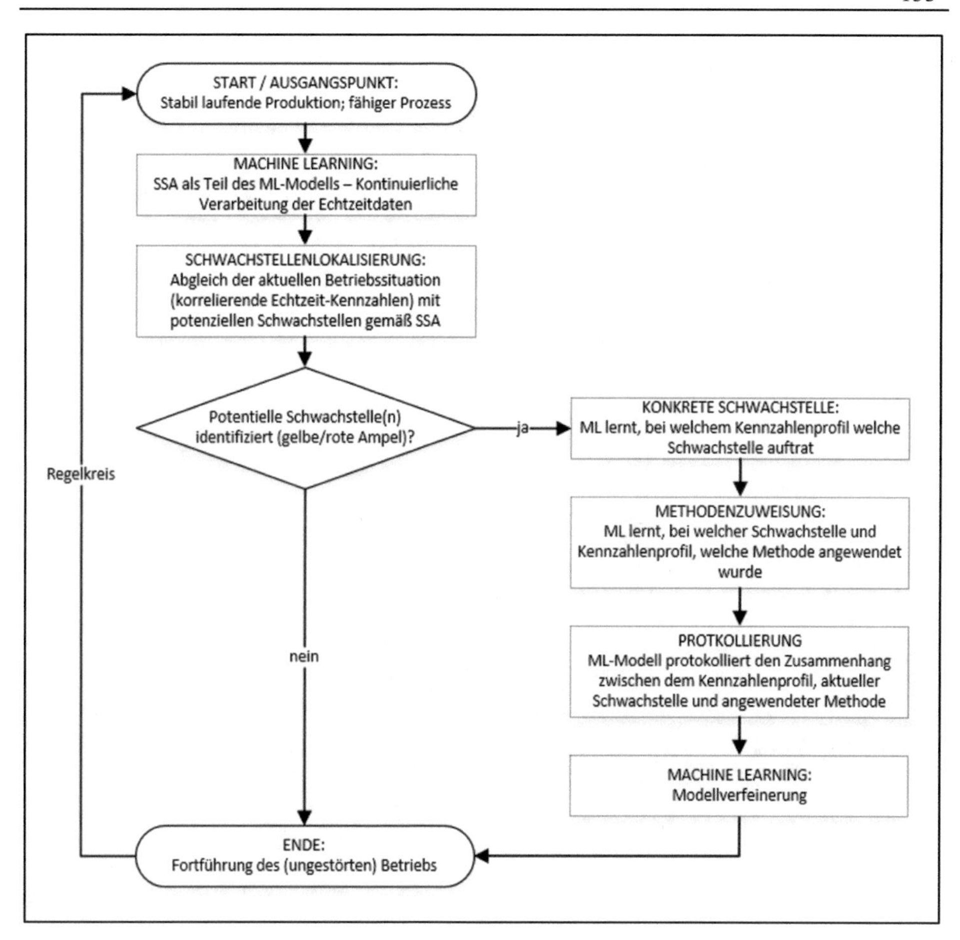

Abb. 4.4: KI-gestützte SSA

5 Erprobung der Schwachstellenanalytik anhand eines Montageprozesses

Da nun die SSA erforscht und das ganzheitliche Konzept von Kennzahl-Schwachstelle-Methode erläutert wurde, wird in diesem Kapitel ein weiterer exemplarischer Prozess der Automobilzulieferindustrie gewählt und erprobt als Beleg für die Prozess-übergreifende Funktionalität der SSA. Die Erforschung und Verifizierung basierte auf einen Stanzprozess. Die Erprobung geschieht anhand eines Montageprozesses; ein weiterer typischer Prozess in der Automobilzulieferindustrie.

5.1 Auswahl eines exemplarischen Produktes zur Erprobung

Zur Erprobung wurde ein Header gewählt. Hierbei werden zuvor gestanzte Kontakte in ein spritzgegossenes Gehäuse assembliert. Das Spritzgusswerkzeug hat zwei Kavitäten. Insgesamt werden 20 Kontakte assembliert. Die Kontakte werden in zwei Reihen montiert. Der Werkstückträger beherbergt 5 Positionen. Es werden je 5 Messwerte pro Kontakt aufgezeichnet (XTip, XShoulder, Y, Z und DiffZ). Die Messung geschieht wiederum mittels Kamera.

An dieser Stelle dürfen aus Vertraulichkeitsgründen beziehungsweise zum Schutze der Wettbewerbsvorteile keinerlei Details zu Produkt, Produktdesign oder Produktion preisgegeben werden.

Die Daten wurden vom 11.11.2022 um 15:48 bis zum 15.11.2022 um 12:57 aufgezeichnet. Die Erprobungsdaten wurden in zwei Dateien überliefert, jeweils als CSV-Datenformat und auch in Form einer SQL-Datenbank:

- Datei 1 (CameraData): Kameradaten und
- Datei 2 (OperatingDataLogging): Fehlerprotokoll.

Neben den Kameradaten wurde auch das Fehlerprotokoll bereitgestellt. Dieses gibt detailliert Aufschluss über alle Fehlermeldungen der Anlage im entsprechenden Zeitraum.

5.2 Datensichtung

Die Datensichtung geschah mittels Octave. Das entsprechende Skript „Testload" kann dem Anhang entnommen werden. Die Erstsichtung wurde mittels MS Excel dokumentiert.

Es zeigten sich auch bei dieser Erstsichtung Auffälligkeiten im Verlauf der einzelnen Messwerte. Insbesondere die Messwerte XTip und XShoulder zeigen auffällige Schwankungen (Beispiel siehe Abbildung 5.1).

J. Schweiger, *Präventive Schwachstellenanalytik mit Methodenzuweisung zur Produktivitätsoptimierung von Fertigungsbetrieben der Automobilzulieferindustrie*, ifaa-Edition, https://doi.org/10.1007/978-3-662-68769-7_5

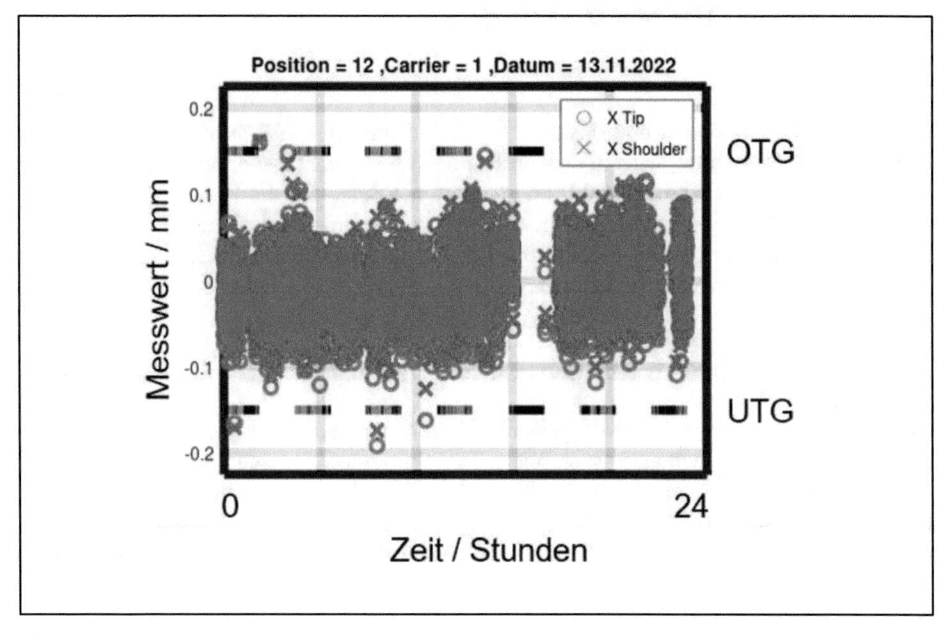

Abb. 5.1: Erprobung – Messwerte XTip und XShoulder der Position 12 im Carrier 1 am 13.11.2022

Die Messwerte Y, Z und DiffZ scheinen grundlegend sehr stabil zu laufen, zeigen aber punktuell ebenso Auffälligkeiten (siehe Abbildungen 5.2, 5.3 und 5.4).

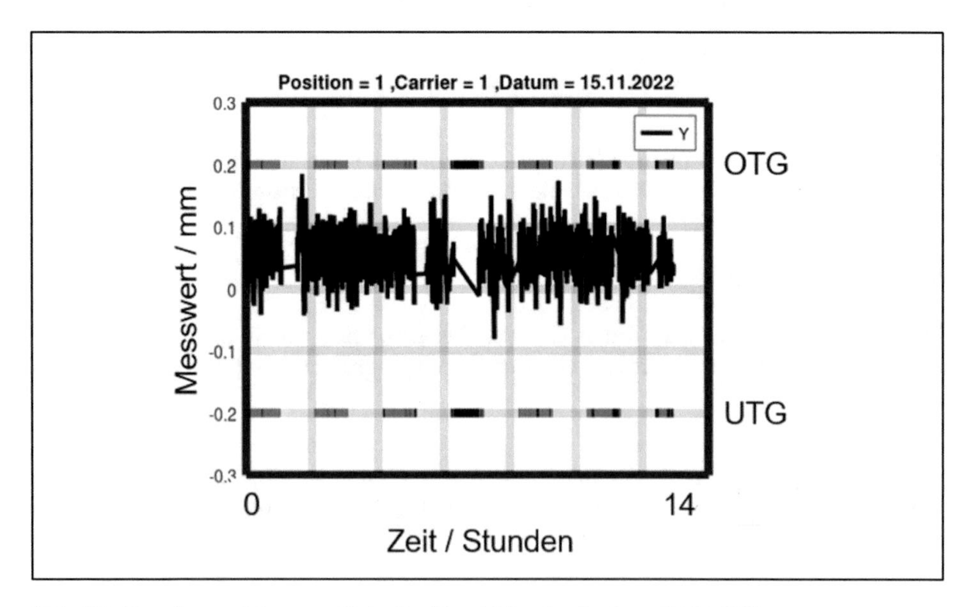

Abb. 5.2: Erprobung – Messwert Y der Position 12 im Carrier 1 am 13.11.2022

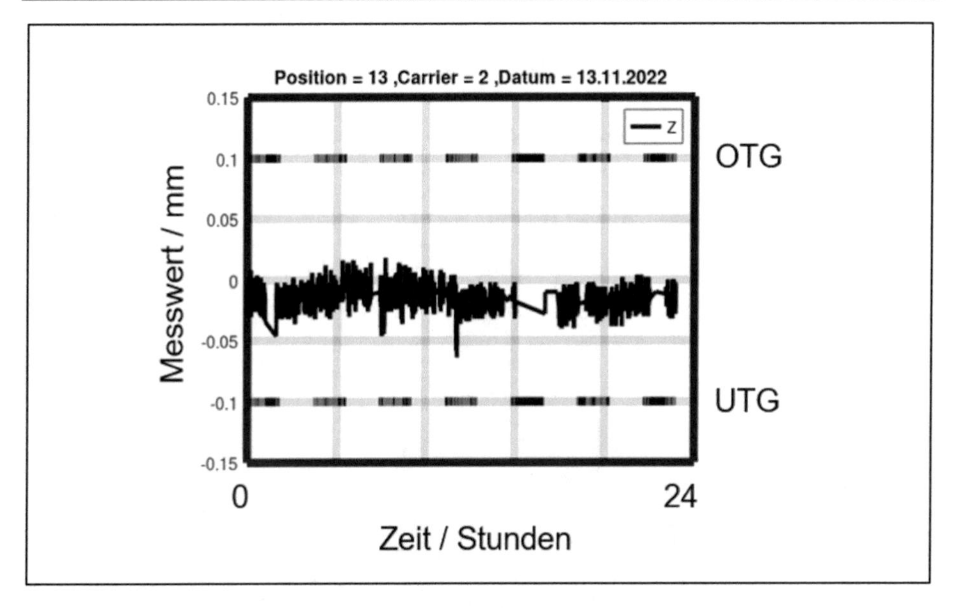

Abb. 5.3: Erprobung – Messwert Z der Position 13 im Carrier 2 am 13.11.2022

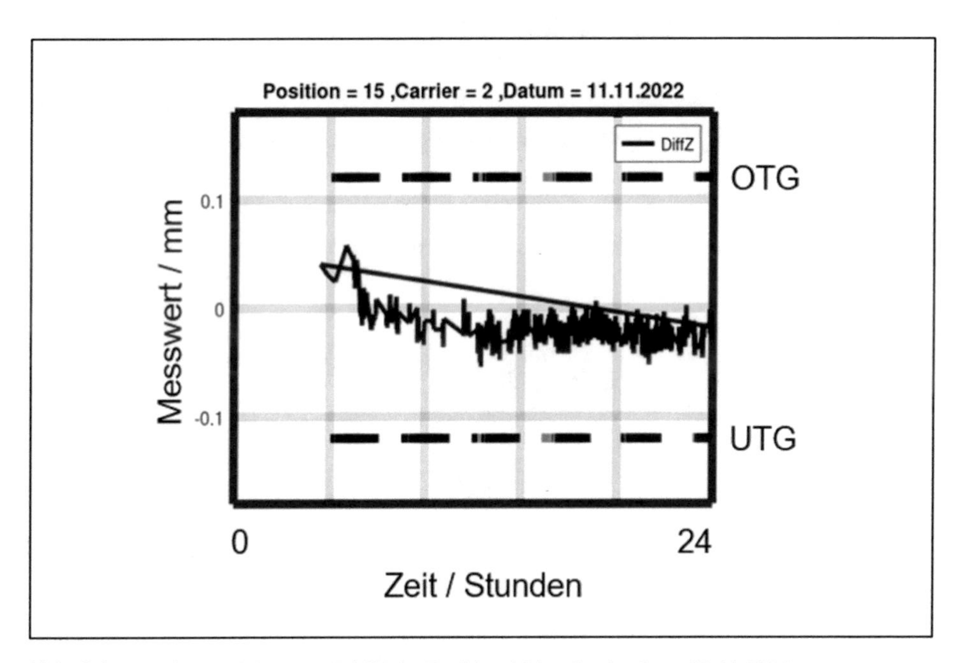

Abb. 5.4: Erprobung – Messwert DiffZ der Position 15 im Carrier 2 am 11.11.2022

5.3 Bestätigung der Prozessfähigkeit

Zur Bestätigung der Prozessfähigkeit wurde jeweils eine Stichprobe mit je 5.000 Werten für alle Messgrößen in Minitab generiert und anschließend mittels des Summary Reports ausgewertet, sowie die C_p und C_{pk} berechnet.

Der Messwert XTip ist normalverteilt, nahezu zentrisch (siehe Abbildung 5.5) und mit $C_p = 1{,}36$ sowie $C_{pk} = 1{,}35$ grundsätzlich fähig.

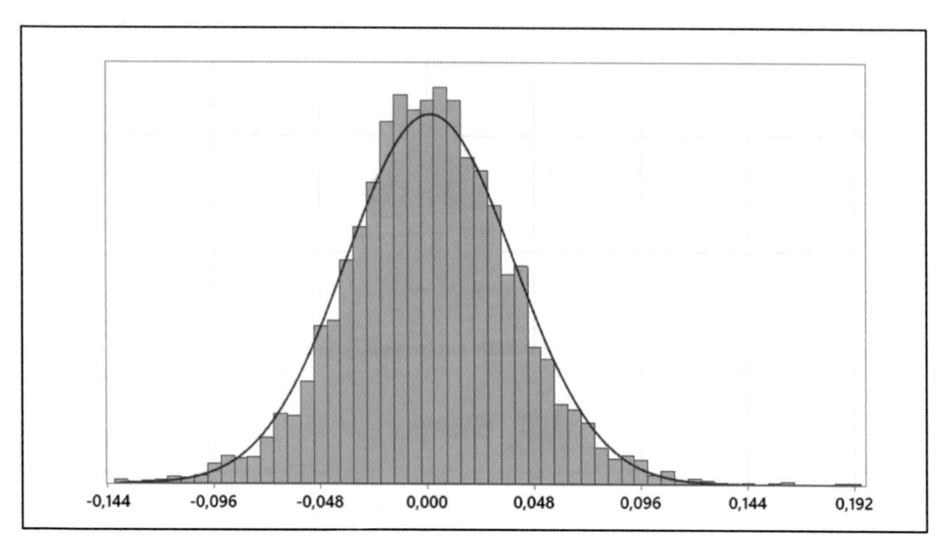

Abb. 5.5: Erprobung - Histogramm für Messwert XTip

Der Messwert XShoulder zeigt ebenso eine Normalverteilung und liegt zentrisch (siehe Abbildung 5.6). Mit $C_p = C_{pk} = 1{,}48$ ist auch er grundlegend prozessfähig.

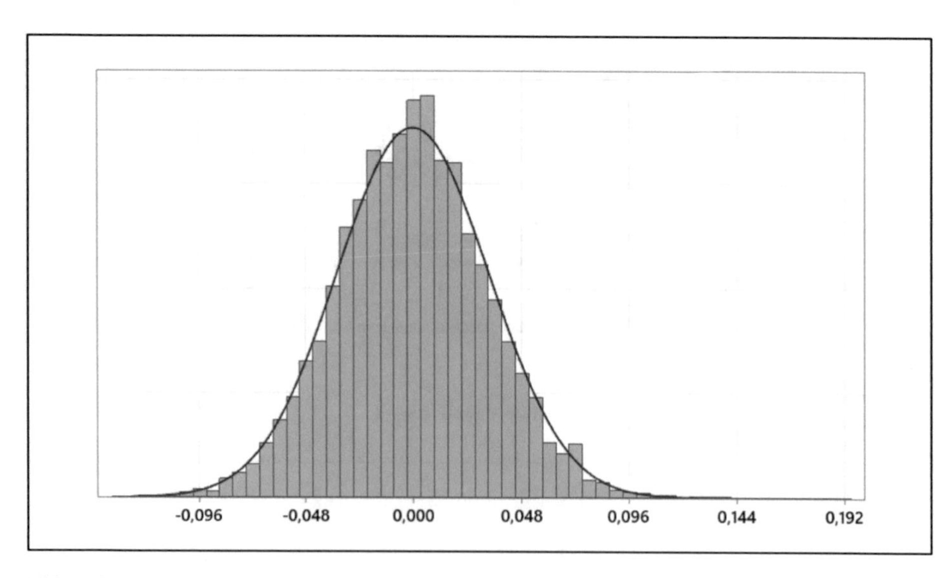

Abb. 5.6: Erprobung - Histogramm für Messwert XShoulder

Die Abbildung 5.7 zeigt Messwert Y. $C_p = 1{,}94$ und $C_{pk} = 1{,}91$ belegen auch hier die Prozessfähigkeit.

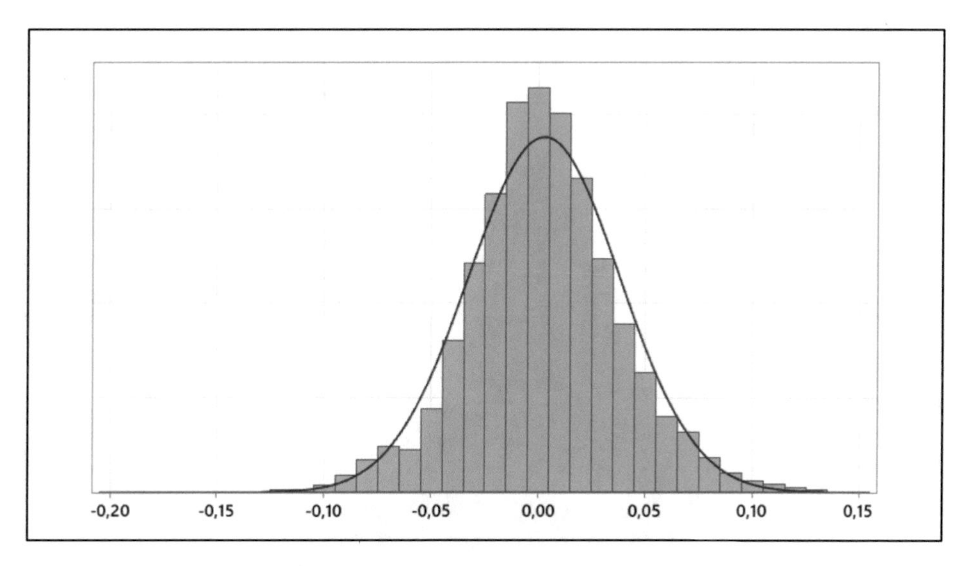

Abb. 5.7: Erprobung - Histogramm für Messwert Y

Das Histogramm zum Messwert Z kann der Abbildung 5.8 entnommen werden. Auch in diesem Falle bestätigt sich ein normalverteilter, fähiger Prozess mit $C_p = 2{,}14$ und $C_{pk} = 2{,}10$.

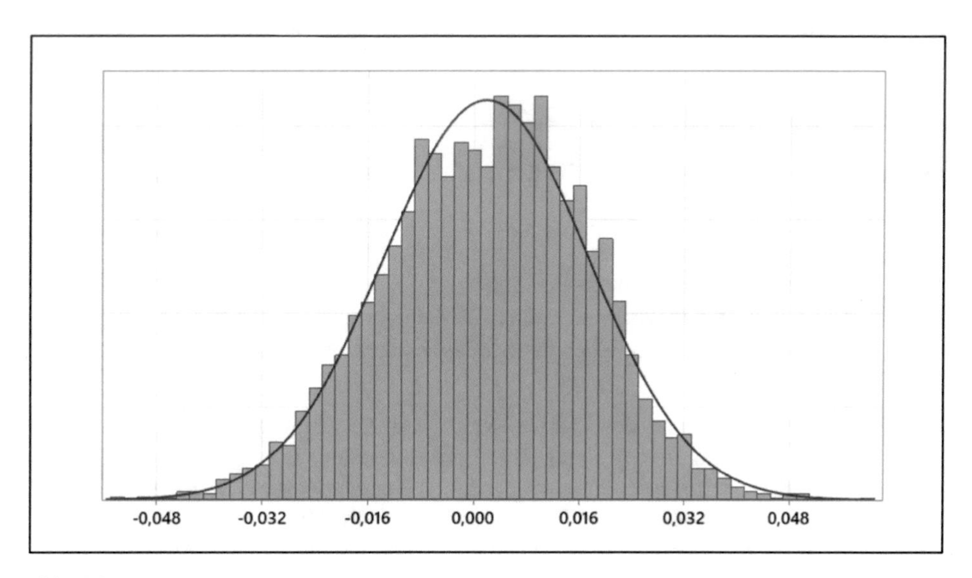

Abb. 5.8: Erprobung - Histogramm für Messwert Z

Der Messwert DiffZ ist rein statistisch gesehen ebenso prozessfähig mit $C_p = 2{,}20$ und $C_{pk} = 2{,}17$. Allerdings zeigt sich das Histogramm auffällig (siehe Abbildung 5.9), was auf die Fähigkeit der Kamera als Messmittel zurückzuführen ist (Vgl. siehe Kapitel 3.2.4.3).

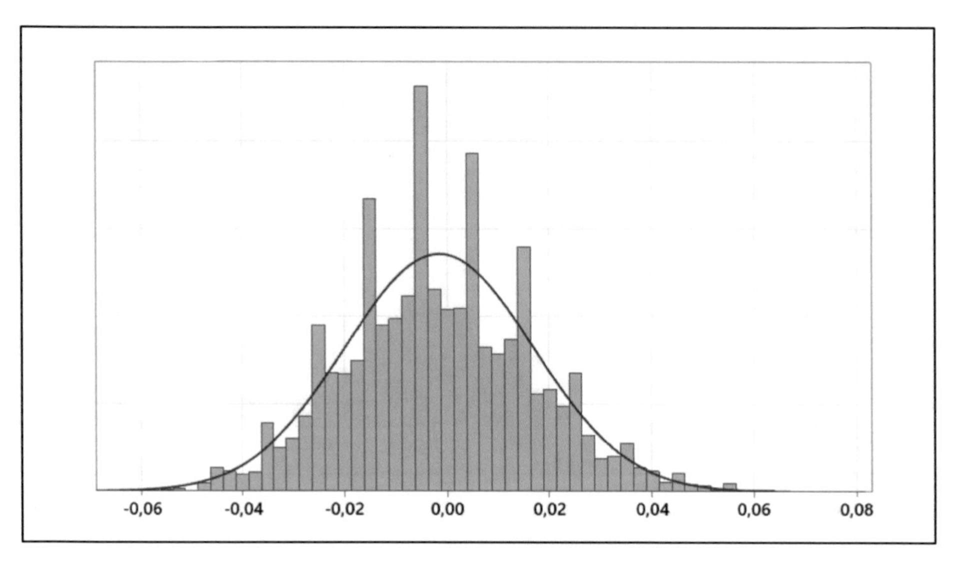

Abb. 5.9: Erprobung - Summary Report für Messwert DiffZ

Zusammenfassend ist der Montageprozess unter Betrachtung der einzelnen Messgrößen XTip, XShoulder, Y, Z und DiffZ durchaus fähig. C_p und C_{pk} fallen bei den Messwerten XTip und XShoulder allerdings im Vergleich zu den anderen Messwerten geringer aus.

5.4 Analyse der Korrelationen

Im nächsten Schritt wurden gezielt die Korrelationen untersucht. Folgende Korrelationen wären dabei denkbar:

- Messwerte untereinander,
- Messwerte zu den Kontakt-Positionen,
- Messwerte zu der Position auf dem Werkstückträger (Carriers) und
- Messwerte zu den Kavitäten des Spritzgusswerkzeugs des Headers.

Es erfolgte eine Anpassung des Octave-Skripts auf die Erprobungsdaten. Das Skript „Assy_Korrkoeff“ kann dem Anhang entnommen werden. Dieses Mal generiert das Skript jeweils eine Matrix mit den entsprechenden Korrelationskoeffizienten gemäß den oben genannten vier verschiedenen Betrachtungen. Dieses Mal wurde auf eine zeitliche Untersuchung der Korrelationskoeffizienten verzichtet, da im Erforschungskapitel (siehe 3.2.3.5.2) dahingehend keine Zusammenhänge festgestellt werden konnten. Die folgenden Unterkapitel beschreiben die Ergebnisse der Korrelationsuntersuchungen.

5.4.1 Korrelation der Messwerte zueinander

Die Korrelationskoeffizienten der Messwerte XTip und XShoulder sind mit r > 0,9 sehr stark positiv. Die Messwerte Y und DiffZ korrelieren ebenfalls stark positiv miteinander. Die Korrelationskoeffizienten der Messwerte Y und Z äußern sich leicht negativ. Aufgrund der Tatsache, dass alle Messwerte leicht bis sehr stark miteinander korrelieren (siehe Tabelle 5.1), wird keiner der fünf Messwerte für die später folgende Prognose ausgeschlossen.

Tabelle 5.1: Erprobung – Korrelationskoeffizienten der Messwerte zueinander

	Xtip	Xshoulder	Y	Z	DiffZ
Xtip	1,000	0,908	0,131	-0,070	0,052
XShoulder	0,908	1,000	0,099	-0,045	0,057
Y	0,131	0,099	1,000	-0,249	0,563
Z	-0,070	-0,045	-0,249	1,000	-0,051
DiffZ	0,052	0,057	0,563	-0,051	1,000

5.4.2 Korrelation der Messwerte zu den Kontakt-Positionen

Die Tabellen 5.2 und 5.3 zeigen die Korrelationskoeffizienten von den Messwerten XTip beziehungsweise XShoulder gegenüber den jeweiligen Kontaktpositionen.

Tabelle 5.2: Erprobung – Korrelationskoeffizienten des Messwertes XTip zu den Kontakt-Positionen

Xtip	Pos 1	Pos 2	Pos 3	Pos 4	Pos 5	Pos 6	Pos 7	Pos 8	Pos 9	Pos 10	Pos 11	Pos 12	Pos 13	Pos 14	Pos 15	Pos 16	Pos 17	Pos 18	Pos 19	Pos 20	Pos 21	Pos 22	Pos 23	Pos 24
Pos 1	1,000	0,809	0,865	0,819	NaN	0,857	0,777	NaN	0,768	0,763	0,644	0,760	0,734	0,704	0,652	NaN	0,708	0,705	0,055	0,069	NaN	0,095	0,087	0,074
Pos 2	0,809	1,000	0,814	0,857	NaN	0,815	0,677	NaN	0,647	0,745	0,751	0,760	0,588	0,704	0,725	NaN	0,690	0,674	0,048	0,048	NaN	0,061	0,080	0,083
Pos 3	0,865	0,814	1,000	0,825	NaN	0,842	0,748	NaN	0,741	0,755	0,665	0,754	0,703	0,701	0,667	NaN	0,705	0,682	0,042	0,067	NaN	0,099	0,095	0,092
Pos 4	0,819	0,857	0,825	1,000	NaN	0,820	0,682	NaN	0,650	0,751	0,786	0,768	0,583	0,708	0,733	NaN	0,698	0,681	0,023	0,059	NaN	0,089	0,081	0,097
Pos 5	NaN	NaN	NaN	NaN	NaN	NaN	NaN	NaN	NaN	NaN	NaN	NaN	NaN	NaN	NaN	NaN	NaN	NaN	NaN	NaN	NaN	NaN	NaN	NaN
Pos 6	0,857	0,815	0,842	0,820	NaN	1,000	0,763	NaN	0,762	0,767	0,670	0,778	0,727	0,720	0,690	NaN	0,733	0,708	0,120	0,117	NaN	0,130	0,127	0,116
Pos 7	0,777	0,677	0,748	0,682	NaN	0,763	1,000	NaN	0,893	0,859	0,665	0,857	0,757	0,681	0,609	NaN	0,718	0,686	0,070	0,050	NaN	0,080	0,088	0,038
Pos 8	NaN	NaN	NaN	NaN	NaN	NaN	NaN	NaN	NaN	NaN	NaN	NaN	NaN	NaN	NaN	NaN	NaN	NaN	NaN	NaN	NaN	NaN	NaN	NaN
Pos 9	0,768	0,647	0,741	0,650	NaN	0,762	0,893	NaN	1,000	0,838	0,617	0,825	0,777	0,671	0,585	NaN	0,715	0,675	0,091	0,063	NaN	0,084	0,080	0,033
Pos 10	0,763	0,745	0,755	0,751	NaN	0,767	0,859	NaN	0,838	1,000	0,769	0,883	0,700	0,725	0,692	NaN	0,748	0,706	0,021	0,023	NaN	0,052	0,053	0,034
Pos 11	0,644	0,751	0,665	0,786	NaN	0,670	0,665	NaN	0,617	0,769	1,000	0,805	0,500	0,704	0,767	NaN	0,678	0,686	-0,010	0,037	NaN	0,083	0,061	0,093
Pos 12	0,760	0,760	0,754	0,768	NaN	0,778	0,857	NaN	0,825	0,883	0,805	1,000	0,711	0,756	0,732	NaN	0,765	0,740	0,083	0,054	NaN	0,079	0,094	0,066
Pos 13	0,734	0,588	0,703	0,583	NaN	0,727	0,757	NaN	0,777	0,700	0,500	0,711	1,000	0,827	0,735	NaN	0,871	0,822	0,114	0,120	NaN	0,163	0,143	0,110
Pos 14	0,704	0,704	0,701	0,708	NaN	0,720	0,681	NaN	0,671	0,725	0,704	0,756	0,827	1,000	0,919	NaN	0,909	0,932	0,091	0,159	NaN	0,158	0,099	0,147
Pos 15	0,652	0,725	0,667	0,733	NaN	0,690	0,609	NaN	0,585	0,692	0,767	0,732	0,735	0,919	1,000	NaN	0,888	0,890	0,069	0,120	NaN	0,152	0,088	0,135
Pos 16	NaN	NaN	NaN	NaN	NaN	NaN	NaN	NaN	NaN	NaN	NaN	NaN	NaN	NaN	NaN	NaN	NaN	NaN	NaN	NaN	NaN	NaN	NaN	NaN
Pos 17	0,708	0,690	0,705	0,698	NaN	0,733	0,718	NaN	0,715	0,748	0,678	0,765	0,871	0,909	0,888	NaN	1,000	0,900	0,083	0,124	NaN	0,164	0,128	0,133
Pos 18	0,705	0,674	0,682	0,681	NaN	0,708	0,686	NaN	0,675	0,706	0,686	0,740	0,822	0,932	0,890	NaN	0,900	1,000	0,114	0,162	NaN	0,161	0,096	0,155
Pos 19	0,055	0,048	0,042	0,023	NaN	0,120	0,070	NaN	0,091	0,021	-0,010	0,083	0,114	0,091	0,069	NaN	0,083	0,114	1,000	0,866	NaN	0,775	0,803	0,759
Pos 20	0,069	0,048	0,067	0,059	NaN	0,117	0,050	NaN	0,063	0,023	0,037	0,054	0,120	0,159	0,120	NaN	0,124	0,162	0,866	1,000	NaN	0,911	0,842	0,894
Pos 21	NaN	NaN	NaN	NaN	NaN	NaN	NaN	NaN	NaN	NaN	NaN	NaN	NaN	NaN	NaN	NaN	NaN	NaN	NaN	NaN	NaN	NaN	NaN	NaN
Pos 22	0,095	0,061	0,099	0,089	NaN	0,130	0,080	NaN	0,084	0,052	0,083	0,079	0,163	0,158	0,152	NaN	0,164	0,161	0,775	0,911	NaN	1,000	0,865	0,886
Pos 23	0,087	0,080	0,095	0,081	NaN	0,127	0,088	NaN	0,080	0,053	0,061	0,094	0,143	0,099	0,088	NaN	0,128	0,096	0,803	0,842	NaN	0,865	1,000	0,888
Pos 24	0,074	0,083	0,092	0,097	NaN	0,116	0,038	NaN	0,033	0,034	0,093	0,066	0,110	0,147	0,135	NaN	0,133	0,155	0,759	0,894	NaN	0,886	0,888	1,000

Tabelle 5.3: Erprobung – Korrelationskoeffizienten des Messwertes XShoulder zu den Kontakt-Positionen

Xshoulder	Pos 1	Pos 2	Pos 3	Pos 4	Pos 5	Pos 6	Pos 7	Pos 8	Pos 9	Pos 10	Pos 11	Pos 12	Pos 13	Pos 14	Pos 15	Pos 16	Pos 17	Pos 18	Pos 19	Pos 20	Pos 21	Pos 22	Pos 23	Pos 24
Pos 1	1,000	0,875	0,910	0,905	NaN	0,869	0,811	NaN	0,801	0,816	0,789	0,816	0,749	0,743	0,728	NaN	0,727	0,730	0,038	0,045	NaN	0,062	0,061	0,046
Pos 2	0,875	1,000	0,885	0,899	NaN	0,758	0,756	NaN	0,701	0,780	0,816	0,778	0,674	0,740	0,749	NaN	0,729	0,728	0,044	0,050	NaN	0,057	0,055	0,053
Pos 3	0,910	0,885	1,000	0,907	NaN	0,829	0,796	NaN	0,768	0,804	0,801	0,803	0,730	0,737	0,734	NaN	0,728	0,729	0,043	0,058	NaN	0,069	0,074	0,058
Pos 4	0,905	0,899	0,907	1,000	NaN	0,820	0,790	NaN	0,753	0,806	0,816	0,805	0,708	0,746	0,742	NaN	0,734	0,729	0,054	0,070	NaN	0,074	0,077	0,069
Pos 5	NaN	NaN	NaN	NaN	NaN	NaN	NaN	NaN	NaN	NaN	NaN	NaN	NaN	NaN	NaN	NaN	NaN	NaN	NaN	NaN	NaN	NaN	NaN	NaN
Pos 6	0,869	0,758	0,829	0,820	NaN	1,000	0,804	NaN	0,837	0,788	0,718	0,812	0,778	0,721	0,680	NaN	0,702	0,708	0,105	0,105	NaN	0,123	0,122	0,101
Pos 7	0,811	0,756	0,796	0,790	NaN	0,804	1,000	NaN	0,886	0,895	0,846	0,901	0,761	0,745	0,727	NaN	0,739	0,735	0,039	0,037	NaN	0,062	0,069	0,034
Pos 8	NaN	NaN	NaN	NaN	NaN	NaN	NaN	NaN	NaN	NaN	NaN	NaN	NaN	NaN	NaN	NaN	NaN	NaN	NaN	NaN	NaN	NaN	NaN	NaN
Pos 9	0,801	0,701	0,768	0,753	NaN	0,837	0,886	NaN	1,000	0,863	0,786	0,877	0,776	0,725	0,683	NaN	0,710	0,710	0,059	0,051	NaN	0,077	0,073	0,036
Pos 10	0,816	0,780	0,804	0,806	NaN	0,788	0,895	NaN	0,863	1,000	0,859	0,898	0,755	0,762	0,740	NaN	0,752	0,747	0,029	0,029	NaN	0,048	0,052	0,025
Pos 11	0,789	0,816	0,801	0,816	NaN	0,718	0,846	NaN	0,786	0,859	1,000	0,868	0,710	0,760	0,768	NaN	0,759	0,758	0,051	0,061	NaN	0,078	0,084	0,070
Pos 12	0,816	0,778	0,803	0,805	NaN	0,812	0,901	NaN	0,877	0,898	0,868	1,000	0,799	0,801	0,778	NaN	0,789	0,785	0,078	0,055	NaN	0,084	0,089	0,050
Pos 13	0,749	0,674	0,730	0,708	NaN	0,778	0,761	NaN	0,776	0,755	0,710	0,799	1,000	0,904	0,889	NaN	0,907	0,898	0,085	0,087	NaN	0,102	0,090	0,076
Pos 14	0,743	0,740	0,737	0,746	NaN	0,721	0,745	NaN	0,725	0,762	0,760	0,801	0,904	1,000	0,940	NaN	0,922	0,950	0,084	0,110	NaN	0,101	0,066	0,089
Pos 15	0,728	0,749	0,734	0,742	NaN	0,680	0,727	NaN	0,683	0,740	0,768	0,778	0,889	0,940	1,000	NaN	0,940	0,937	0,080	0,085	NaN	0,087	0,067	0,074
Pos 16	NaN	NaN	NaN	NaN	NaN	NaN	NaN	NaN	NaN	NaN	NaN	NaN	NaN	NaN	NaN	NaN	NaN	NaN	NaN	NaN	NaN	NaN	NaN	NaN
Pos 17	0,727	0,729	0,728	0,734	NaN	0,702	0,739	NaN	0,710	0,752	0,759	0,789	0,907	0,922	0,940	NaN	1,000	0,933	0,086	0,095	NaN	0,097	0,097	0,085
Pos 18	0,730	0,728	0,729	0,729	NaN	0,708	0,735	NaN	0,710	0,747	0,758	0,785	0,898	0,950	0,937	NaN	0,933	1,000	0,086	0,108	NaN	0,105	0,078	0,101
Pos 19	0,038	0,044	0,043	0,054	NaN	0,105	0,039	NaN	0,059	0,029	0,051	0,078	0,085	0,084	0,080	NaN	0,086	0,086	1,000	0,915	NaN	0,933	0,908	0,880
Pos 20	0,045	0,050	0,058	0,070	NaN	0,105	0,037	NaN	0,051	0,029	0,061	0,055	0,087	0,110	0,085	NaN	0,095	0,108	0,915	1,000	NaN	0,953	0,915	0,942
Pos 21	NaN	NaN	NaN	NaN	NaN	NaN	NaN	NaN	NaN	NaN	NaN	NaN	NaN	NaN	NaN	NaN	NaN	NaN	NaN	NaN	NaN	NaN	NaN	NaN
Pos 22	0,062	0,057	0,069	0,074	NaN	0,123	0,062	NaN	0,077	0,048	0,078	0,084	0,102	0,101	0,087	NaN	0,097	0,105	0,933	0,953	NaN	1,000	0,937	0,932
Pos 23	0,061	0,055	0,074	0,077	NaN	0,122	0,069	NaN	0,073	0,052	0,084	0,089	0,090	0,066	0,067	NaN	0,097	0,078	0,908	0,915	NaN	0,937	1,000	0,930
Pos 24	0,046	0,053	0,058	0,069	NaN	0,101	0,034	NaN	0,036	0,025	0,070	0,050	0,076	0,089	0,074	NaN	0,085	0,101	0,880	0,942	NaN	0,932	0,930	1,000

XTip, als auch XShoulder korrelieren sehr stark mit nahezu allen Kontaktpositionen.

Die Tabellen 5.4, 5.5 und 5.6 zeigen die berechneten Korrelationen der Messwerte Y, Z beziehungsweise DiffZ gegenüber den jeweiligen Kontaktpositionen.

Bei allen Messwerten Y, Z und DiffZ fällt auf, dass alle aufeinanderfolgenden beziehungsweise nebeneinander liegenden Kontaktpositionen stark miteinander korrelieren.

Aufgrund der Tatsache, dass zumindest alle nebeneinanderliegenden Kontakte bzgl. der Messwerte miteinander stark korrelieren, werden im weiteren Verlauf keine Kontaktpositionen in der Ampelprognose ausgeschlossen.

Tabelle 5.4: Erprobung – Korrelationskoeffizienten des Messwertes Y zu den Kontakt-Positionen

Y	Pos 1	Pos 2	Pos 3	Pos 4	Pos 5	Pos 6	Pos 7	Pos 8	Pos 9	Pos 10	Pos 11	Pos 12	Pos 13	Pos 14	Pos 15	Pos 16	Pos 17	Pos 18	Pos 19	Pos 20	Pos 21	Pos 22	Pos 23	Pos 24
Pos 1	1,000	0,902	0,717	0,401	NaN	0,056	0,690	NaN	0,452	0,131	-0,016	-0,150	0,145	0,274	0,187	NaN	0,069	-0,273	-0,156	-0,029	NaN	0,002	0,004	-0,028
Pos 2	0,902	1,000	0,825	0,576	NaN	0,270	0,581	NaN	0,470	0,210	0,090	-0,041	0,142	0,220	0,172	NaN	0,091	-0,204	-0,150	-0,061	NaN	-0,017	-0,009	-0,042
Pos 3	0,717	0,825	1,000	0,798	NaN	0,580	0,333	NaN	0,426	0,349	0,270	0,186	0,118	0,131	0,133	NaN	0,116	-0,062	-0,078	-0,016	NaN	-0,020	-0,029	-0,058
Pos 4	0,401	0,576	0,798	1,000	NaN	0,839	-0,016	NaN	0,300	0,441	0,452	0,420	0,073	0,018	0,066	NaN	0,126	0,104	0,004	0,000	NaN	-0,042	-0,047	-0,066
Pos 5	NaN	NaN	NaN	NaN	NaN	NaN	NaN	NaN	NaN	NaN	NaN	NaN	NaN	NaN	NaN	NaN	NaN	NaN	NaN	NaN	NaN	NaN	NaN	NaN
Pos 6	0,056	0,270	0,580	0,839	NaN	1,000	-0,294	NaN	0,168	0,461	0,534	0,572	0,017	-0,104	-0,007	NaN	0,104	0,219	0,062	0,004	NaN	-0,053	-0,056	-0,062
Pos 7	0,690	0,581	0,333	-0,016	NaN	-0,294	1,000	NaN	0,660	0,221	-0,011	-0,213	-0,006	0,245	0,172	NaN	0,020	-0,454	-0,232	-0,096	NaN	0,066	0,068	0,100
Pos 8	NaN	NaN	NaN	NaN	NaN	NaN	NaN	NaN	NaN	NaN	NaN	NaN	NaN	NaN	NaN	NaN	NaN	NaN	NaN	NaN	NaN	NaN	NaN	NaN
Pos 9	0,452	0,470	0,426	0,300	NaN	0,168	0,660	NaN	1,000	0,736	0,585	0,425	-0,028	0,084	0,059	NaN	0,001	-0,239	-0,082	-0,044	NaN	-0,029	-0,043	-0,082
Pos 10	0,131	0,210	0,349	0,441	NaN	0,461	0,221	NaN	0,736	1,000	0,854	0,779	-0,056	-0,068	-0,027	NaN	-0,004	0,012	-0,016	-0,050	NaN	-0,096	-0,105	-0,138
Pos 11	-0,016	0,090	0,270	0,452	NaN	0,534	-0,011	NaN	0,585	0,854	1,000	0,905	-0,058	-0,138	-0,095	NaN	-0,058	0,135	0,046	-0,023	NaN	-0,093	-0,100	-0,149
Pos 12	-0,150	-0,041	0,186	0,420	NaN	0,572	-0,213	NaN	0,425	0,779	0,905	1,000	-0,063	-0,195	-0,147	NaN	-0,083	0,209	0,078	-0,004	NaN	-0,133	-0,139	-0,182
Pos 13	0,145	0,142	0,118	0,073	NaN	0,017	-0,006	NaN	-0,028	-0,056	-0,058	-0,063	1,000	0,710	0,665	NaN	0,650	0,473	0,170	0,129	NaN	0,093	0,102	-0,002
Pos 14	0,274	0,220	0,131	0,018	NaN	-0,104	0,245	NaN	0,084	-0,068	-0,138	-0,195	0,710	1,000	0,809	NaN	0,735	0,323	0,065	0,153	NaN	0,152	0,149	0,069
Pos 15	0,187	0,172	0,133	0,066	NaN	-0,007	0,172	NaN	0,059	-0,027	-0,095	-0,147	0,665	0,809	1,000	NaN	0,789	0,374	0,029	0,097	NaN	0,154	0,143	0,050
Pos 16	NaN	NaN	NaN	NaN	NaN	NaN	NaN	NaN	NaN	NaN	NaN	NaN	NaN	NaN	NaN	NaN	NaN	NaN	NaN	NaN	NaN	NaN	NaN	NaN
Pos 17	0,069	0,091	0,116	0,126	NaN	0,104	0,020	NaN	0,001	-0,004	-0,058	-0,083	0,650	0,735	0,789	NaN	1,000	0,446	0,125	0,139	NaN	0,112	0,127	-0,017
Pos 18	-0,273	-0,204	-0,062	0,104	NaN	0,219	-0,454	NaN	-0,239	0,012	0,135	0,209	0,473	0,323	0,374	NaN	0,446	1,000	0,180	0,179	NaN	-0,021	-0,029	-0,071
Pos 19	-0,156	-0,150	-0,078	0,004	NaN	0,062	-0,232	NaN	-0,082	-0,016	0,046	0,078	0,170	0,065	0,029	NaN	0,125	0,180	1,000	0,730	NaN	0,598	0,560	0,314
Pos 20	-0,029	-0,061	-0,016	0,000	NaN	0,004	-0,096	NaN	-0,044	-0,050	-0,023	-0,004	0,129	0,153	0,097	NaN	0,139	0,179	0,730	1,000	NaN	0,640	0,567	0,316
Pos 21	NaN	NaN	NaN	NaN	NaN	NaN	NaN	NaN	NaN	NaN	NaN	NaN	NaN	NaN	NaN	NaN	NaN	NaN	NaN	NaN	NaN	NaN	NaN	NaN
Pos 22	0,002	-0,017	-0,020	-0,042	NaN	-0,053	0,066	NaN	-0,029	-0,096	-0,093	-0,133	0,093	0,152	0,154	NaN	0,112	-0,021	0,598	0,640	NaN	1,000	0,857	0,682
Pos 23	0,004	-0,009	-0,029	-0,047	NaN	-0,056	0,068	NaN	-0,043	-0,105	-0,100	-0,139	0,102	0,149	0,143	NaN	0,127	-0,029	0,560	0,567	NaN	0,857	1,000	0,759
Pos 24	-0,028	-0,042	-0,058	-0,066	NaN	-0,062	0,100	NaN	-0,082	-0,138	-0,149	-0,182	-0,002	0,069	0,050	NaN	-0,017	-0,071	0,314	0,316	NaN	0,682	0,759	1,000

Tabelle 5.5: Erprobung – Korrelationskoeffizienten des Messwertes Z zu den Kontakt-Positionen

Z	Pos 1	Pos 2	Pos 3	Pos 4	Pos 5	Pos 6	Pos 7	Pos 8	Pos 9	Pos 10	Pos 11	Pos 12	Pos 13	Pos 14	Pos 15	Pos 16	Pos 17	Pos 18	Pos 19	Pos 20	Pos 21	Pos 22	Pos 23	Pos 24
Pos 1	1,000	0,892	0,856	0,811	NaN	0,657	0,506	NaN	0,455	0,438	0,384	0,326	0,258	0,280	0,234	NaN	0,255	0,187	0,115	0,157	NaN	0,172	0,194	0,218
Pos 2	0,892	1,000	0,900	0,879	NaN	0,745	0,486	NaN	0,490	0,479	0,454	0,375	0,281	0,296	0,299	NaN	0,261	0,166	0,102	0,157	NaN	0,194	0,200	0,193
Pos 3	0,856	0,900	1,000	0,913	NaN	0,825	0,485	NaN	0,533	0,514	0,511	0,451	0,326	0,313	0,303	NaN	0,273	0,199	0,128	0,151	NaN	0,184	0,185	0,164
Pos 4	0,811	0,879	0,913	1,000	NaN	0,868	0,467	NaN	0,522	0,543	0,537	0,493	0,344	0,369	0,338	NaN	0,299	0,186	0,162	0,169	NaN	0,227	0,187	0,169
Pos 5	NaN	NaN	NaN	NaN	NaN	NaN	NaN	NaN	NaN	NaN	NaN	NaN	NaN	NaN	NaN	NaN	NaN	NaN	NaN	NaN	NaN	NaN	NaN	NaN
Pos 6	0,657	0,745	0,825	0,868	NaN	1,000	0,355	NaN	0,484	0,519	0,573	0,578	0,397	0,381	0,376	NaN	0,289	0,185	0,226	0,185	NaN	0,224	0,164	0,093
Pos 7	0,506	0,486	0,485	0,467	NaN	0,355	1,000	NaN	0,858	0,823	0,724	0,643	0,278	0,360	0,346	NaN	0,467	0,438	0,025	0,087	NaN	0,197	0,259	0,350
Pos 8	NaN	NaN	NaN	NaN	NaN	NaN	NaN	NaN	NaN	NaN	NaN	NaN	NaN	NaN	NaN	NaN	NaN	NaN	NaN	NaN	NaN	NaN	NaN	NaN
Pos 9	0,455	0,490	0,533	0,522	NaN	0,484	0,858	NaN	1,000	0,908	0,874	0,801	0,322	0,363	0,366	NaN	0,463	0,425	0,120	0,143	NaN	0,181	0,200	0,213
Pos 10	0,438	0,479	0,514	0,543	NaN	0,519	0,823	NaN	0,908	1,000	0,897	0,849	0,336	0,388	0,394	NaN	0,473	0,403	0,180	0,192	NaN	0,217	0,220	0,217
Pos 11	0,384	0,454	0,511	0,537	NaN	0,573	0,724	NaN	0,874	0,897	1,000	0,908	0,343	0,352	0,382	NaN	0,420	0,384	0,212	0,211	NaN	0,217	0,220	0,166
Pos 12	0,326	0,375	0,451	0,493	NaN	0,578	0,643	NaN	0,801	0,849	0,908	1,000	0,322	0,331	0,350	NaN	0,371	0,299	0,257	0,223	NaN	0,225	0,202	0,152
Pos 13	0,258	0,281	0,326	0,344	NaN	0,397	0,278	NaN	0,322	0,336	0,343	0,322	1,000	0,885	0,851	NaN	0,771	0,655	0,270	0,262	NaN	0,283	0,279	0,217
Pos 14	0,280	0,296	0,313	0,369	NaN	0,381	0,360	NaN	0,363	0,388	0,352	0,331	0,885	1,000	0,891	NaN	0,835	0,706	0,244	0,248	NaN	0,309	0,291	0,265
Pos 15	0,234	0,299	0,303	0,338	NaN	0,376	0,346	NaN	0,366	0,394	0,382	0,350	0,851	0,891	1,000	NaN	0,829	0,719	0,223	0,264	NaN	0,315	0,319	0,255
Pos 16	NaN	NaN	NaN	NaN	NaN	NaN	NaN	NaN	NaN	NaN	NaN	NaN	NaN	NaN	NaN	NaN	NaN	NaN	NaN	NaN	NaN	NaN	NaN	NaN
Pos 17	0,255	0,261	0,273	0,299	NaN	0,289	0,467	NaN	0,463	0,473	0,420	0,371	0,771	0,835	0,829	NaN	1,000	0,846	0,245	0,249	NaN	0,253	0,283	0,246
Pos 18	0,187	0,166	0,199	0,186	NaN	0,185	0,438	NaN	0,425	0,403	0,384	0,299	0,655	0,706	0,719	NaN	0,846	1,000	0,195	0,215	NaN	0,197	0,264	0,238
Pos 19	0,115	0,102	0,128	0,162	NaN	0,226	0,025	NaN	0,120	0,180	0,212	0,257	0,270	0,244	0,223	NaN	0,245	0,195	1,000	0,891	NaN	0,759	0,713	0,563
Pos 20	0,157	0,157	0,151	0,169	NaN	0,185	0,087	NaN	0,143	0,192	0,211	0,223	0,262	0,248	0,264	NaN	0,249	0,215	0,891	1,000	NaN	0,830	0,814	0,672
Pos 21	NaN	NaN	NaN	NaN	NaN	NaN	NaN	NaN	NaN	NaN	NaN	NaN	NaN	NaN	NaN	NaN	NaN	NaN	NaN	NaN	NaN	NaN	NaN	NaN
Pos 22	0,172	0,194	0,184	0,227	NaN	0,224	0,197	NaN	0,181	0,217	0,217	0,225	0,283	0,309	0,315	NaN	0,253	0,197	0,759	0,830	NaN	1,000	0,907	0,846
Pos 23	0,194	0,200	0,185	0,187	NaN	0,164	0,259	NaN	0,200	0,220	0,220	0,202	0,279	0,291	0,319	NaN	0,283	0,264	0,713	0,814	NaN	0,907	1,000	0,888
Pos 24	0,218	0,193	0,164	0,169	NaN	0,093	0,350	NaN	0,213	0,217	0,166	0,152	0,217	0,265	0,255	NaN	0,246	0,238	0,563	0,672	NaN	0,846	0,888	1,000

Tabelle 5.6: Erprobung – Korrelationskoeffizienten des Messwertes DiffZ zu den Kontakt-Positionen

DiffZ	Pos 1	Pos 2	Pos 3	Pos 4	Pos 5	Pos 6	Pos 7	Pos 8	Pos 9	Pos 10	Pos 11	Pos 12	Pos 13	Pos 14	Pos 15	Pos 16	Pos 17	Pos 18	Pos 19	Pos 20	Pos 21	Pos 22	Pos 23	Pos 24
Pos 1	1,000	0,755	0,650	0,402	NaN	0,213	0,606	NaN	0,457	0,184	-0,125	-0,155	-0,285	0,177	-0,117	NaN	0,408	0,320	-0,058	-0,079	NaN	-0,127	-0,044	-0,080
Pos 2	0,755	1,000	0,725	0,568	NaN	0,405	0,437	NaN	0,414	0,264	0,048	0,030	-0,120	0,133	-0,049	NaN	0,270	0,186	-0,037	-0,039	NaN	-0,085	-0,043	-0,068
Pos 3	0,650	0,725	1,000	0,678	NaN	0,585	0,317	NaN	0,334	0,307	0,174	0,140	-0,023	0,097	0,020	NaN	0,140	0,104	-0,003	-0,024	NaN	-0,057	-0,080	-0,072
Pos 4	0,402	0,568	0,678	1,000	NaN	0,700	0,028	NaN	0,219	0,223	0,312	0,275	0,165	0,084	0,144	NaN	-0,023	-0,022	0,075	0,007	NaN	0,028	-0,094	-0,091
Pos 5	NaN	NaN	NaN	NaN	NaN	NaN	NaN	NaN	NaN	NaN	NaN	NaN	NaN	NaN	NaN	NaN	NaN	NaN	NaN	NaN	NaN	NaN	NaN	NaN
Pos 6	0,213	0,405	0,585	0,700	NaN	1,000	-0,194	NaN	0,075	0,283	0,429	0,374	0,314	-0,003	0,206	NaN	-0,196	-0,169	0,070	0,030	NaN	0,063	-0,035	-0,001
Pos 7	0,606	0,437	0,317	0,028	NaN	-0,194	1,000	NaN	0,717	0,359	-0,047	-0,086	-0,501	0,112	-0,239	NaN	0,507	0,389	-0,072	-0,053	NaN	-0,176	-0,028	-0,050
Pos 8	NaN	NaN	NaN	NaN	NaN	NaN	NaN	NaN	NaN	NaN	NaN	NaN	NaN	NaN	NaN	NaN	NaN	NaN	NaN	NaN	NaN	NaN	NaN	NaN
Pos 9	0,457	0,414	0,334	0,219	NaN	0,075	0,717	NaN	1,000	0,672	0,395	0,346	-0,237	0,101	-0,078	NaN	0,244	0,162	-0,063	-0,054	NaN	-0,105	-0,083	-0,110
Pos 10	0,184	0,264	0,307	0,223	NaN	0,283	0,359	NaN	0,672	1,000	0,682	0,638	0,030	0,013	0,041	NaN	-0,050	-0,090	-0,057	-0,077	NaN	-0,035	-0,074	-0,057
Pos 11	-0,125	0,048	0,174	0,312	NaN	0,429	-0,047	NaN	0,395	0,682	1,000	0,828	0,292	-0,051	0,152	NaN	-0,328	-0,290	-0,007	-0,030	NaN	0,087	-0,005	-0,011
Pos 12	-0,155	0,030	0,140	0,275	NaN	0,374	-0,086	NaN	0,346	0,638	0,828	1,000	0,329	-0,037	0,159	NaN	-0,324	-0,267	-0,075	0,007	NaN	0,052	0,065	0,068
Pos 13	-0,285	-0,120	-0,023	0,165	NaN	0,314	-0,501	NaN	-0,237	0,030	0,292	0,329	1,000	0,454	0,596	NaN	0,020	-0,055	0,189	0,144	NaN	0,224	0,133	0,112
Pos 14	0,177	0,133	0,097	0,084	NaN	-0,003	0,112	NaN	0,101	0,013	-0,051	-0,037	0,454	1,000	0,627	NaN	0,609	0,411	0,089	0,164	NaN	0,113	0,089	0,018
Pos 15	-0,117	-0,049	0,020	0,144	NaN	0,206	-0,239	NaN	-0,078	0,041	0,152	0,159	0,596	0,627	1,000	NaN	0,344	0,157	0,114	0,143	NaN	0,209	0,066	-0,019
Pos 16	NaN	NaN	NaN	NaN	NaN	NaN	NaN	NaN	NaN	NaN	NaN	NaN	NaN	NaN	NaN	NaN	NaN	NaN	NaN	NaN	NaN	NaN	NaN	NaN
Pos 17	0,408	0,270	0,140	-0,023	NaN	-0,196	0,507	NaN	0,244	-0,050	-0,328	-0,324	0,020	0,609	0,344	NaN	1,000	0,633	0,021	0,142	NaN	-0,028	0,134	0,100
Pos 18	0,320	0,186	0,104	-0,022	NaN	-0,169	0,389	NaN	0,162	-0,090	-0,290	-0,267	-0,055	0,411	0,157	NaN	0,633	1,000	-0,025	0,050	NaN	-0,107	-0,012	0,136
Pos 19	-0,058	-0,037	-0,003	0,075	NaN	0,070	-0,072	NaN	-0,063	-0,057	-0,007	-0,075	0,189	0,089	0,114	NaN	0,021	-0,025	1,000	0,473	NaN	0,559	0,013	-0,215
Pos 20	-0,079	-0,039	-0,024	0,007	NaN	0,030	-0,053	NaN	-0,054	-0,077	-0,030	0,007	0,144	0,164	0,143	NaN	0,142	0,050	0,473	1,000	NaN	0,535	0,545	0,343
Pos 21	NaN	NaN	NaN	NaN	NaN	NaN	NaN	NaN	NaN	NaN	NaN	NaN	NaN	NaN	NaN	NaN	NaN	NaN	NaN	NaN	NaN	NaN	NaN	NaN
Pos 22	-0,127	-0,085	-0,057	0,028	NaN	0,063	-0,176	NaN	-0,105	-0,035	0,087	0,052	0,224	0,113	0,209	NaN	-0,028	-0,107	0,559	0,535	NaN	1,000	0,422	0,137
Pos 23	-0,044	-0,043	-0,080	-0,094	NaN	-0,035	-0,028	NaN	-0,083	-0,074	-0,005	0,065	0,133	0,089	0,066	NaN	0,134	-0,012	0,013	0,545	NaN	0,422	1,000	0,722
Pos 24	-0,080	-0,068	-0,072	-0,091	NaN	-0,001	-0,050	NaN	-0,110	-0,057	-0,011	0,068	0,112	0,018	-0,019	NaN	0,100	0,136	-0,215	0,343	NaN	0,137	0,722	1,000

5.4.3 Korrelation der Messwerte zu der Position auf dem Werkstückträger

Jeder Werkstückträger beherbergt fünf mögliche Positionen. Die Tabellen 5.7, 5.8, 5.9, 5.10 und 5.11 zeigen die Korrelationskoeffizienten aller Messwerte gegenüber der Position auf dem Werkstückträger.

Tabelle 5.7: Erprobung – Korrelationskoeffizienten des Messwertes XTip zur Position auf dem Werkstückträger

Xtip	Carrier 1	Carrier 2	Carrier 3	Carrier 4	Carrier 5
Carrier 1	1,000	0,223	0,260	0,128	0,007
Carrier 2	0,223	1,000	0,241	0,063	0,015
Carrier 3	0,260	0,241	1,000	0,160	0,035
Carrier 4	0,128	0,063	0,160	1,000	0,099
Carrier 5	0,007	0,015	0,035	0,099	1,000

Tabelle 5.8: Erprobung – Korrelationskoeffizienten des Messwertes XShoulder zur Position auf dem Werkstückträger

Xshoulder	Carrier 1	Carrier 2	Carrier 3	Carrier 4	Carrier 5
Carrier 1	1,000	0,198	0,234	0,172	0,107
Carrier 2	0,198	1,000	0,222	0,111	0,106
Carrier 3	0,234	0,222	1,000	0,193	0,130
Carrier 4	0,172	0,111	0,193	1,000	0,164
Carrier 5	0,107	0,106	0,130	0,164	1,000

Tabelle 5.9: Erprobung – Korrelationskoeffizienten des Messwertes Y zur Position auf dem Werkstückträger

Y	Carrier 1	Carrier 2	Carrier 3	Carrier 4	Carrier 5
Carrier 1	1,000	0,732	0,723	0,198	0,086
Carrier 2	0,732	1,000	0,744	0,274	0,093
Carrier 3	0,723	0,744	1,000	0,335	0,032
Carrier 4	0,198	0,274	0,335	1,000	0,066
Carrier 5	0,086	0,093	0,032	0,066	1,000

Tabelle 5.10: Erprobung – Korrelationskoeffizienten des Messwertes Z zur Position auf dem Werkstückträger

Z	Carrier 1	Carrier 2	Carrier 3	Carrier 4	Carrier 5
Carrier 1	1,000	0,660	0,614	0,674	0,076
Carrier 2	0,660	1,000	0,782	0,713	0,212
Carrier 3	0,614	0,782	1,000	0,707	0,239
Carrier 4	0,674	0,713	0,707	1,000	0,118
Carrier 5	0,076	0,212	0,239	0,118	1,000

Tabelle 5.11: Erprobung – Korrelationskoeffizienten des Messwertes DiffZ zur Position auf dem Werkstückträger

DiffZ	Carrier 1	Carrier 2	Carrier 3	Carrier 4	Carrier 5
Carrier 1	1,000	0,768	0,707	0,484	0,061
Carrier 2	0,768	1,000	0,712	0,471	0,002
Carrier 3	0,707	0,712	1,000	0,390	0,105
Carrier 4	0,484	0,471	0,390	1,000	-0,158
Carrier 5	0,061	0,002	0,105	-0,158	1,000

Interessanterweise zeigen sich nahezu keine Korrelationen bei den Messwerten XTip und XShoulder, allerdings sehr wohl starke Korrelationen in den Messwerten Y, Z und DiffZ insbesondere gegenüber den Carrierpositionen 1, 2 und 3. Bei den Messwerten Z und DiffZ können auch gegenüber Position 4 auf dem Werkstückträger relativ starke Korrelationen festgestellt werden. Für die Ampelprognose werden schließlich die Positionen 1, 2, 3 und 4 in Betracht gezogen.

5.4.4 Korrelation der Messwerte zu den Kavitäten des Spritzgusswerkzeugs des Headers

Die Tabellen 5.12, 5.13, 5.14, 5.15 und 5.16 zeigen die Korrelationskoeffizienten der Messwerte gegenüber den Kavitäten des Spritzgusswerkzeugs des Headers.

Tabelle 5.12: Erprobung – Korrelationskoeffizienten des Messwertes XTip zu den Kavitäten des Spritzgusswerkzeugs des Headers

Xtip	Cavity 1	Cavity 2
Cavity 1	1,000	-0,010
Cavity 2	-0,010	1,000

Tabelle 5.13: Erprobung – Korrelationskoeffizienten des Messwertes XShoulder zu den Kavitäten des Spritzgusswerkzeugs des Headers

Xshoulder	Cavity 1	Cavity 2
Cavity 1	1,000	0,046
Cavity 2	0,046	1,000

Tabelle 5.14: Erprobung – Korrelationskoeffizienten des Messwertes Y zu den Kavitäten des Spritzgusswerkzeugs des Headers

Y	Cavity 1	Cavity 2
Cavity 1	1,000	0,109
Cavity 2	0,109	1,000

Tabelle 5.15: Erprobung – Korrelationskoeffizienten des Messwertes Z zu den Kavitäten des Spritzgusswerkzeugs des Headers

Z	Cavity 1	Cavity 2
Cavity 1	1,000	0,020
Cavity 2	0,020	1,000

Tabelle 5.16: Erprobung – Korrelationskoeffizienten des Messwertes DiffZ zu den Kavitäten des Spritzgusswerkzeugs des Headers

DiffZ	Cavity 1	Cavity 2
Cavity 1	1,000	-0,155
Cavity 2	-0,155	1,000

Es können keine Korrelationen zwischen den Messwerten und den Kavitäten des Spritzgusswerkzeugs bestätigt werden. Da der Einfluss in der Ampelprognose unbekannt ist, werden beide Kavitäten in den weiteren Verlauf der Ampelprognose miteinbezogen.

5.5 Identifizierung potenzieller Schwachstellen mittels der Schwachstellenanalytik (Ampelprognose)

In diesem Kapitel wird die Ampelprognose basierend auf den korrelierenden Messwerten beziehungsweise Einflussgrößen angewendet. Gemäß dem vorigen Kapitel 5.4 sind insbesondere im Fokus:

- alle 5 Messwerte XTip, XShoulder, Y, Z, DiffZ,
- die Carriers 1, 2, 3 und 4,
- die Spritzgusskavitäten 1 und 2 sowie
- alle Kontaktpositionen.

Das Prognoseskript wurde entsprechend angepasst und kann dem Anhang entnommen werden (Octave Skript „Ampel").

Bei der Anwendung des Prognoseskriptes wurde zunächst vollumfänglich mit den Voreinstellungen der Erforschung beziehungsweise Verifizierung der SSA gestartet, d.h. mit Fensterbreite = 15 und gelber beziehungsweise roter Ampel bei 20 beziehungsweise 10 noch zu produzierenden Teilen. Abbildungen 5.10 und 5.11 zeigen zwei exemplarische Ampelprognosen.

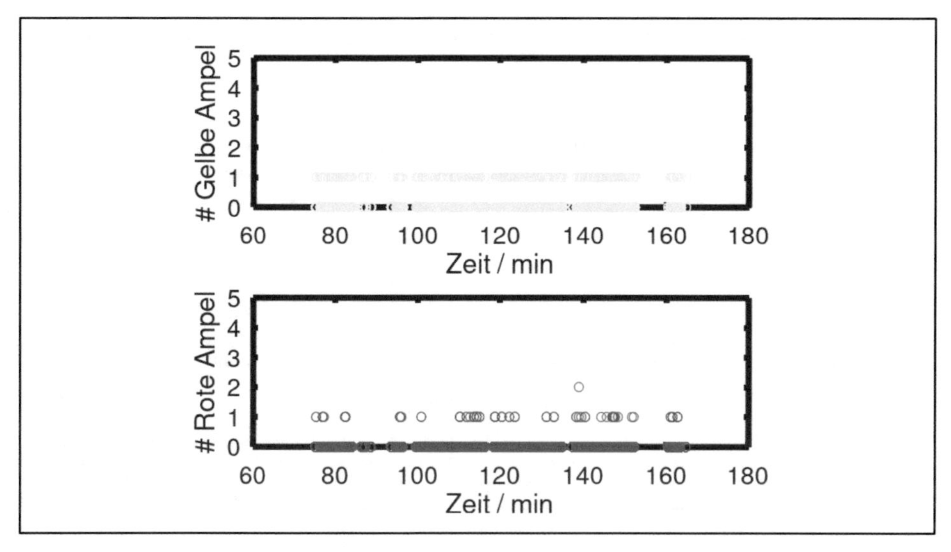

Abb. 5.10: Erprobung – Ampelprognose Rohdatenzeilen 25.000-50.000 mit Fensterbreite = 15 und Ampeldefinition rot/gelb = 10/20

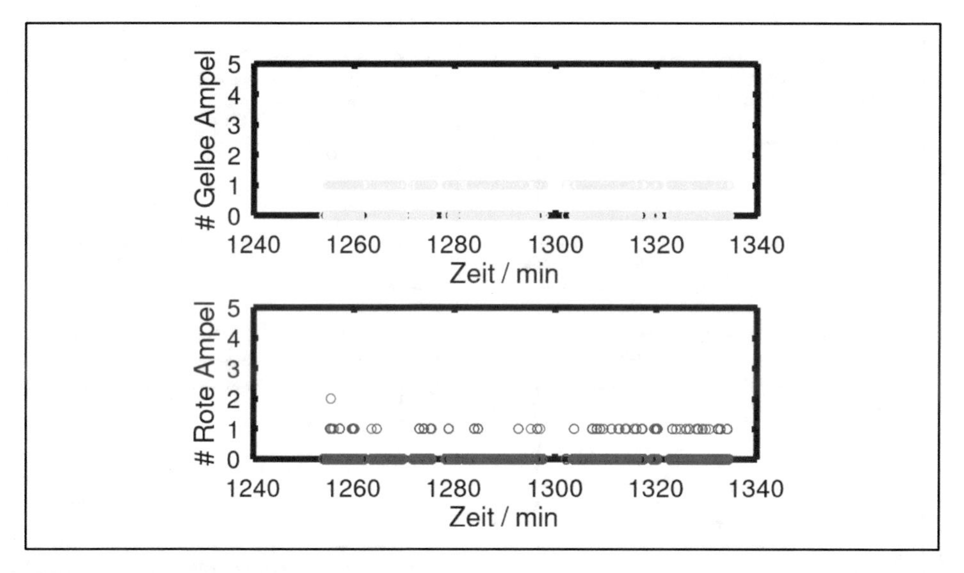

Abb. 5.11: Erprobung – Ampelprognose Rohdatenzeilen 350.000-375.000 mit Fensterbreite = 15 und Ampeldefinition rot/gelb = 10/20

Das Ergebnis der Ampelprognose mit den aktuellen Einstellungen ist nicht aussagekräftig. Daher wurde im weiteren Verlauf eine Variation der Parameter anhand mehrerer exemplarischer Datensätze vorgenommen, um eine sinnvolle Einstellung für das gegebene Montage-Arbeitssystem zu erzielen. Die Abbildung 5.12 zeigt beispielhaft die Variation der Ampeldefinition beziehungsweise Fensterbreite ohne Veränderung der betrachteten Messwerte und Korrelationen. Der exemplarische Datensatz zeigt grundlegende Stabilität. Die Störungen werden nicht eindeutig durch die Ampelprognose angekündigt.

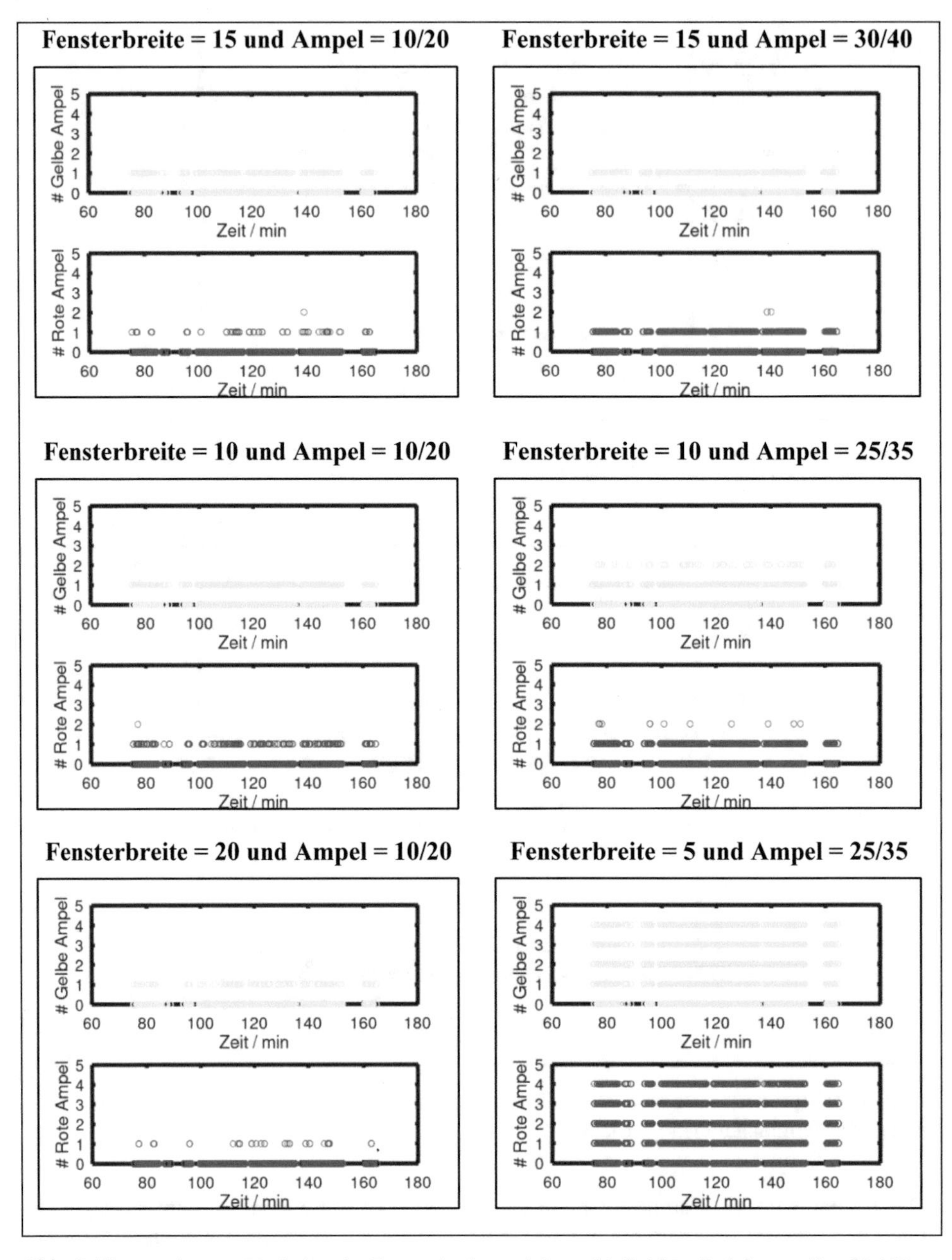

Abb. 5.12: Erprobung – Variation der Fensterbreite und Ampeldefinition, Rohdatenzeilen 25.000-50.000

Die Variation der Einstellungen wurde an vielen weiteren Datensätzen vorgenommen. Ein weiteres exemplarisches Beispiel zeigt die Abbildung 5.13. Grundlegend scheint die Einstellung basierend auf Fensterbreite = 10 und Ampel = 25/35 sinnvoll. Hier lassen sich oftmals kurz vor der Störung Häufungen in zwei Messwerten in der roten Ampel erkennen.

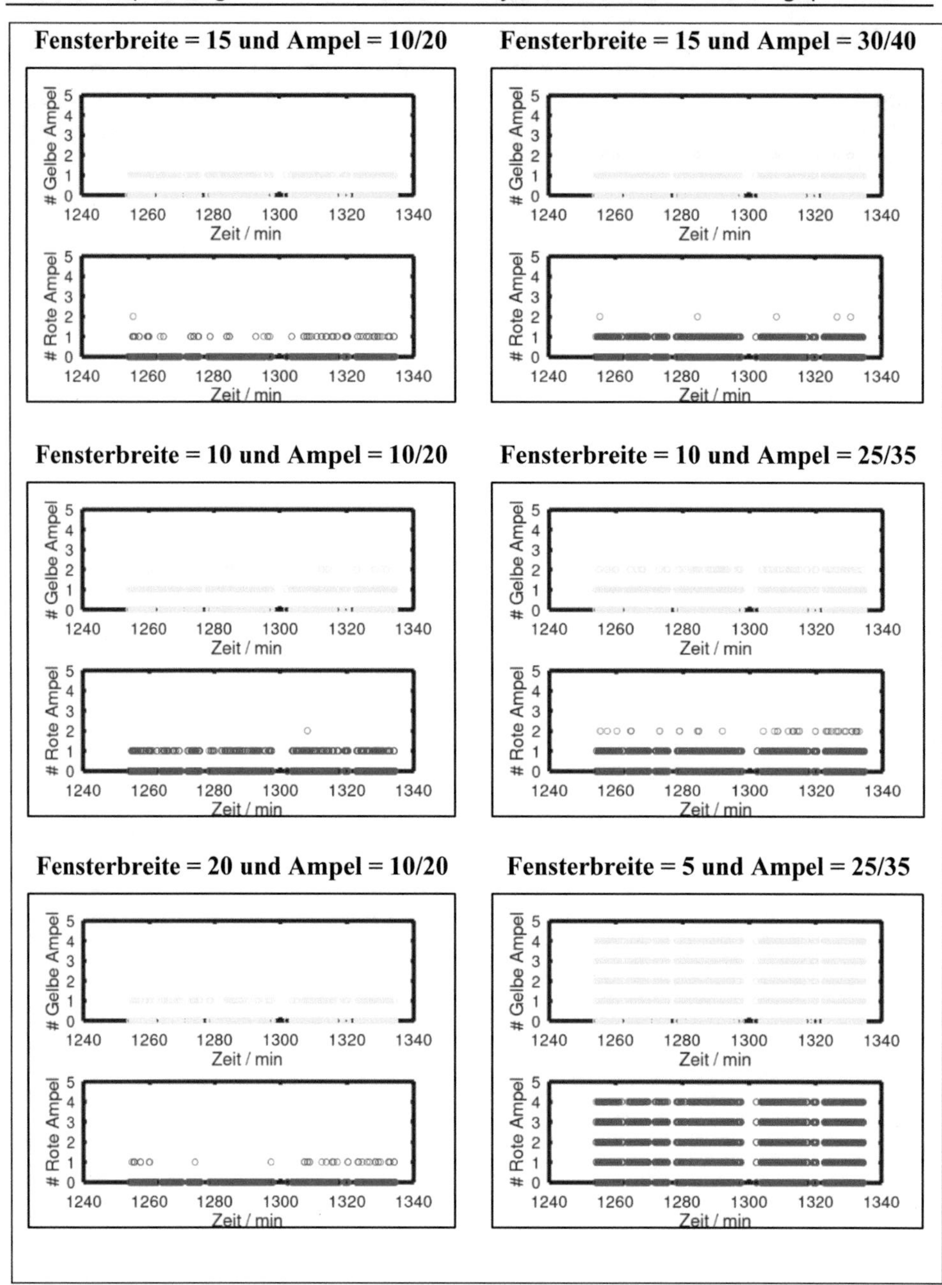

Abb. 5.13: Erprobung – Variation der Fensterbreite und Ampeldefinition, Rohdatenzeilen 350.000-375.000

Zusammenfassend kann festgestellt werden, dass sich durch die Variation von Fensterbreite und Ampeldefinition nur teilweise die Ankündigung von potenziellen Störungen einstellen lässt. In vielen Fällen sind Störungen ersichtlich ohne vorheriges Indiz in den korrelierenden Messgrößen. Ist die Ampelprognose zu sensibel eingestellt, so lassen sich

Sprünge in allen Messwerten feststellen, die wiederum ebenfalls keine Störung frühzeitig ankündigen.

Für den praktischen Betrieb wird letztlich die Einstellung Fensterbreite = 10 mit Ampeldefinition = 25/35 empfohlen.

5.6 Ursachenforschung, Methodenanwendung und Verifizierung des Erfolgs (Produktivitätspotenzial)

Die Ursachenforschung und Methodenweisung können analog zu Kapitel 4 vollzogen werden. Zum Zwecke der Quantifizierung des Erfolgs des Erprobungsbeispiels wurde an dieser Stelle gezielt das Ergebnis aller Ampelprognosen dem Störungsprotokoll gegenübergestellt. Das gesamte Datenset zeigt 284 Störungen. Davon wären 36 durch die SSA identifizierbar gewesen (siehe Tabelle 5.17). Das entspricht 12,7%.

Tabelle 5.17: Erprobung – Übersicht des Produktivitätspotenzials

Anlage / Modul	Art der Störung	Datum / Uhrzeit	Dauer
51-1880738-Mxx	Kurzzeitstörung	11.11.2022 15:53	00:00:38
51-1880738-Mxx	Kurzzeitstörung	11.11.2022 16:19	00:00:35
51-1880738-Mxx	Kurzzeitstörung	11.11.2022 17:28	00:08:37
51-1880738-Mxx	Kurzzeitstörung	11.11.2022 18:19	00:00:39
51-1880738-Mxx	Kurzzeitstörung	11.11.2022 19:41	00:02:46
51-1880738-Mxx	Kurzzeitstörung	12.11.2022 01:33	00:01:56
51-1880738-Mxx	Kurzzeitstörung	12.11.2022 07:15	00:01:13
51-1880738-Mxx	Kurzzeitstörung	12.11.2022 09:47	00:01:26
51-1880738-Mxx	Kurzzeitstörung	12.11.2022 13:31	00:01:34
51-1880738-Mxx	Kurzzeitstörung	12.11.2022 17:47	00:00:58
51-1880738-Mxx	Kurzzeitstörung	12.11.2022 20:56	00:01:39
51-1880738-Mxx	Kurzzeitstörung	12.11.2022 22:19	00:01:48
51-1880738-Mxx	Kurzzeitstörung	13.11.2022 00:37	00:01:55
51-1880738-Mxx	Kurzzeitstörung	13.11.2022 02:29	00:01:14
51-1880738-Mxx	Kurzzeitstörung	13.11.2022 02:52	00:06:55
51-1880738-Mxx	Kurzzeitstörung	13.11.2022 03:55	00:01:15
51-1880738-Mxx	Kurzzeitstörung	13.11.2022 07:33	00:02:53
51-1880738-Mxx	Kurzzeitstörung	13.11.2022 10:52	00:02:17
51-1880738-Mxx	Kurzzeitstörung	13.11.2022 14:05	00:01:22
51-1880738-Mxx	Kurzzeitstörung	13.11.2022 16:10	00:01:44
51-1880738-Mxx	Kurzzeitstörung	13.11.2022 16:11	00:00:33
51-1880738-Mxx	Kurzzeitstörung	13.11.2022 19:50	00:01:14
51-1880738-Mxx	Kurzzeitstörung	13.11.2022 20:36	00:01:56
51-1880738-Mxx	Kurzzeitstörung	13.11.2022 22:24	00:01:12
51-1880738-Mxx	Kurzzeitstörung	14.11.2022 00:42	00:01:16
51-1880738-Mxx	Kurzzeitstörung	14.11.2022 02:37	00:02:58
51-1880738-Mxx	Kurzzeitstörung	14.11.2022 03:29	00:01:42
51-1880738-Mxx	Kurzzeitstörung	14.11.2022 06:45	00:00:52
51-1880738-Mxx	Kurzzeitstörung	14.11.2022 10:48	00:01:48
51-1880738-Mxx	Kurzzeitstörung	14.11.2022 13:36	00:00:54
51-1880738-Mxx	Kurzzeitstörung	14.11.2022 19:22	00:01:43
51-1880738-Mxx	Kurzzeitstörung	14.11.2022 21:07	00:01:16
51-1880738-Mxx	Kurzzeitstörung	14.11.2022 22:43	00:01:24
51-1880738-Mxx	Kurzzeitstörung	15.11.2022 02:41	00:01:05
51-1880738-Mxx	Kurzzeitstörung	15.11.2022 09:18	00:01:17
51-1880738-Mxx	Kurzzeitstörung	15.11.2022 12:53	00:00:40
			01:05:14

Die Rücksprache mit einem Experten ergab, dass die besagte Anlage ebenso kurzzeitig stoppt, sofern vor- beziehungsweise nachgelagerte Prozesse nicht in demselben Takt laufen, beispielsweise durch nicht-zeitgerechte Zufuhr von Kontakten und/oder Spritzgussgehäusen sowie Stau im nachgelagerten Prozess. Dadurch erklärt sich, dass es eben auch viele Störungen gab, die zuvor keinerlei Indiz in den korrelierenden Messwerten zeigten. Die Ursachen können auch hier (noch) nicht konkret ausgewiesen werden, da die künftige Dokumentation der Eingriffe erst noch starten wird.

Ließe man diejenigen Kurzzeitstörungen außer Betracht, die man als Konsequenz von Störungen in den vor- und nachgelagerten Prozessen beziehungsweise zugeführter Komponenten annehmen kann (exemplarisch angenommen alle Kurzzeitstörungen kleiner beziehungsweise gleich 30 Sekunden – in Summe 138 von 284 Störungen), so läge die Wirksamkeitsquote der SSA bei mindestens 25%.

Außerdem muss festgestellt werden, dass am Montage-Arbeitssystem letztlich ‚lediglich' fünf Messwerte konkret aufgezeichnet werden, wovon nur zwei stark miteinander korrelieren (XTip und XShoulder). Die anderen Messgrößen (Y, Z und DiffZ) laufen sehr stabil und zeigen wenig Schwankungen. Umso größer die Vielzahl an Messwerten beziehungsweise Kennzahlen (vorausgesetzt diese zeigen hinreichend genug Schwankungen), desto höher wird der Wert der SSA ausfallen. Mit nur fünf Messwerten liegt die Erfolgsquote dennoch immerhin bei 12,7%. Die Stillstandszeit würde in fünf Tagen um eine gute Stunde reduziert werden. Hochgerechnet auf ein Jahr wären das rund 79 Stunden. Auch an dieser Stelle sei angemerkt, dass bei TE aktuell bereits 21 Montagelinien konnektiert sind und somit das Produktivitätspotenzial mit 1.663 Stunden Stillstandszeit-Reduzierung pro Jahr beachtlich ist.

5.7 Fazit zur Anwendbarkeit der Schwachstellenanalytik

Grundsätzlich konnte mittels der Erprobung belegt werden, dass die an einer Stanzmaschine erforschte SSA für einen Montageprozess anwendbar ist. Somit ist davon auszugehen, dass diese auch auf weitere, in der Automobilzulieferindustrie vergleichbare und gängige Produktionsprozesse adaptierbar ist.

Die SSA ist stets einmalig mit Experten zu konfigurieren bezüglich

- verfügbarer (korrelierender) Messwerte,
- Fensterbreite und
- Ampeldefinition.

Sofern hinreichend genug und korrelierende Kennzahlen gegeben sind, so ist die SSA auf alle sieben Elemente des Arbeitssystems übertragbar und anwendbar. Die SSA stößt dann an ihre Grenzen, wenn Kennzahlen vorliegen, die nicht derartig quantifizierbar sind, wie beispielsweise die Schwachstellen zur ‚unzureichenden ergonomischen Gestaltung'. Ebenso müssen zwingend OTGs und UTGs bekannt sein, damit die SSA entsprechende Ampeln ausweisen kann.

Grundsätzlich ist die SSA auch auf Makroarbeitssysteme anwendbar. Voraussetzung dafür ist, dass durch die Kennzahlen eindeutig auf die exakte Schwachstelle geschlossen werden kann. Somit müssen die Kennzahlen jeweils an allen einzelnen miteinander verbundenen Arbeitssystemen gezielt abgeleitet und mit einer eindeutigen Kennung in der Datenverarbeitung versehen werden, damit eine entsprechende Rückführbarkeit gegeben ist.

6 Zusammenfassung, Grenzen und Ausblick

Im Rahmen dieser Dissertation wurde aufgezeigt, dass mittels Digitalisierung als unterstützende Kraft, sowie einer gezielt eingesetzten Schwachstellenanalytik, gefolgt von Zuweisung anzuwendender Methoden, Potenziale der weiteren Produktivitätssteigerung identifiziert und erreicht werden können. Als Schwachstelle wird eine Diskrepanz zwischen einem Ist- und dem gewünschten Soll-Zustand verstanden, die zu Problemen in der Wertschöpfung und damit zu Produktivitätsminderung führen könnte. Insbesondere vor dem Hintergrund des aktuellen digitalen Fortschritts sind Schwachstellen theoretisch innerbetrieblich erkennbar und methodisch behandelbar. In dieser Dissertation wurde ein systematischer Weg von den Kennzahlen zur Schwachstelle als so genannte Schwachstellenanalytik erarbeitet. Es wurde ein genereller Ablauf erläutert, wie die SSA als Teil von ML-Modellen zur langfristigen Produktivitätsoptimierung durch exakt zugewiesene Methoden beitragen kann. Im Aufbau startete diese Dissertation zunächst mit allgemeinen Begriffsdefinitionen, wie Schwachstelle, Analytik, Methode, Produktivität als auch mit statistischen Grundlagen, wie Korrelationen, Standardabweichung und SPC. Im weiteren Verlauf wurde eine Struktur betrieblicher Schwachstellen erarbeitet, ergänzt durch einen entsprechenden Kennzahlenkatalog sowie Methodenkatalog. Dabei wurde ein erhebliches Mengengerüst erkennbar:

- Die Erarbeitung einer grundlegenden Struktur betrieblicher Schwachstellen zeigt einen Schwachstellenkatalog mit 297 potenziellen Schwachstellen,
- der Kennzahlenkatalog beinhaltet 264 bekannte Kennzahlen und
- der Methodenkatalog enthält 551 verschiedene Methoden und Werkzeuge.

Der Kern der Schwachstellenanalytik besteht im Wesentlichen in der Erkennung bestimmter Muster in einer unbestimmten Anzahl von Kennzahlen. Diese Muster können durch bestimmte Verhaltensweisen der Kennzahlen erfasst werden, beispielsweise Trends in Richtung OTG und/oder UTG, Sprüngen, Stagnation an OTG beziehungsweise UTG oder auch einem Mix aus allem zuvor Genannten. Zur detaillierten Erforschung der zugrundeliegenden Mathematik diente ein Stanzprozess. Zunächst wurde die Prozessfähigkeit bestätigt, da diese als Voraussetzung für die Funktionalität der Schwachstellenanalytik gilt. Anschließend wurden die Messwerte gezielt auf Korrelationen untersucht. Die Mittelwerte der Messwerte (Kennzahlen) wurden über eine bestimmte Fensterbreite zur UTG beziehungsweise OTG extrapoliert, sodass eine Prognose über potenzielle, in Kürze auftretende Prozessstörungen ermittelt werden konnte. Diese Prognose wurde für alle korrelierenden Messwerte aufsummiert und als so genannte Ampel abgebildet. Die Verifizierung der Schwachstellenanalytik erfolgte anhand desselben Stanzprozesses, indem ein weiteres Datenset aus der Produktion angefordert und die Schwachstellenanalytik entsprechend ausgeführt wurde. Die Verifizierung bestätigte eine Funktionalität der Schwachstellenanalytik mit 85%. Die Schwachstellenanalytik wurde anschließend in ihren Grundzügen mathematisch formuliert und ein Rechenbeispiel aufgezeigt. Zur Erprobung diente ein Montage-Prozess. Hierbei wurde die erforschte und verifizierte Schwachstellenanalytik angewendet und deren Einstellungen für die Anwendung im Montageprozess optimiert. Mittels der Erprobung konnten die grundlegende Reproduzierbarkeit und Funktionalität der Schwachstellenanalytik bestätigt

J. Schweiger, *Präventive Schwachstellenanalytik mit Methodenzuweisung zur Produktivitätsoptimierung von Fertigungsbetrieben der Automobilzulieferindustrie*, ifaa-Edition, https://doi.org/10.1007/978-3-662-68769-7_6

werden. Letztlich konnten erhebliche Produktivitätspotenziale belegt und so der Mehrwert durch das Nutzen der Schwachstellenanalytik dargestellt werden.

Gegenwärtig werden im Rahmen der Digitalisierung der Werke bei TE Connectivity bereits Machine Learning Anbindungen umgesetzt. Die Zusammenarbeit mit den Ingenieuren in den Werken zeigte, dass die durch die Schwachstellenanalytik angezeigten Störungen bislang nicht durch die aktuellen Machine Learning Modelle hinreichend identifiziert wurden. Daher wird aktuell bereits daran gearbeitet, die erforschte Schwachstellenanalytik zur Modellverfeinerung des Machine Learnings in den Fertigungsbereichen zu nutzen.

Diese Arbeit erläutert zudem einen grundlegenden Ablauf, wie die identifizierten Schwachstellen methodisch abgehandelt werden können. Da es hier aktuell aber noch nicht hinreichend genug Daten gibt, wird der absolute Mehrwert der Schwachstellenanalytik mit Methodenzuweisung erst schrittweise realisiert. Das Ziel ist es schließlich, aus bestimmten Mustern in den Kennzahlen die Schwachstellen zu identifizieren, aber auch unmittelbar die exakt anzuwendende Methode mit Anwenderunterstützung zuzuweisen.

Die Schwachstellenanalytik muss stets einmalig vor Anwendung in einem bestimmten Produktionsprozess mit Hilfe von Experten in ihren Grundeinstellungen konfiguriert werden, insbesondere bzgl. korrelierender Kennzahlen, Fensterbreite und Ampeldefinition.

Es ist in der Praxis nicht auszuschließen, dass das Konzept der SSA nicht alle Schwachstellen korrekt determiniert. Schließlich ist die Komplexität der Sachverhalte immens hoch aufgrund der Vielzahl an Schwachstellen, Kennzahlen und Methoden. Das Ziel ist es, übergreifend eine höhere Produktivität zu erreichen. Das heißt auch wenn nicht alle Schwachstellen entdeckt und behoben werden, so gewinnt man dennoch an Produktivität. Auch ein ML-System mag nicht komplett fehlerfrei funktionieren. So könnte es sein, dass Schwachstellen fehlinterpretiert werden, d.h. dass die SSA Schwachstellen erkennt, wo eventuell gar keine sind. Zudem herrscht eine ständige Weiterentwicklung der Prozesse und Technologien. Die aktuellen Kataloge (Kennzahlen, Schwachstellen und Methoden) beinhalten lediglich Momentaufnahmen. Es wird eine stetige Erweiterung der Kataloge gemäß technologischem Fortschritt notwendig sein. Dazu müssen die historischen Daten aus der Protokollierung dienen. Es muss betont werden, dass letztlich die Experten in der Produktion nicht ersetzt werden können. Dennoch ist die SSA ein nützliches Werkzeug und wird proaktiv Schwachstellen identifizieren und damit die Produktivität in den Fertigungsbereichen optimieren.

ML ist noch ein sehr neues Gebiet in den meisten Unternehmen. Daher ist auf den notwendigen kulturellen Wandel hinzuweisen. Mitarbeiter werden solche Konzepte nicht von heute auf morgen ohne weiteres akzeptieren und adaptieren. Es wird eine Zeitlang dauern, bis sich das Konzept komplett etabliert durch eine Änderung im Mindset der Mitarbeiter beziehungsweise durch Vertrauen der Mitarbeiter in die SSA. Schließlich soll ML die Mitarbeiter keineswegs ersetzen, sondern dabei unterstützen, die verbliebenen Produktivitätspotenziale auszuschöpfen.

Zuletzt ist noch die Option der Erweiterung der Schwachstellenanalytik um die Phase der Produktentwicklung anzuführen. 80% der finalen Kosten der Produktherstellung werden bereits während der Produktentwicklung festgelegt.[239] Daher wäre es sinnvoll, potenzielle Schwachstellen bereits basierend auf Fehlern in der Produktentwicklungs-

[239] (Weber, 2018)

phase zu beobachten und auszuwerten. Falls dann später gewisse Trends über die Protokollierung der aufgetretenen Schwachstellen auffallen, kann eine langfristige Prozessoptimierung durch Anpassungen in der Entwicklungsphase angestoßen werden. Diese Erweiterungsoption ist der nächste logische Schritt hinsichtlich einer vollumfänglichen Schwachstellenanalytik, die bereits Produktivitätspotenziale während der Produktentwicklung identifizieren könnte.

Literaturverzeichnis

Ackoff, R. (1974). Redesigning the Future, A Systems Approach to Societal Problems, A Wiley-Interscience Publication, John Wiley & Sons, New York, London, Sydney, Toronto

Ackoff, R. (1999). Ackoff's Best, His Classic Writings on Management, John Wiley & Sons Inc., New York, Chichester, Weinheim, Brisbane, Singapore, Toronto

AIAG (2005). Statistical Process Control, SPC, Second Edition, Reference Manual, DaimlerChrysler Corporation, Ford Motor Company, and General Motors Corporation

Alpaydin, E. (2016). Machine Learning, The New AI, Massachusetts Institute of Technology, The MIT Press, Cambridge Massachusetts, London England

Bauer, Hayessen (2009). 100 Produktionskennzahlen, 1. Auflage, cometis publishing GmbH & Co. KG, Wiesbaden

Bay, Chr. (2016). Reifegradmodell, Digitale Transformation und Industrie 4.0, Reihe Realwissenschaften, Akademiker Verlag, Saarbrücken

Becker, T. (2018). Prozesse in Produktion und Supply Chain optimieren, 3. Neu bearbeitete und erweiterte Auflage, Springer-Vieweg Verlag Berlin

Bokranz, Landau (2006). Produktivitätsmanagement von Arbeitssystemen, MTM-Handbuch, Deutsche MTM-Vereinigung e.V., Schäffer-Poeschel Verlag Stuttgart

Bokranz, Landau (2014). Formelsammlung Industrial Engineering, Kennzahlen und Formeln in der praktischen Anwendung, Schäfer Poeschel Verlag Stuttgart

Bosch Rexroth Deutschland (2011). Produktivität systematisch managen, https://web.archive.org/web/20160219225155/https://www.boschrexroth.com/de/de/trends-und-themen/directions/systematically-managing-productivity, Zugriff am 04.07.2023 um 21:36Uhr

Bracht, Geckler, Wenzel (2018). Digitale Fabrik, Methoden und Praxisbeispiele, 2. aktualisierte und erweiterte Auflage, Springer-Vieweg Verlag Berlin

J. Schweiger, *Präventive Schwachstellenanalytik mit Methodenzuweisung zur Produktivitätsoptimierung von Fertigungsbetrieben der Automobilzulieferindustrie*, ifaa-Edition, https://doi.org/10.1007/978-3-662-68769-7

Brandstetter, Dobler, Ittstein (2020). Künstliche Intelligenz, Interdisziplinär, UVK Verlag Tübingen

Brink, Richards, Fetherolf (2017). Real-World Machine Learning, Manning Publications Co. Shelter Island

Brunner, F. (2017). Japanische Erfolgskonzepte, KAIZEN, KVP, Lean Production Management, Total Productive Maintenance Shopfloor Management, Toyota Production System, GD³ - Lean Development, 4. überarbeitete Auflage, Carl Hanser Verlag München

Busam, T. (2020). Kontinuierliche Verbesserung mittels Prescriptive Analytics, Apprimus Verlag, Aachen

Busch, U. (1991). Produktivitätsanalyse, Wege zur Steigerung der Wirtschaftlichkeit – eine Anleitung für Organisation, Controlling und Unternehmensberatung, Erich Schmidt Verlag Berlin

Claus, Herrmann, Manitz (2021). Produktionsplanung und -steuerung, Forschungsansätze, Methoden und Anwendungen, 2. Auflage, Spinger-Gabler Verlag Berlin

Creveling, Slutsky, Antis (2003). Design for Six Sigma in Technology and Product Development, Prentice Hall, Pearson Education, New Jersey

Dellmann, Pedell (1994). Controlling von Produktivität, Wirtschaftlichkeit und Ergebnis, Deutsche Gesellschaft für Betriebswirtschaft e.V., Schäffer-Poeschel Verlag Stuttgart

Dietrich, Conrad (2022). Statistische Verfahren zur Maschinen- und Prozessqualifikation, 8. aktualisierte Auflage, Carl Hanser Verlag München

Dietrich, Schulze (2014). Statistische Verfahren zur Maschinen- und Prozessqualifikation, 7. aktualisierte Auflage, Carl Hanser Verlag München Wien

DIN 8580:2003-09 (2003). Deutsches Institut für Normung e.V., Deutsche Norm, Fertigungsverfahren, Begriffe, Einteilung, Beuth Verlag Berlin

DGQ (1990). Deutsche Gesellschaft für Qualität e.V. (DGQ), SPC 1 – Statistische Prozesslenkung, Ausgearbeitet von Arbeitsgruppe 165 „Maschinen- und Prozessfähigkeit", Beuth Verlag Berlin

Dombrowski, Mielke (2015). Ganzheitliche Produktionssysteme, Aktueller Stand und zukünftige Entwicklungen, VDI-Buch, Springer Vieweg Verlag Berlin Heidelberg

Edler, Soden, Hankammer (2015). Fehlerbaumanalyse in Theorie und Praxis, Grundlagen und Anwendung der Methode, Springer Vieweg Verlag Berlin Heidelberg

Fandel, Francois, Gubitz (1994). PPS-Systeme, Grundlagen, Methoden, Software, Marktanalyse, Springer-Verlag Berlin Heidelberg New York Tokyo

Fischermanns, G. (2008). Praxishandbuch Prozessmanagement, ibo Schriftenreihe, Band 9, 7. überarbeitete Auflage, Verlag Dr. Götz Schmidt Gießen

Fraunhofer (2020). Fraunhofer VISION, Fraunhofer-Allianz Vision, Vision Leitfaden 20, Leitfaden zur industriellen Bildverarbeitung, Lösungen für maschinelles Sehen, Fraunhofer Verlag Stuttgart

Frenz, W. (1963). Beitrag zur Messung der Produktivität und deren Vergleich auf der Grundlage technischer Mengengrößen, Forschungsberichte des Landes Nordrhein-Westfalen, Westdeutscher Verlag – Köln und Opladen

Frey-Luxemburger, M. (2014). Wissensmanagement – Grundlagen und praktische Anwendung, Eine Einführung in das IT-gestützte Management der Ressource Wissen, 2. Auflage, Springer-Vieweg Verlag Wiesbaden

George, Rowlands, Price, Maxey (2016). Das Lean Six Sigma Toolbook, Werkzeuge zur Verbesserung der Prozessgeschwindigkeit und -qualität, Verlag Franz Vahlen München

Gorecki, Pautsch (2016). Lean Management, 4. Auflage, Pocket Power, Hanser Verlag München

Gucanin, A. (2003). Total Quality Management mit dem EFQM-Modell, Verbesserungspotenziale erkennen und für den Unternehmenserfolg nutzen, uni-edition Berlin

Hartung, J. (2009). Statistik, Lehr- und Handbuch der angewandten Statistik, 15. überarbeitete und wesentlich erweiterte Auflage, Oldenbourg Verlag München

Hartung, Elpelt (2007). Multivariate Statistik, Lehr- und Handbuch der angewandten Statistik, 7. unveränderte Auflage, R. Oldenbourg Verlag München Wien

Hildebrand, Gebauer, Hinrichs, Mielke (2011). Daten- und Informationsqualität, Auf dem Weg zur Information Excellence, 2. Auflage, Vieweg+Teubner Verlag, Springer Fachmedien Wiesbaden GmbH

Holler, J. (2022). Microsoft Office 365 für Anfänger 2023, 8 in 1, Der aktuellste All-in-one-Ratgeber, einschließlich Excel, Word, PowerPoint, OneNote, OneDrive, Outlook, Teams und Access, Amazon Distribution GmbH, Leipzig

HYDRA® (2006). HYDRA Dokumentation, Konfigurationen im HYDRA Leitstand, HLS-BK, MPDV Mikrolab GmbH Hamm

ifaa (2008). Institut für angewandte Arbeitswissenschaft, Methodensammlung zur Unternehmensprozessoptimierung, 3. überarbeitete und erweiterte Auflage, Taschenbuchreihe, Wirtschaftsverlag Bachem

ifaa (2017). Institut für angewandte Arbeitswissenschaft, KPB - Kompaktverfahren Psychische Belastung: Werkzeug zur Durchführung der Gefährdungsbeurteilung (ifaa-Edition), Springer Vieweg Verlag Berlin Heidelberg

ifaa (2020) - 1. Institut für angewandte Arbeitswissenschaft, Checkliste zur ergonomischen Bewertung von Tätigkeiten, Arbeitsplätzen, Arbeitsmitteln & Arbeitsumgebung, 3. überarbeitete Fassung 2020, Heider Druck GmbH, Bergisch Gladbach

ifaa (2020) - 2. Institut für angewandte Arbeitswissenschaft, ifaa-Studie: Produktivitätsstrategien im Wandel – Digitalisierung in der deutschen Wirtschaft, Sommer 2019, Heider Druck GmbH, Bergisch Gladbach

ifo (2021). ifo Schnelldienst, ifo Institut, Leibniz-Institut für Wirtschaftsforschung an der Universität München e. V., Zur Diskussion gestellt, Strukturwandel in der Automobilindustrie – wirkt die Pandemie als Beschleuniger?, 74. Jahrgang, 12. Mai 2021, https://www.ifo.de/publikationen/2021/aufsatz-zeitschrift/strukturwandel-der-automobilindustrie-wirkt-die-pandemie-als, Zugriff am 09.07.2023 um 21:16Uhr

Iwaguchi, Sato, Shinoda (1997). Bar Code Scanner and Scanning System for various types of operations, United States Patent, Patent Number 5.629.511

Jankulik, Piff (2009). Praxisbuch Prozessoptimierung, Management- und Kennzahlensysteme als Basis für den Geschäftserfolg, Publicis Publishing Verlag Erlangen

Jochem, Mertins, Knothe (2010). Prozessmanagement, Strategien, Methoden, Umsetzung, Symposium Publishing GmbH Düsseldorf

Jung, B. (2002). Prozessmanagement in der Praxis, Vorgehensweisen, Methoden Erfahrungen, TÜV-Verlag GmbH Köln

Kaufmann, T. (2015). Geschäftsmodelle in Industrie 4.0 und dem Internet der Dinge: Der Weg vom Anspruch in die Wirklichkeit, Springer Vieweg Verlag, Springer Fachmedien Wiesbaden

Kern, Schröder, Weber (1996). Enzyklopädie der Betriebswirtschaftslehre VII, Handwörterbuch der Produktionswirtschaft, 2. Auflage, Schäffer-Poeschel Verlag Stuttgart

Kersting, Lampert, Rothkopf (2019). Wie Maschinen Lernen, Künstliche Intelligenz verständlich erklärt, Springer Fachmedien Wiesbaden GmbH

Kieninger, M. (2017). Digitalisierung der Unternehmenssteuerung, Prozessautomatisierung, Business Analytics, Big Data, SAP S/4HANA, Anwendungsbeispiele, Schäffer-Poeschel Verlag Stuttgart

Klaus, Staberhofer, Rothböck (2007). Steuerung von Supply Chains, Strategien - Methoden - Beispiele, Gabler Verlag Wiesbaden

Klein, B. (2017). Prozessorientierte Statistische Tolerierung im Maschinen- und Fahrzeugbau, Mathematische Grundlagen – Toleranzverknüpfungen – Prozesskontrolle – Maßkettenrechnung – Praktische Anwendungen, 5. aktualisierte und ergänzte Auflage, Haus der Technik, Fachbuch Band 73, Expert Verlag Renningen

Koch, S. (2015). Einführung in das Management von Geschäftsprozessen: Six Sigma, Kaizen und TQM, 2. Auflage, Springer Vieweg Verlag Berlin Heidelberg

Köhler-Schute, C. (2015). Industrie 4.0, Ein praxisorientierter Ansatz, KS-Energy-Verlag Berlin

Krampf, P. (2016). Strategisches Prozessmanagement, Instrumente und Philosophien für mehr Effizienz, Qualität und Kundenzufriedenheit, Verlag Franz Vahlen München

Lehner, F. (2012). Wissensmanagement, Grundlagen, Methoden und technische Unterstützung, 4. Auflage, Carl Hanser Verlag München

Lennings, F. (2008). Institut für angewandte Arbeitswissenschaft, Abläufe verbessern – Betriebserfolg garantieren, Die Taschenbuchreihe, Wirtschaftsverlag Bachem

Leonhart, R. (2017). Lehrbuch Statistik, Einstieg und Vertiefung, 4. überarbeitete und erweiterte Auflage, Verlag Hans Huber, Hogrefe AG, Bern

Marxer, Bach, Keferstein (2021). Fertigungsmesstechnik, Alles zu Messunsicherheit, konventioneller Messtechnik und Multisensorik, 10. Auflage, Springer Fachmedien Wiesbaden GmbH

Mayer, R.E. (1979). Denken und Problemlösen, Eine Einführung in menschliches Denken und Lernen, Heidelberger Taschenbücher, Springer Verlag Berlin

Maynard, H.B. (1956). Handbuch des Industrial Engineering, Gestaltung, Planung und Steuerung industrieller Arbeit, Teil IV, Vorbestimmte Zeiten, McGraw-Hill Book Company Inc., Beuth-Vertrieb GmbH Berlin Köln Frankfurt/M.

Mieke, Nagel (2017). Produktion und Logistik, Die wichtigsten Methoden, 2. Auflage, UVK Verlagsgesellschaft mbH, Konstanz und München

Minitab (2023). Startseite – Produkte, https://www.minitab.com/de-de/products/minitab/?utm_campaign=BFO+-+Germany+-+DE+-+Branded&utm_medium=ppc&utm_term=minitab&utm_source=adwords&hsa_net=adwords&hsa_mt=p&hsa_ver=3&hsa_grp=76967761573&hsa_ad=381051514009&hsa_tgt=kwd-299251229734&hsa_cam=6454779088&hsa_acc=4841564033&hsa_src=g&hsa_kw=minitab&gclid=EAIaIQobChMI8dqj943S_AIV2KfVCh2yPAMJEAAYASAAEgIAm_D_BwE, Zugriff am 30.06.2023 um 22:31Uhr

Nadler, G. (1969). Arbeitsgestaltung - zukunftsbewußt, Entwerfen und Entwickeln von Wirksystemen, Carl Hanser Verlag München

Nagel, K. (1990). Nutzen der Informationsverarbeitung, Methoden zur Bewertung von strategischen Wettbewerbsvorteilen, Produktivitätsverbesserungen und Kosteneinsparungen, 2. überarbeitete und erweiterte Auflage, R. Oldenbourg Verlag München Wien

Nakamura, S. (2016). GNU Octave Primer for Beginners, EZ Guide to the Commands and Graphics, Second Edition, CreateSpace, North Charleston, USA

Nebl, T. (2002). REFA, Produktivitätsmanagement, Theoretische Grundlagen, methodische Instrumentarien, Analyseergebnisse und Praxiserfahrungen zur Produktivitätssteigerung in produzierenden Unternehmen, Carl Hanser Verlag München

Niggemann, Elmers (2022). Künstliche Intelligenz in Produktion und Maschinenbau, Hintergründe, Anwendungsszenarien, Expertentipps, VDE Verlag GmbH, Berlin

Octave (2022). GNU Octave, https://octave.org/, Zugriff am 30.06.2023 um 22:32Uhr

Pfeifer, Schmitt (2010). Fertigungsmesstechnik, 3. überarbeitete und erweiterte Auflage, Oldenbourg Verlag München

Pound, Bell, Spearman (2014). Factory Physics for Managers, How Leaders Improve Performance in a Post-Lean Six Sigma World, McGraw Hill Education Ltd., New York City

Puppe, F. (1987). Diagnostisches Problemlösen mit Expertensystemen, Informatik-Fachberichte, Springer Verlag Berlin

Rauchhaupt, Dr. L. (2018). Jahrestagung 2018 der ZVEI-Fachverbände Electronic Components and Systems und PCB and Electronic Systems, Leipzig, 25./26. September 2018, 5G – Relevanz in Industrieanwendungen, ifak, Universität Magdeburg

REFA (1978). REFA, Methodenlehre des Arbeitsstudiums, Teil 2, Datenermittlung, Carl Hanser Verlag München

REFA (1984). Methodenlehre des Arbeitsstudiums, Teil 1: Grundlagen, Carl Hanser Verlag München

REFA (1985). REFA, Methodenlehre des Arbeitsstudiums, Teil 3, Kostenrechnung, Arbeitsgestaltung, Carl Hanser Verlag München

REFA (2002). Ausgewählte Methoden zur prozessorientierten Arbeitsorganisation, REFA-Modulkonzept für Kooperationen in der Aus- und Weiterbildung, REFA-Sonderdruck Methodenteil, Druckpartner Rübelmann GmbH, Hemsbach

REFA (2015). Industrial Engineering, Standardmethoden zur Produktivitätssteigerung und Prozessoptimierung, 2. Auflage, REFA-Fachbuchreihe Unternehmensentwicklung, REFA Bundesverband e.V. Darmstadt, Hanser Verlag München

REFA (2018). Handbuch der Prozessoptimierung, Die richtigen Werkzeuge auswählen und zielsicher einsetzen, 1. Auflage, Hanser Verlag München

Reuss, G. (1960). Produktivitätsanalyse, Ökonomische Grundlagen und statistische Methodik, Kyklos-Verlag Basel

Rinne, Mittag (1995). Statistische Methoden der Qualitätssicherung, 3. überarbeitete Auflage, Carl Hanser Verlag München Wien

Sachs, L. (2002). Angewandte Statistik, Anwendung statistischer Methoden, 10. überarbeitete und aktualisierte Auflage, Springer-Verlag Berlin Heidelberg

Schaeffer, E. (2017). INDUSTRY X.0, Digitale Chancen in der Industrie nutzen, Redline Verlag, Münchner Verlagsgruppe-GmbH

Schawel, Billing (2009). Top 100 Management Tools, Das wichtigste Buch eines Managers, 2. Auflage, Gabler Verlag Wiesbaden

Schlipf, M. (2009). Statistische Prozessregelung von Fertigungs- und Messprozess zur Erreichung einer variabilitätsarmen Produktion mikromechanischer Bauteile, Shaker Verlag GmbH Aachen

Schmelzer, Sesselmann (2020). Geschäftsprozessmanagement in der Praxis, Kunden zufrieden stellen, Produktivität steigern, Wert erhöhen, 9. vollständig überarbeitete Auflage, Carl Hanser Verlag München

Schmidt, M. (2022). Praxisleitfaden Montageplanung, Grundlagen und Methoden der effizienten Gestaltung von Montagearbeitsplätzen, Carl Hanser Verlag München

Schröter, K. (1989). Fortschrittliche Betriebsführung und Industrial Engineering, Zeitschrift Nr. 38, Organisations-Know-How in Expertensystemen, REFA - Verband für Arbeitsstudien und Betriebsorganisation, Darmstadt

Schröter, Schweiger (2019). Betriebspraxis & Arbeitsforschung, Zeitschrift für angewandte Arbeitswissenschaft, Pro-aktive Schwachstellenerkennung zur Produktivitätsoptimierung nutzen, Ausgabe 235, Februar 2019, ifaa (Institut für angewandte Arbeitswissenschaft), Düsseldorf, https://www.arbeitswissenschaft.net/fileadmin/user_upload/ifaa_B_A_1_19_No_235_web.pdf, Zugriff am 09.07.2023 um 21:46Uhr

Schuh, Zeller, Stich (2022). Digitalisierungs- und Informationsmanagement, Handbuch Produktion und Management 9, Springer Vieweg Verlag Berlin

Schweizer, P. (2008). Systematisch Lösungen finden, Eine Denkschule für Praktiker, vdf Hochschulverlag AG an der ETH Zürich

Silverstein, Samuel, DeCarlo (2012). The Innovator's Toolkit, Second Edition, 50+ Techniques for Predictable and Sustainable Organic Growth, John Wiley & Sons, Inc., New York

Stahel, W. (2008). Statistische Datenanalyse, Eine Einführung für Naturwissenschaftler, 5. überarbeitete Auflage, Friedrich Vieweg & Sohn Verlag, Wiesbaden

Stowasser, S. (2013). Leistung und Lohn, Zeitschrift für Arbeitswissenschaft, Produktivitätsmanagement – Zukunft des Industrial Engineerings in Deutschland, Heider Verlag, Bergisch Gladbach

Stöger, R. (2017). Toolbox Digitalisierung, Vorsprung durch Vernetzung, Schäffer-Poeschel Verlag Stuttgart

Stöger, R. (2019). 14. Spitzengespräch des Bereichs Components, Mobility and Systems, Frankfurt am Main / Oberursel, 21./22. Februar 2019, Fachvortrag: Die Umsetzung der Digitalisierung. Fazit 1.0 in der Neuen Welt

Stutz, M. (2009). Kennzahlen für Unternehmensarchitekturen, Entwicklung einer Methode zum Aufbau eines Kennzahlensystems für die wertorientierte Steuerung der Veränderung von Unternehmensarchitekturen, Verlag Dr. Kovac, Hamburg

TE Connectivity (2016) – 1. SWI_EMEA_PT_EV_QA_034_001, Realization of 53p at Molding, Interne Arbeitsanweisung

TE Connectivity (2016) – 2. Product & Process Release Management System, Training vom 04.10.2016, Interne Präsentation

TE Connectivity (2016) – 3. TE Operating Advantage, Your TEOA Tools and Processes, Business Process Kaizen Facilitator Training Participant Workbook, Juni 2016, Internes Trainingsmaterial

TE Connectivity (2017) – 1. Quality Processes, TE AUT EMEA Overview, August 2017, Interne Präsentation

TE Connectivity (2017) – 2. DF AUT EMEA, September 2017, Interne Präsentation

TE Connectivity (2017) – 3. DF new applications AUT EMEA, Interne Präsentation

TE Connectivity (2017) – 4. TE, Digital Factory, Saving – Process for Roll out Plant's, 06.08.2017, Interne Präsentation

TE Connectivity (2017) – 5. TE, Innovation Index – Was ist das und warum?, 08.03.2017, Interne Präsentation

TE Connectivity (2018) – 1. TE, Digital Factory, Wört / Dinkelsbühl, 06.01.2018, Interne Präsentation

TE Connectivity (2018) – 2. TE, Brainstorming Skills and Competencies 2.0 TEOA Team Rev. 5, DF - Environmental Scan, 23.08.2018, Interne Präsentation

TE Connectivity (2018) – 3. TE, Technical Product Documentation, Model Based Definition, Rev.: 3, November 2018, Internes Dokument

TE Connectivity (2018) – 4. VelociTE, Automotive Americas, 16.01.2018, Interne Präsentation

TE Connectivity (2018) – 5. TEOA Tool, Internes Bewertungssystem, Zugriff am 14.08.2018

TE Connectivity (2018) – 6. TE AUT EMEA, Finance for Non-Finance, 15.05.2018, Internes Trainingsmaterial

TE Connectivity (2019). QMP_EMEA_050 - Capability Study for Processes and Machines, Revision 6 vom 26.06.2019, Internes Qualitätsmanagement-Dokument

TE Connectivity (2022) – 1. Digital Manufacturing / Quality Bi-weekly Call 22CW33, Digital Manufacturing / Quality Automotive EMEA, 18.08.2022, Interne Präsentation

TE Connectivity (2022) – 2. Digital Control Chart Stamping Use Cases, 08.09.2022, Interne Präsentation

TE Connectivity (2023). Flag Workshop, Project Management Process Transformation, 13.07.2023, Interne Präsentation.

Tegel, A. (2012). Analyse und Optimierung der Produktionsglättung für Mehrprodukt-Fließlinien, Springer Gabler Verlag Wiesbaden

Theden, Colsman (2013). Qualitätstechniken, 5. Auflage, Pocket Power 002, Hanser Verlag München

Thonemann, U. (2015). Operations Management, Konzepte, Methoden und Anwendungen, 3. aktualisierte Auflage, Pearson Deutschland, Hallbergmoos

Vollmuth, H. J. (1997). Führungsinstrument Controlling, Planung, Kontrolle und Steuerung, 4. Auflage, WRS Verlag Wirtschaft, Recht und Steuern, J. P. Himmer GmbH, Augsburg

Vollmuth, Zwettler (2016). Kennzahlen, Taschenguide, 3. Auflage, Haufe-Lexware GmbH & Co. KG, Freiburg

Weber, J. (2018). Jahrestagung 2018 der ZVEI-Fachverbände Electronic Components and Systems und PCB and Electronic Systems, Leipzig, 25./26. September 2018, Aktivitäten im Fachverband PCB-ES

Weber, J. (2019). 14. ZVEI Spitzengespräch des Bereichs Components, Mobility and Systems, Frankfurt am Main / Oberursel, 21./22. Februar 2019, Eröffnungsrede

Weber, M. (2011). Kennzahlen zur Produktionssteuerung, Gestaltungsansätze für den Aufbau eines zentralen Kennzahlensystems zur Erfolgsmessung von Produktionsstätten, VDM Verlag Dr. Müller, Saarbrücken

Wildemann, H. (1996). Produktivitätsmanagement, Handbuch zur Einführung eines Produktivitätssteigerungsprogramms mit GENESIS, Methoden und Fallbeispiele, TCW Transfer-Centrum GmbH München

Winkelhake, U. (2021). Die digitale Transformation der Automobilindustrie, Treiber – Roadmap – Praxis, 2. Auflage, Springer-Vieweg Verlag Berlin

Ziesemer, M. (2018). Jahrestagung 2018 der ZVEI-Fachverbände Electronic Components and Systems und PCB and Electronic Systems, Leipzig, 25./26. September 2018, Grußwort des Präsidenten des ZVEI

Zink, K. J. (2004). TQM als integratives Managementkonzept, Das EFQM Excellence Modell und seine Umsetzung, 2. vollständig überarbeitete und erweiterte Auflage, Hanser Verlag München

Anhangsverzeichnis

J. Schweiger, *Präventive Schwachstellenanalytik mit Methodenzuweisung zur Produktivitätsoptimierung von Fertigungsbetrieben der Automobilzulieferindustrie*,
ifaa-Edition, https://doi.org/10.1007/978-3-662-68769-7

Anhang

A - Vollständiger Schwachstellenkatalog

Kennung / ID	Prüfbereich	Systemelement	Subelement	Schwachstelle	Primärer Funktionsbereich
S1	Einzel-Arbeitssystem	Arbeitsaufgabe	Fertigungsart	Teilefertigung mangelhaft	OPS
S2	Einzel-Arbeitssystem	Arbeitsaufgabe	Fertigungsart	Montagearbeiten mangelhaft	OPS
S3	Einzel-Arbeitssystem	Arbeitsaufgabe	Dokumentationsexistenz	Dokumentierte Arbeitspläne unzureichend	OPS
S4	Einzel-Arbeitssystem	Arbeitsaufgabe	Dokumentationsexistenz	Dokumentierte Fertigungsvorschriften unzureichend	OPS
S5	Einzel-Arbeitssystem	Arbeitsaufgabe	Fertigungsstücklisten	Einsatz von Fertigungs-Stücklisten unzureichend	OPS
S6	Einzel-Arbeitssystem	Arbeitsaufgabe	Fertigungsbezogene Einzelanordnungen	in mündlicher Form unzureichend	OPS
S7	Einzel-Arbeitssystem	Arbeitsaufgabe	Fertigungsbezogene Einzelanordnungen	in schriftlicher Form unzureichend	OPS
S8	Einzel-Arbeitssystem	Arbeitsaufgabe	Fertigungsbezogene Einzelanordnungen	uneindeutig	OPS
S9	Einzel-Arbeitssystem	Arbeitsaufgabe	Fertigungsbezogene Einzelanordnungen	mehrdeutig	OPS
S10	Einzel-Arbeitssystem	Arbeitsaufgabe	Mengen- / Art-Teilung	Mengen-teilige Fertigung nicht zweckdienlich	OPS
S11	Einzel-Arbeitssystem	Arbeitsaufgabe	Mengen- / Art-Teilung	Art-teilige Fertigung nicht zweckdienlich	OPS
S12	Einzel-Arbeitssystem	Arbeitsaufgabe	Fertigungsmengen	Einzel-Fertigung nicht zweckdienlich	OPS
S13	Einzel-Arbeitssystem	Arbeitsaufgabe	Fertigungsmengen	Serien-Fertigung nicht zweckdienlich	OPS
S14	Einzel-Arbeitssystem	Arbeitsaufgabe	Fertigungsmengen	Sorten-Fertigung nicht zweckdienlich	OPS
S15	Einzel-Arbeitssystem	Arbeitsaufgabe	Fertigungsmengen	Massenfertigung nicht zweckdienlich	OPS
S16	Einzel-Arbeitssystem	Arbeitsaufgabe	Kunden-/ Lieferantenprinzip	Kunden-/ Lieferantenprinzip mangelhaft	E/SC
S17	Einzel-Arbeitssystem	Arbeitsablauf	Einstellenarbeit	Ablaufplanung mangelhaft	OPS
S18	Einzel-Arbeitssystem	Arbeitsablauf	Ergonomische Gestaltung	sicherheitstechnisch unzureichend	OPS
S19	Einzel-Arbeitssystem	Arbeitsablauf	Ergonomische Gestaltung	anthropometrisch unzureichend	OPS
S20	Einzel-Arbeitssystem	Arbeitsablauf	Ergonomische Gestaltung	physiologisch unzureichend	OPS

J. Schweiger, *Präventive Schwachstellenanalytik mit Methodenzuweisung zur Produktivitätsoptimierung von Fertigungsbetrieben der Automobilzulieferindustrie*, ifaa-Edition, https://doi.org/10.1007/978-3-662-68769-7

Kennung / ID	Prüfbereich	Systemelement	Subelement	Schwachstelle	Primärer Funktionsbereich
S21	Einzel-Arbeitssystem	Arbeitsablauf	Ergonomische Gestaltung	psychologisch unzureichend	OPS
S22	Einzel-Arbeitssystem	Arbeitsablauf	Ergonomische Gestaltung	informationstechnisch unzureichend	OPS
S23	Einzel-Arbeitssystem	Arbeitsablauf	Ergonomische Gestaltung	organisatorisch unzureichend	OPS
S24	Einzel-Arbeitssystem	Arbeitsablauf	Bewegungsstudium	Bewegungsvereinfachung ungenügend	OPS
S25	Einzel-Arbeitssystem	Arbeitsablauf	Bewegungsstudium	Bewegungsverdichtung ungenügend	OPS
S26	Einzel-Arbeitssystem	Arbeitsablauf	Bewegungsstudium	Teilmechanisierung ungenügend	OPS
S27	Einzel-Arbeitssystem	Arbeitsablauf	Bewegungsstudium	Aufgabenerweiterung ungenügend	OPS
S28	Einzel-Arbeitssystem	Arbeitsablauf	Betriebsmittelnutzung	zeitliche Nutzung ungenügend	OPS
S29	Einzel-Arbeitssystem	Arbeitsablauf	Betriebsmittelnutzung	technische Nutzung ungenügend	OPS
S30	Einzel-Arbeitssystem	Arbeitsablauf	Rechtsgrundlagen	Gesetze nicht eingehalten	R
S31	Einzel-Arbeitssystem	Arbeitsablauf	Rechtsgrundlagen	Verordnungen nicht eingehalten	R
S32	Einzel-Arbeitssystem	Arbeitsablauf	Rechtsgrundlagen	Tarifvertrag nicht eingehalten	R
S33	Einzel-Arbeitssystem	Arbeitsablauf	Rechtsgrundlagen	Betriebsvereinbarung nicht eingehalten	R
S34	Einzel-Arbeitssystem	Arbeitsablauf	Rechtsgrundlagen	(Einzel-)Arbeitsvertrag ungültig	R
S35	Einzel-Arbeitssystem	Arbeitsablauf	Fließende Fertigung	Fließende Fertigung - Ablaufplanung (Optimale Leistungsabstimmung (Taktung)) mangelhaft	OPS
S36	Einzel-Arbeitssystem	Arbeitsablauf	Deterministische Mehrstellenarbeit	Deterministische Mehrstellenarbeit - Ablaufplanung mangelhaft	OPS
S37	Einzel-Arbeitssystem	Arbeitsablauf	Stochastische Mehrstellenarbeit	Stochastische Mehrstellenarbeit - Ablaufplanung mangelhaft	OPS
S38	Einzel-Arbeitssystem	Arbeitsablauf	Einstellige Gruppenarbeit	Einstellige Gruppenarbeit - Ablaufplanung mangelhaft	OPS
S39	Einzel-Arbeitssystem	Arbeitsablauf	Mehrstellige Gruppenarbeit	Mehrstellige Gruppenarbeit - Ablaufplanung mangelhaft	OPS
S40	Einzel-Arbeitssystem	Arbeitsablauf	Teil-autonome Gruppenarbeit	Teil-autonome Gruppenarbeit - Ablaufplanung mangelhaft	OPS
S41	Einzel-Arbeitssystem	Eingabe	Eindeutige Einsatzdefinition der Mengen	Eindeutige Einsatzdefinition der Mengen nicht gegeben	OPS
S42	Einzel-Arbeitssystem	Eingabe	Qualitätssicherung des Einsatzes	Qualitätssicherung des Einsatzes nicht gegeben	Q

Kennung / ID	Prüfbereich	Systemelement	Subelement	Schwachstelle	Primärer Funktionsbereich
S43	Einzel-Arbeitssystem	Eingabe	Pünktliche Materialbereitstellung	Pünktliche Materialbereitstellung nicht gegeben	E/SC
S44	Einzel-Arbeitssystem	Ausgabe	Menge	Menge nicht realisierbar oder unbekannt	S&OP
S45	Einzel-Arbeitssystem	Ausgabe	Produktdaten	Konstruktion des Produktes nicht optimal	PE
S46	Einzel-Arbeitssystem	Ausgabe	Produktdaten	Reifegrad des Produktes nicht optimal	PE
S47	Einzel-Arbeitssystem	Ausgabe	Produktdaten	Typenvielfalt des Produktes nicht geeignet	PE
S48	Einzel-Arbeitssystem	Ausgabe	Maßhaltigkeit	Maßhaltigkeit nicht gegeben	OPS
S49	Einzel-Arbeitssystem	Ausgabe	Qualität	Qualität nicht erreicht	Q
S50	Einzel-Arbeitssystem	Ausgabe	Bearbeitungsverluste	Ausschuss zu hoch	OPS
S51	Einzel-Arbeitssystem	Ausgabe	Bearbeitungsverluste	Option Nacharbeit nicht gegeben	OPS
S52	Einzel-Arbeitssystem	Ausgabe	Bearbeitungsverluste	Reale Nacharbeit unzureichend	OPS
S53	Einzel-Arbeitssystem	Mensch	Arbeitsqualifikation	Grundqualifikation: ungelernt - nicht ausreichend	HR
S54	Einzel-Arbeitssystem	Mensch	Arbeitsqualifikation	Grundqualifikation: angelernt - nicht ausreichend	HR
S55	Einzel-Arbeitssystem	Mensch	Arbeitsqualifikation	Grundqualifikation: gelernt (Facharbeiter/in) - nicht ausreichend	HR
S56	Einzel-Arbeitssystem	Mensch	Arbeitsqualifikation	Reale Qualifikation unzureichend	HR
S57	Einzel-Arbeitssystem	Mensch	Arbeitsqualifikation	Aus- und Weiterbildung unzureichend	HR
S58	Einzel-Arbeitssystem	Mensch	Arbeitsqualifikation	Anlern- und Umlernverlauf unzureichend	HR
S59	Einzel-Arbeitssystem	Mensch	Arbeitsqualifikation	Unterweisung am Arbeitsplatz mangelhaft	HR
S60	Einzel-Arbeitssystem	Mensch	Arbeitsqualifikation	Qualifikation der betrieblichen Vorgesetzten unzureichend	HR
S61	Einzel-Arbeitssystem	Mensch	Motivationssystem	monetär unzulänglich	HR
S62	Einzel-Arbeitssystem	Mensch	Motivationssystem	führungstechnisch unzulänglich	HR
S63	Einzel-Arbeitssystem	Mensch	Leistungsanreiz-System (Leistungsentgelt)	Soll-Zeiten nicht vorhanden	HR
S64	Einzel-Arbeitssystem	Mensch	Leistungsanreiz-System (Leistungsentgelt)	darin sachliche Verteilzeiten unzureichend	HR
S65	Einzel-Arbeitssystem	Mensch	Leistungsanreiz-System (Leistungsentgelt)	darin persönliche Verteilzeiten unzureichend	HR

Kennung / ID	Prüfbereich	Systemelement	Subelement	Schwachstelle	Primärer Funktionsbereich
S66	Einzel-Arbeitssystem	Mensch	Leistungsanreiz-System (Leistungsentgelt)	darin Erholungszeiten unzureichend	HR
S67	Einzel-Arbeitssystem	Mensch	Leistungsanreiz-System (Leistungsentgelt)	Mathematisch-statistischer Vertrauensbereich Epsilon unzureichend	HR
S68	Einzel-Arbeitssystem	Mensch	Methoden der Datenermittlung	Zeitaufnahme nach REFA fehlt	OPS
S69	Einzel-Arbeitssystem	Mensch	Methoden der Datenermittlung	Verteilzeitaufnahme nach REFA fehlt	OPS
S70	Einzel-Arbeitssystem	Mensch	Methoden der Datenermittlung	Ermittlung von Prozesszeiten fehlt	OPS
S71	Einzel-Arbeitssystem	Mensch	Methoden der Datenermittlung	Grafische Zeitaufnahme fehlt	OPS
S72	Einzel-Arbeitssystem	Mensch	Methoden der Datenermittlung	Vergleichen und Schätzen nach REFA fehlt	OPS
S73	Einzel-Arbeitssystem	Mensch	Methoden der Datenermittlung	Zeitklassenverfahren fehlt	OPS
S74	Einzel-Arbeitssystem	Mensch	Methoden der Datenermittlung	Kleinzeitverfahren (MTM u.a.) fehlt	OPS
S75	Einzel-Arbeitssystem	Mensch	Methoden der Datenermittlung	Planzeitenermittlung fehlt	OPS
S76	Einzel-Arbeitssystem	Mensch	Methoden der Datenermittlung	Nutzungsgrad von Betriebsmitteln nicht ermittelt	OPS
S77	Einzel-Arbeitssystem	Mensch	Methoden der Datenermittlung	Multimomentverfahren fehlt	OPS
S78	Einzel-Arbeitssystem	Mensch	Methoden der Datenermittlung	Selbstaufschreibungen fehlen	OPS
S79	Einzel-Arbeitssystem	Mensch	Methoden der Datenermittlung	Tätigkeitsstruktur nicht geplant	OPS
S80	Einzel-Arbeitssystem	Mensch	Methoden der Datenermittlung	Zielvereinbarungen nicht getroffen	OPS
S81	Einzel-Arbeitssystem	Mensch	Methoden der Datenermittlung	Ermittlung der Produktivität fehlt	OPS
S82	Einzel-Arbeitssystem	Mensch	Methoden der Datenermittlung	Interviewtechnik nicht durchgeführt	OPS
S83	Einzel-Arbeitssystem	Mensch	Methoden der Datenermittlung	Betriebsdatenerfassung unzureichend	OPS
S84	Einzel-Arbeitssystem	Mensch	Methoden der Datenermittlung	Datensimulation nicht durchgeführt	OPS
S85	Einzel-Arbeitssystem	Mensch	Formen des Leistungsentgelts	Akkordlohn nicht anwendbar	HR
S86	Einzel-Arbeitssystem	Mensch	Formen des Leistungsentgelts	Mengenprämie nicht anwendbar	HR
S87	Einzel-Arbeitssystem	Mensch	Formen des Leistungsentgelts	Zeitersparnisprämie nicht anwendbar	HR
S88	Einzel-Arbeitssystem	Mensch	Formen des Leistungsentgelts	Nutzungsprämie nicht anwendbar	HR
S89	Einzel-Arbeitssystem	Mensch	Formen des Leistungsentgelts	Güteprämie nicht anwendbar	HR

Kennung / ID	Prüfbereich	Systemelement	Subelement	Schwachstelle	Primärer Funktionsbereich
S90	Einzel-Arbeitssystem	Mensch	Formen des Leistungsentgelts	Zeitersparnisprämie nicht anwendbar	HR
S91	Einzel-Arbeitssystem	Mensch	Formen des Leistungsentgelts	Kombinierte Prämie nicht anwendbar	HR
S92	Einzel-Arbeitssystem	Mensch	Formen des Leistungsentgelts	Vertragslohn (Kontraktlohn) unzulänglich	HR
S93	Einzel-Arbeitssystem	Mensch	Formen des Leistungsentgelts	Pensumlohn unzulänglich / nicht anwendbar	HR
S94	Einzel-Arbeitssystem	Mensch	Formen des Leistungsentgelts	Programmlohn unzulänglich / nicht anwendbar	HR
S95	Einzel-Arbeitssystem	Mensch	Formen des Leistungsentgelts	Zeitlohn mit Leistungsentgelt unzulänglich / nicht anwendbar	HR
S96	Einzel-Arbeitssystem	Mensch	Formen des Leistungsentgelts	Produktivitäts-Entgelt unzulänglich / nicht anwendbar	HR
S97	Einzel-Arbeitssystem	Mensch	Formen des Leistungsentgelts	Arbeitsbewertung tariflich / summarisch nicht korrekt	HR
S98	Einzel-Arbeitssystem	Mensch	Formen des Leistungsentgelts	Arbeitsbewertung tariflich / analytisch nicht korrekt	HR
S99	Einzel-Arbeitssystem	Mensch	Formen des Leistungsentgelts	Arbeitsbewertung haustariflich frei gestaltet - nicht anwendbar	HR
S100	Einzel-Arbeitssystem	Mensch	Formen des Leistungsentgelts	Einheitlicher Rahmentarif für Arbeiter und Angestellte (ERA) nicht/falsch angewendet	HR
S101	Einzel-Arbeitssystem	Mensch	Arbeitsstrukturierung	Arbeitserweiterung (Job Enlargement) nicht möglich	OPS
S102	Einzel-Arbeitssystem	Mensch	Arbeitsstrukturierung	Arbeitsbereicherung (Job Enrichment) nicht möglich	OPS
S103	Einzel-Arbeitssystem	Mensch	Arbeitsstrukturierung	Arbeitswechsel (Job Rotation) nicht möglich	OPS
S104	Einzel-Arbeitssystem	Mensch	Arbeitsstrukturierung	Teil-Autonome Gruppenarbeit nicht anwendbar	OPS
S105	Einzel-Arbeitssystem	Mensch	Arbeitsstrukturierung	Andere Arbeitsformen nicht anwendbar	OPS
S106	Einzel-Arbeitssystem	Mensch	Beanspruchungen	Physische Beanspruchung der Mitarbeiter/innen zu hoch	OPS
S107	Einzel-Arbeitssystem	Mensch	Beanspruchungen	Psychische Beanspruchung der Mitarbeiter/innen zu hoch	OPS
S108	Einzel-Arbeitssystem	Mensch	Betriebliche Kennzahlen	Krankenstand zu hoch	HR
S109	Einzel-Arbeitssystem	Mensch	Betriebliche Kennzahlen	Fluktuation zu hoch	HR
S110	Einzel-Arbeitssystem	Mensch	Betriebliche Kennzahlen	Unfallhäufigkeit zu hoch	HR
S111	Einzel-Arbeitssystem	Mensch	Betriebliche Kennzahlen	Altersstruktur unüblich	HR
S112	Einzel-Arbeitssystem	Mensch	Beurteilung aus Mitarbeitersicht	Beziehung zu Vorgesetzten mangelhaft	HR
S113	Einzel-Arbeitssystem	Mensch	Beurteilung aus Mitarbeitersicht	Faire Gleichbehandlung nicht gegeben	HR

Kennung / ID	Prüfbereich	Systemelement	Subelement	Schwachstelle	Primärer Funktionsbereich
S114	Einzel-Arbeitssystem	Mensch	Beurteilung aus Mitarbeitersicht	Beziehungen unter Kollegen mangelhaft	HR
S115	Einzel-Arbeitssystem	Mensch	Beurteilung aus Mitarbeitersicht	Verantwortung zu gering/ zu hoch	HR
S116	Einzel-Arbeitssystem	Mensch	Beurteilung aus Mitarbeitersicht	Möglichkeiten der Höherqualifizierung ungenutzt	HR
S117	Einzel-Arbeitssystem	Mensch	Beurteilung aus Mitarbeitersicht	Zugriffsart zu Fertigungsunterlagen unzureichend	OPS
S118	Einzel-Arbeitssystem	Mensch	Beurteilung aus Mitarbeitersicht	Mitarbeitergerechte Schichtorganisation nicht gegeben	OPS
S119	Einzel-Arbeitssystem	Mensch	Beurteilung aus Mitarbeitersicht	Durchschaubarkeit der Entgeltgestaltung nicht gegeben	HR
S120	Einzel-Arbeitssystem	Mensch	Beurteilung aus Mitarbeitersicht	Gerechtigkeit der Entgeltgestaltung nicht gegeben	HR
S121	Einzel-Arbeitssystem	Mensch	Beurteilung aus Mitarbeitersicht	Gestaltung der Arbeitsumgebung mangelhaft	OPS
S122	Einzel-Arbeitssystem	Mensch	Beurteilung aus Mitarbeitersicht	Gestaltung der sanitären Anlagen und Pausenflächen mangelhaft	OPS
S123	Einzel-Arbeitssystem	Mensch	Beurteilung aus Mitarbeitersicht	Entfernung der sanitären Anlagen und Pausenflächen vom Arbeitsplatz mangelhaft	OPS
S124	Einzel-Arbeitssystem	Mensch	Beurteilung aus Mitarbeitersicht	Produkt-Informationen für Mitarbeiter/innen unzureichend	OPS
S125	Einzel-Arbeitssystem	Mensch	Beurteilung aus Mitarbeitersicht	Maßnahmen zur Unfallverhütung unzureichend	HR
S126	Einzel-Arbeitssystem	Betriebs-/Arbeitsmittel	Betriebsmitteldaten	Bezeichnung / Art nicht bekannt	OPS
S127	Einzel-Arbeitssystem	Betriebs-/Arbeitsmittel	Betriebsmitteldaten	Hersteller nicht bekannt	OPS
S128	Einzel-Arbeitssystem	Betriebs-/Arbeitsmittel	Betriebsmitteldaten	Baujahr nicht bekannt	OPS
S129	Einzel-Arbeitssystem	Betriebs-/Arbeitsmittel	Betriebsmitteldaten	Technische Eignung (Qualität) nicht gegeben	OPS
S130	Einzel-Arbeitssystem	Betriebs-/Arbeitsmittel	Betriebsmitteldaten	Technische Verfügbarkeit (Technische Ausfallzeiten) unzureichend	OPS
S131	Einzel-Arbeitssystem	Betriebs-/Arbeitsmittel	Betriebsmitteldaten	Instandhaltungsberichte bezüglich Stand der Technik nicht ausgewertet	OPS
S132	Einzel-Arbeitssystem	Betriebs-/Arbeitsmittel	Betriebsmittel-Zeiten	Betriebsmittel-Hauptzeiten unzureichend	OPS
S133	Einzel-Arbeitssystem	Betriebs-/Arbeitsmittel	Betriebsmittel-Zeiten	Zyklische Nebenzeiten / Globalanteil mangelhaft	OPS
S134	Einzel-Arbeitssystem	Betriebs-/Arbeitsmittel	Betriebsmittel-Zeiten	Zeit, um Teile / Stoffe in Betriebsmittel einzugeben, zu lang/kurz	OPS
S135	Einzel-Arbeitssystem	Betriebs-/Arbeitsmittel	Betriebsmittel-Zeiten	Zeit, um Teile / Stoffe während der Fertigung zu prüfen, zu lang/kurz	OPS

Kennung / ID	Prüfbereich	Systemelement	Subelement	Schwachstelle	Primärer Funktionsbereich
S136	Einzel-Arbeitssystem	Betriebs-/Arbeitsmittel	Betriebsmittel-Zeiten	Zeit, um Teile aus Betriebsmittel zu entnehmen und abzulegen, zu lang/kurz	OPS
S137	Einzel-Arbeitssystem	Betriebs-/Arbeitsmittel	Organisationsbedingte Ausfallzeiten	Material / Teile nicht verfügbar	OPS
S138	Einzel-Arbeitssystem	Betriebs-/Arbeitsmittel	Organisationsbedingte Ausfallzeiten	Transportmittel (z.B. Gabelstapler) nicht verfügbar	OPS
S139	Einzel-Arbeitssystem	Betriebs-/Arbeitsmittel	Organisationsbedingte Ausfallzeiten	Stelleneigene Aufgaben der Materialbereitstellung mangelhaft	OPS
S140	Einzel-Arbeitssystem	Betriebs-/Arbeitsmittel	Weitere PPS-Anforderungen	Fertigungssicherheit nicht gegeben	OPS
S141	Einzel-Arbeitssystem	Betriebs-/Arbeitsmittel	Weitere PPS-Anforderungen	Kapazitätsbestand (Angebot) unzureichend	OPS
S142	Einzel-Arbeitssystem	Betriebs-/Arbeitsmittel	Weitere PPS-Anforderungen	Fertigungstechnologie unzureichend beherrscht	OPS
S143	Einzel-Arbeitssystem	Betriebs-/Arbeitsmittel	Weitere PPS-Anforderungen	Arbeitsplatz unzureichend ausgerüstet	OPS
S144	Einzel-Arbeitssystem	Betriebs-/Arbeitsmittel	Betriebsmittel-Bereitschaft	Verwaltung des Anlagevermögens mangelhaft	OPS
S145	Einzel-Arbeitssystem	Betriebs-/Arbeitsmittel	Betriebsmittel-Bereitschaft	Verwaltung Instandhaltungsdatei mangelhaft	OPS
S146	Einzel-Arbeitssystem	Betriebs-/Arbeitsmittel	Betriebsmittel-Bereitschaft	Instandhaltungsbedarf nicht dokumentiert	OPS
S147	Einzel-Arbeitssystem	Betriebs-/Arbeitsmittel	Betriebsmittel-Bereitschaft	Instandhaltungsaufträge nicht generiert / verwaltet	OPS
S148	Einzel-Arbeitssystem	Betriebs-/Arbeitsmittel	Betriebsmittel-Bereitschaft	Instandhaltungs- und Reparatur-Aufträge nicht verursachungsgerecht abgerechnet	OPS
S149	Einzel-Arbeitssystem	Betriebs-/Arbeitsmittel	Betriebsmittel-Bereitschaft	Technische Überwachungsprüfungen nicht durchgeführt	OPS
S150	Einzel-Arbeitssystem	Betriebs-/Arbeitsmittel	Betriebsmittel-Bereitschaft	Instandhaltungen nicht rechtzeitig realisiert	OPS
S151	Einzel-Arbeitssystem	Betriebs-/Arbeitsmittel	Betriebsmittel-Bereitschaft	Sicherheitshandbücher nicht vorhanden	OPS
S152	Einzel-Arbeitssystem	Betriebs-/Arbeitsmittel	Betriebsmittel-Bereitschaft	Anlagen-Risikoanalyse nicht vorhanden	OPS
S153	Einzel-Arbeitssystem	Betriebs-/Arbeitsmittel	Betriebsmittel-Bereitschaft	Personen-Risikoanalyse nicht vorhanden	OPS
S154	Einzel-Arbeitssystem	Betriebs-/Arbeitsmittel	Betriebsmittel-Bereitschaft	Investitionsprojekte Fertigung nicht realisiert / angestoßen	OPS
S155	Einzel-Arbeitssystem	Betriebs-/Arbeitsmittel	Betriebsmittel-Bereitschaft	Konkurrenzbeobachtung wirtschaftlicher Fertigung mangelhaft	OPS
S156	Einzel-Arbeitssystem	Betriebs-/Arbeitsmittel	Betriebsmittel-Bereitschaft	Sicherheitsmaßnahmen nicht durchgeführt und überwacht	OPS
S157	Einzel-Arbeitssystem	Betriebs-/Arbeitsmittel	Betriebsmittel-Bereitschaft	Schulungen / Unterweisungen in Sicherheitsfragen unzureichend	OPS

Kennung / ID	Prüfbereich	Systemelement	Subelement	Schwachstelle	Primärer Funktionsbereich
S158	Einzel-Arbeitssystem	Betriebs-/Arbeitsmittel	Rüstzeiten und -Optimierung	Keine Optimierungsoptionen angewendet	OPS
S159	Einzel-Arbeitssystem	Betriebs-/Arbeitsmittel	Rüstzeiten und -Optimierung	technische Optimierung unzureichend	OPS
S160	Einzel-Arbeitssystem	Betriebs-/Arbeitsmittel	Rüstzeiten und -Optimierung	ablauforganisatorische Optimierung unzureichend	OPS
S161	Einzel-Arbeitssystem	Betriebs-/Arbeitsmittel	Losgrößen-Problematik	Optimierungen technischer Art unzureichend	OPS
S162	Einzel-Arbeitssystem	Betriebs-/Arbeitsmittel	Losgrößen-Problematik	Optimierungen organisatorischer Art unzureichend	OPS
S163	Einzel-Arbeitssystem	Umgebungs-einflüsse	Umgebungseinflüsse	Physikalische Emissionen zu hoch	OPS
S164	Einzel-Arbeitssystem	Umgebungs-einflüsse	Umgebungseinflüsse	Chemische Emissionen zu hoch	OPS
S165	Einzel-Arbeitssystem	Umgebungs-einflüsse	Umgebungseinflüsse	Sonstige Gefahren-Einflüsse zu hoch	OPS
S166	Einzel-Arbeitssystem	Umgebungs-einflüsse	Umgebungseinflüsse	Sonstige beanspruchende Einflüsse zu hoch	OPS
S167	Einzel-Arbeitssystem	Schnittstellen	Arbeitszeit-Planung / Alternativen	Arbeitszeit-Planung / Alternativen mangelhaft	OPS
S168	Einzel-Arbeitssystem	Schnittstellen	Fertigungsarten	Werkbank-Fertigung nicht zweckdienlich	OPS
S169	Einzel-Arbeitssystem	Schnittstellen	Fertigungsarten	Werkstatt-Fertigung nicht zweckdienlich	OPS
S170	Einzel-Arbeitssystem	Schnittstellen	Fertigungsarten	Fließende Fertigung nicht zweckdienlich	OPS
S171	Einzel-Arbeitssystem	Schnittstellen	Fertigungsarten	Insel-Fertigung nicht zweckdienlich	OPS
S172	Einzel-Arbeitssystem	Schnittstellen	Fertigungsarten	Reihen-Fertigung nicht zweckdienlich	OPS
S173	Einzel-Arbeitssystem	Schnittstellen	Fertigungsarten	Automatische Fertigung (z.B. Transferstraße) nicht zweckdienlich	OPS
S174	Einzel-Arbeitssystem	Schnittstellen	Fertigungsarten	Verfahrenstechnische Fließfertigung nicht zweckdienlich	OPS
S175	Einzel-Arbeitssystem	Schnittstellen	Fertigungsarten	Fertigung nach dem Platzprinzip (Baustellenfertigung) nicht zweckdienlich	OPS
S176	Einzel-Arbeitssystem	Schnittstellen	Fertigungsarten	Fertigung nach dem Wanderprinzip nicht zweckdienlich	OPS
S177	Einzel-Arbeitssystem	Schnittstellen	Qualitätsmanagement	Qualitätsstandards nicht vorhanden	Q
S178	Einzel-Arbeitssystem	Schnittstellen	Qualitätsmanagement	Qualitätsstatistiken nicht vorhanden	Q
S179	Einzel-Arbeitssystem	Schnittstellen	Qualitätsmanagement	Qualitätsergebnisse nicht ausgewertet	Q
S180	Einzel-Arbeitssystem	Schnittstellen	Qualitätsmanagement	Wareneingangskontrolle nicht vorhanden	Q
S181	Einzel-Arbeitssystem	Schnittstellen	Qualitätsmanagement	Qualitätsmängel bei Roh-/Hilfsstoffen	Q

Kennung / ID	Prüfbereich	Systemelement	Subelement	Schwachstelle	Primärer Funktionsbereich
S182	Einzel-Arbeitssystem	Schnittstellen	Qualitätsmanagement	Qualitätsabweichungen nicht dokumentiert	Q
S183	Einzel-Arbeitssystem	Schnittstellen	Produktionsplanung und -steuerung (PPS)	Planung von Absatz- / Produktionsmengen nicht vorhanden	S&OP
S184	Einzel-Arbeitssystem	Schnittstellen	Produktionsplanung und -steuerung (PPS)	Fertigungsaufträge aus Produktionsprogramm nicht ermittelt	S&OP
S185	Einzel-Arbeitssystem	Schnittstellen	Produktionsplanung und -steuerung (PPS)	Kapazitäten nicht disponiert	S&OP
S186	Einzel-Arbeitssystem	Schnittstellen	Produktionsplanung und -steuerung (PPS)	Produktionssteuerung kapazitätsmäßig nicht abgeglichen	S&OP
S187	Einzel-Arbeitssystem	Schnittstellen	Produktionsplanung und -steuerung (PPS)	Fertigungsmaterialien / -Komponenten nicht disponiert	S&OP
S188	Einzel-Arbeitssystem	Schnittstellen	Produktionsplanung und -steuerung (PPS)	Fertigungswerkzeuge / -Vorrichtungen nicht disponiert	S&OP
S189	Einzel-Arbeitssystem	Schnittstellen	Produktionsplanung und -steuerung (PPS)	Fertigungsrückmeldungen nicht etabliert	S&OP
S190	Einzel-Arbeitssystem	Schnittstellen	Produktionsplanung und -steuerung (PPS)	Fertigungsfein- / Werkstattsteuerung nicht vorhanden	S&OP
S191	Einzel-Arbeitssystem	Schnittstellen	Produktionsplanung und -steuerung (PPS)	Fertigungsstatus / - fortschritt nicht zeitgerecht	S&OP
S192	Einzel-Arbeitssystem	Schnittstellen	Produktionsplanung und -steuerung (PPS)	Personal- / Betriebsmitteleinsatzplanung nicht vorhanden	S&OP
S193	Einzel-Arbeitssystem	Schnittstellen	Produktionsplanung und -steuerung (PPS)	Produktionsplanung und -steuerung unzureichend	S&OP
S194	Einzel-Arbeitssystem	Schnittstellen	Produktionsplanung und -steuerung (PPS)	Betriebsmittel-Zustandsberichte nicht vorhanden	S&OP
S195	Einzel-Arbeitssystem	Schnittstellen	Produktionsplanung und -steuerung (PPS)	Betriebsmittelstörungsberichte nicht vorhanden	S&OP
S196	Einzel-Arbeitssystem	Schnittstellen	Produktionsplanung und -steuerung (PPS)	Auftragsverfolgung mangelhaft	S&OP
S197	Einzel-Arbeitssystem	Schnittstellen	Produktionsplanung und -steuerung (PPS)	Auftragsabrechnung nicht verursachungsgerecht	S&OP
S198	Einzel-Arbeitssystem	Schnittstellen	Produktionsplanung und -steuerung (PPS)	Auftragsnachkalkulation nicht vorhanden / nicht korrekt	S&OP
S199	Einzel-Arbeitssystem	Schnittstellen	Produktionsplanung und -steuerung (PPS)	Lieferantenbestellungen und -Abrufe unzureichend verwaltet	S&OP

Kennung / ID	Prüfbereich	Systemelement	Subelement	Schwachstelle	Primärer Funktionsbereich
S200	Einzel-Arbeitssystem	Schnittstellen	Produktionsplanung und -steuerung (PPS)	Wareneingänge nicht gemeldet / geprüft und Rückstände nicht nachgehalten	S&OP
S201	Einzel-Arbeitssystem	Schnittstellen	Produktionsplanung und -steuerung (PPS)	Bearbeitungsprozess für Reklamationen nicht vorhanden	S&OP
S202	Einzel-Arbeitssystem	Schnittstellen	Produktionsplanung und -steuerung (PPS)	Einlagerungsprozess nicht vorhanden	S&OP
S203	Einzel-Arbeitssystem	Schnittstellen	Produktionsplanung und -steuerung (PPS)	Arbeitspläne für Ausweichmaschinen nicht vorhanden	S&OP
S204	Einzel-Arbeitssystem	Schnittstellen	Logistische Kennzahlen	Liefertermine nicht eingehalten	E/SC
S205	Einzel-Arbeitssystem	Schnittstellen	Logistische Kennzahlen	Durchlaufzeiten der Betriebsaufträge zu lang	OPS
S206	Einzel-Arbeitssystem	Schnittstellen	Logistische Kennzahlen	Lagerbestände zu hoch/gering	E/SC
S207	Einzel-Arbeitssystem	Schnittstellen	Logistische Kennzahlen	Werkstattbestände zu hoch/gering	E/SC
S208	Einzel-Arbeitssystem	Schnittstellen	Logistische Kennzahlen	Information Auftragsfortschritt nicht vorhanden	OPS
S209	Einzel-Arbeitssystem	Schnittstellen	Flexibilitäten bei	Typenwechsel nicht gegeben	OPS
S210	Einzel-Arbeitssystem	Schnittstellen	Flexibilitäten bei	Typenänderung nicht gegeben	OPS
S211	Einzel-Arbeitssystem	Schnittstellen	Flexibilitäten bei	Änderung Stückzahlen / Losgrößen nicht gegeben	OPS
S212	Einzel-Arbeitssystem	Schnittstellen	Flexibilitäten bei	Mitarbeitereinsatz nicht gegeben	OPS
S213	Einzel-Arbeitssystem	Schnittstellen	Wirtschaftliche Auswirkungen	Entgelt-Überzahlungen im Fertigungsbereich	HR
S214	Einzel-Arbeitssystem	Schnittstellen	Wirtschaftliche Auswirkungen	Betriebsunfallkosten zu hoch	HR
S215	Einzel-Arbeitssystem	Schnittstellen	Wirtschaftliche Auswirkungen	Kosten für An- und Umlernen zu hoch	HR
S216	Einzel-Arbeitssystem	Schnittstellen	Wirtschaftliche Auswirkungen	Kosten der Materialbestände zu hoch	F
S217	Einzel-Arbeitssystem	Schnittstellen	Prozess-Verbesserungen	Betriebliches Vorschlagswesen nicht vorhanden / mangelhaft	Divers
S218	Einzel-Arbeitssystem	Schnittstellen	Prozess-Verbesserungen	Kontinuierlicher Verbesserungsprozess nicht durchgeführt	Divers
S219	Einzel-Arbeitssystem	Schnittstellen	Prozess-Verbesserungen	Ideal-Konzept Nadler nicht angewendet	Divers
S220	Einzel-Arbeitssystem	Schnittstellen	Qualität des Betriebsmanagement	zu autoritär	HR
S221	Einzel-Arbeitssystem	Schnittstellen	Qualität des Betriebsmanagement	nicht kooperativ	HR

Kennung / ID	Prüfbereich	Systemelement	Subelement	Schwachstelle	Primärer Funktionsbereich
S222	Verbund von Arbeitssystemen	Fertigungskategorien	Fertigungskategorien	Teile-Fertigung mangelhaft	OPS
S223	Verbund von Arbeitssystemen	Fertigungskategorien	Fertigungskategorien	Einzelfertigung mangelhaft	OPS
S224	Verbund von Arbeitssystemen	Fertigungskategorien	Fertigungskategorien	Fließende Fertigung mangelhaft	OPS
S225	Verbund von Arbeitssystemen	Fertigungskategorien	Fertigungskategorien	Montagearbeiten mangelhaft	OPS
S226	Verbund von Arbeitssystemen	Mehrstellen-/Gruppenarbeit	Mehrstellen-/Gruppenarbeit	Deterministische Mehrstellenarbeit nicht zweckdienlich	OPS
S227	Verbund von Arbeitssystemen	Mehrstellen-/Gruppenarbeit	Mehrstellen-/Gruppenarbeit	Stochastische Mehrstellenarbeit nicht zweckdienlich	OPS
S228	Verbund von Arbeitssystemen	Mehrstellen-/Gruppenarbeit	Mehrstellen-/Gruppenarbeit	Ein-stellige Gruppenarbeit nicht zweckdienlich	OPS
S229	Verbund von Arbeitssystemen	Mehrstellen-/Gruppenarbeit	Mehrstellen-/Gruppenarbeit	Mehr-stellige Gruppenarbeit nicht zweckdienlich	OPS
S230	Verbund von Arbeitssystemen	Mehrstellen-/Gruppenarbeit	Mehrstellen-/Gruppenarbeit	Teil-autonome Gruppenarbeit nicht zweckdienlich	OPS
S231	Verbund von Arbeitssystemen	Prozessgrunddaten	Prozessgrunddaten	Erzeugnisgliederungen (z.B. Stücklisten) nicht vorhanden / falsch	OPS
S232	Verbund von Arbeitssystemen	Prozessgrunddaten	Prozessgrunddaten	Arbeitspläne nicht vorhanden / falsch	OPS
S233	Verbund von Arbeitssystemen	Prozessgrunddaten	Prozessgrunddaten	Rezepturen nicht vorhanden / falsch	OPS
S234	Verbund von Arbeitssystemen	Prozessgrunddaten	Prozessgrunddaten	Fertigungsvorschriften nicht vorhanden / falsch	OPS
S235	Verbund von Arbeitssystemen	Ablaufgestaltung	Ablaufanalyse	Ist- und Soll-Zustandsanalyse nicht vorhanden	OPS
S236	Verbund von Arbeitssystemen	Ablaufgestaltung	Ablaufanalyse	Darstellungsformen mangelhaft	OPS
S237	Verbund von Arbeitssystemen	Ablaufgestaltung	Ablaufartengliederung für den Arbeitsgegenstand	verändern - nicht möglich/vorhanden	OPS
S238	Verbund von Arbeitssystemen	Ablaufgestaltung	Ablaufartengliederung für den Arbeitsgegenstand	prüfen - nicht möglich/vorhanden	OPS
S239	Verbund von Arbeitssystemen	Ablaufgestaltung	Ablaufartengliederung für den Arbeitsgegenstand	liegen - unzureichend	OPS
S240	Verbund von Arbeitssystemen	Ablaufgestaltung	Ablaufartengliederung für den Arbeitsgegenstand	lagern - unzureichend	OPS
S241	Verbund von Arbeitssystemen	Ablaufgestaltung	Ablaufprinzipien	Ablaufprinzipien	OPS
S242	Verbund von Arbeitssystemen	Ablaufgestaltung	Ortsgebundene Arbeitssysteme	Werkbankfertigung nicht zweckdienlich	OPS
S243	Verbund von Arbeitssystemen	Ablaufgestaltung	Ortsgebundene Arbeitssysteme	Fertigung Verrichtungsprinzip nicht zweckdienlich	OPS

Kennung / ID	Prüfbereich	Systemelement	Subelement	Schwachstelle	Primärer Funktionsbereich
S244	Verbund von Arbeitssystemen	Ablaufgestaltung	Ortsgebundene Arbeitssysteme	Fertigung Flussprinzip nicht zweckdienlich	OPS
S245	Verbund von Arbeitssystemen	Ablaufgestaltung	Ortsgebundene Arbeitssysteme	Automatische Fertigung nicht zweckdienlich	OPS
S246	Verbund von Arbeitssystemen	Ablaufgestaltung	Ortsgebundene Arbeitssysteme	Verfahrenstechnische Fertigung nicht zweckdienlich	OPS
S247	Verbund von Arbeitssystemen	Ablaufgestaltung	Ortsveränderliche Arbeitssysteme	Fertigung Platzprinzip nicht zweckdienlich	OPS
S248	Verbund von Arbeitssystemen	Ablaufgestaltung	Ortsveränderliche Arbeitssysteme	Fertigung Wanderprinzip nicht zweckdienlich	OPS
S249	Verbund von Arbeitssystemen	Ablaufgestaltung	Ortsveränderliche Arbeitssysteme	Förderarbeiten nicht zweckdienlich	OPS
S250	Verbund von Arbeitssystemen	Ablaufgestaltung	Ortsveränderliche Arbeitssysteme	Transportarbeiten nicht hinreichend abgestimmt	OPS
S251	Verbund von Arbeitssystemen	Ablaufgestaltung	Randbedingungen	Räumliche Faktoren unzureichend	OPS
S252	Verbund von Arbeitssystemen	Ablaufgestaltung	Randbedingungen	Fertigungstechnische Faktoren nicht hinreichend abgestimmt	OPS
S253	Verbund von Arbeitssystemen	Ablaufgestaltung	Randbedingungen	Fördertechnische Faktoren nicht hinreichend abgestimmt	OPS
S254	Verbund von Arbeitssystemen	Ablaufgestaltung	Materialflussanalyse	Materialflussbogen nicht vorhanden / mangelhaft	OPS
S255	Verbund von Arbeitssystemen	Ablaufgestaltung	Materialflussanalyse	Transportmengen-Matrix nicht vorhanden / mangelhaft	OPS
S256	Verbund von Arbeitssystemen	Ablaufgestaltung	Materialflussanalyse	Transportzeit-Matrix nicht vorhanden / mangelhaft	OPS
S257	Verbund von Arbeitssystemen	Ablaufgestaltung	Materialflussanalyse	Relationsschema nicht vorhanden / mangelhaft	OPS
S258	Verbund von Arbeitssystemen	Ablaufgestaltung	Materialflussanalyse	Mengenflussbild nicht vorhanden / mangelhaft	OPS
S259	Verbund von Arbeitssystemen	Ablaufgestaltung	Materialflussanalyse	Informationsfluss-Diagramm nicht vorhanden / mangelhaft	OPS
S260	Verbund von Arbeitssystemen	Ablaufgestaltung	Materialflussanalyse	Funktionspläne nicht vorhanden / mangelhaft	OPS
S261	Verbund von Arbeitssystemen	Ablaufgestaltung	Materialflussanalyse	Lagegerechtes Modell nicht vorhanden / mangelhaft	OPS
S262	Verbund von Arbeitssystemen	Verkettungsmittel	Verkettungsmittel	Rutsche nicht zweckdienlich	OPS
S263	Verbund von Arbeitssystemen	Verkettungsmittel	Verkettungsmittel	Rollenbahn nicht zweckdienlich	OPS
S264	Verbund von Arbeitssystemen	Verkettungsmittel	Verkettungsmittel	Röllchenbahn nicht zweckdienlich	OPS
S265	Verbund von Arbeitssystemen	Verkettungsmittel	Verkettungsmittel	Allseitige Röllchenbahn nicht zweckdienlich	OPS
S266	Verbund von Arbeitssystemen	Verkettungsmittel	Verkettungsmittel	Schienengeführter Werkstückträgerwagen nicht zweckdienlich	OPS
S267	Verbund von Arbeitssystemen	Verkettungsmittel	Verkettungsmittel	Drehscheibe nicht zweckdienlich	OPS

Kennung / ID	Prüfbereich	Systemelement	Subelement	Schwachstelle	Primärer Funktionsbereich
S268	Verbund von Arbeitssystemen	Verkettungsmittel	Verkettungsmittel	Kugelbahn nicht zweckdienlich	OPS
S269	Verbund von Arbeitssystemen	Verkettungsmittel	Verkettungsmittel	Gurtbandförderer nicht zweckdienlich	OPS
S270	Verbund von Arbeitssystemen	Verkettungsmittel	Verkettungsmittel	Doppelgurtband nicht zweckdienlich	OPS
S271	Verbund von Arbeitssystemen	Verkettungsmittel	Verkettungsmittel	Allseitenröllchenbahn nicht zweckdienlich	OPS
S272	Verbund von Arbeitssystemen	Verkettungsmittel	Verkettungsmittel	Staurollenbahn nicht zweckdienlich	OPS
S273	Verbund von Arbeitssystemen	Verkettungsmittel	Verkettungsmittel	Tragkettenförderer nicht zweckdienlich	OPS
S274	Verbund von Arbeitssystemen	Verkettungsmittel	Verkettungsmittel	Plattenbandförderer nicht zweckdienlich	OPS
S275	Verbund von Arbeitssystemen	Verkettungsmittel	Verkettungsmittel	Tragrollen-Kettenförderer nicht zweckdienlich	OPS
S276	Verbund von Arbeitssystemen	Verkettungsmittel	Verkettungsmittel	Wandertisch (Stetigförderer) nicht zweckdienlich	OPS
S277	Verbund von Arbeitssystemen	Verkettungsmittel	Verkettungsmittel	Unterflur-Schleppförderer nicht zweckdienlich	OPS
S278	Verbund von Arbeitssystemen	Verkettungsmittel	Verkettungsmittel	Kreisförderer (Außenkette) nicht zweckdienlich	OPS
S279	Verbund von Arbeitssystemen	Verkettungsmittel	Verkettungsmittel	Kreisförderer (Innenkette) nicht zweckdienlich	OPS
S280	Verbund von Arbeitssystemen	Verkettungsmittel	Verkettungsmittel	Kreisförderer Power and Free nicht zweckdienlich	OPS
S281	Verbund von Arbeitssystemen	Verkettungsmittel	Verkettungsmittel	Überschieber (Automatische Steuerung) nicht zweckdienlich	OPS
S282	Verbund von Arbeitssystemen	Verkettungsmittel	Verkettungsmittel	Gurtband-Umlenkung nicht zweckdienlich	OPS
S283	Verbund von Arbeitssystemen	Verkettungsmittel	Verkettungsmittel	Rollenbahn mit Allrollenantrieb nicht zweckdienlich	OPS
S284	Verbund von Arbeitssystemen	Verkettungsmittel	Verkettungsmittel	Kurvenband nicht zweckdienlich	OPS
S285	Verbund von Arbeitssystemen	Verkettungsmittel	Verkettungsmittel	BI-PLAN-Kette nicht zweckdienlich	OPS
S286	Verbund von Arbeitssystemen	Verkettungsmittel	Verkettungsmittel	Handwagen nicht zweckdienlich	OPS
S287	Verbund von Arbeitssystemen	Verkettungsmittel	Verkettungsmittel	Handförderer / Induktionssystem nicht zweckdienlich	OPS
S288	Verbund von Arbeitssystemen	Verkettungsmittel	Verkettungsmittel	Schleppzugförderer nicht zweckdienlich	OPS
S289	Verbund von Arbeitssystemen	Verkettungsmittel	Verkettungsmittel	Einschienen-Hängebahn nicht zweckdienlich	OPS
S290	Verbund von Arbeitssystemen	PPS	PPS	Klassische konventionelle Steuerung nicht zweckdienlich	OPS
S291	Verbund von Arbeitssystemen	PPS	PPS	Steuerung mittels IT-Programm mangelhaft	OPS

Ken-nung / ID	Prüfbereich	Systemelement	Subelement	Schwachstelle	Primärer Funktions-bereich
S292	Verbund von Arbeitssystemen	PPS	PPS	Programm-Bildung mangelhaft	OPS
S293	Verbund von Arbeitssystemen	PPS	PPS	Kanban-Prinzip nicht an-wendbar / mangelhaft	OPS
S294	Verbund von Arbeitssystemen	PPS	PPS	Just-in-time nicht anwendbar / mangelhaft	OPS
S295	Verbund von Arbeitssystemen	Durchlaufzeiten / Kapitalbin-dung	Summe Prozesszei-ten	Summe Prozesszeiten zu hoch / falsch	OPS
S296	Verbund von Arbeitssystemen	Durchlaufzeiten / Kapitalbin-dung	Summe Zwischen-zeiten	Summe Zwischenzeiten absolut zu hoch / falsch	OPS
S297	Verbund von Arbeitssystemen	Durchlaufzeiten / Kapitalbin-dung	Summe Zwischen-zeiten	relativ zu Prozesszeiten zu hoch / falsch	OPS

B - Vollständiger Kennzahlenkatalog

ID	Kennzahl / Bezeichnung	Primärer Funktionsbereich	Produktentwicklung (PE)	Finanzwesen (F)	Qualität (Q)	Produktion (OPS)	Rechtsabteilung (R)	Personalwesen (HR)	Sales and Operations Planning (S&OP)	Einkauf & Supply Chain (E/SC)	Sales & Produkt Management (S&PM)	Customer Service (CS)	Anwendung bei TE	Kurzbeschreibung	Literatur / Quelle
K1	Durchlaufzeit Auftragseingabe	CS										x	x	Zeit von Auftragseingang bis zur Eingabe in das Auftragssystem	(TE Connectivity, 2018) - 5
K2	Durchlaufzeit Auftragsfehlanpassung	CS										x	x	Sicherstellung von akkuraten Aufträgen im System	(TE Connectivity, 2018) - 5
K3	Durchlaufzeit Kundenauftrag	CS									x	x		Maßstab für die schnelle Antwort auf Kundenwünsche	(Bauer, Hayessen, 2009)
K4	Durchlaufzeit Preisangebot	CS									x	x	x	Bemessung der Angebotszeit (Zeit von Kundenanfrage bis Angebotsabgabe)	(TE Connectivity, 2018) - 5
K5	Geschäftspartner Index	CS									x	x	x	Bemessung der Kundenbindung	(TE Connectivity, 2018) - 5
K6	Kundenservice Qualität	CS										x	x	Bemessung der Rückläufer basierend auf Fehlern im Kundenservice	(TE Connectivity, 2018) - 5
K7	Kundenzufriedenheit (Leichtigkeit von Geschäften)	CS									x	x	x	Bemessung der Kundenzufriedenheit über (monatliche) Umfragen	(TE Connectivity, 2018) - 5
K8	Reaktionsfreudigkeit	CS									x	x	x	Prozentsatz von Antworten auf Auftragsanfragen gegenüber aller angefragten Aufträge	(TE Connectivity, 2018) - 5
K9	Anteil Mitarbeiter in B2B (Business-to-Business) Geschäftsprozessen	Divers	x	x	x	x	x	x	x	x	x	x		Kennzahl zeigt die Kompetenz des Personals, moderne B2B Techniken in ihren Geschäftsprozessen zu nutzen (beispielsweise Produktionsnahe Materialdisposition, Beschaffungsprozesse mit Zulieferern und vorgelagerten Produktionsstufen, Arbeitsplanung, Produktionscontrolling, Reklamationsbearbeitung)	(Bauer, Hayessen, 2009)
K10	Digitaler Vorteil	Divers	x	x	x	x	x	x	x	x	x	x	x	Bemessung des digitalen Levels	(TE Connectivity, 2018) - 5
K11	Kernproduktivität	Divers	x			x				x			x	Kommerzielle und technische Einsparungen bemessen anhand der Produkteinzelkosten	(TE Connectivity, 2018) - 5
K12	Leiharbeitskosten	Divers	x	x		x		x						Kosten durch Überbrückung von Personalengpässen	(Weber, 2011)
K13	Leitungsspanne	Divers	x	x	x	x	x	x	x	x	x	x		Anzahl unterstellter Personen einer Vorgesetztenstelle	(Bokranz, Landau, 2014)
K14	Projektkosten	Divers	x	x	x	x	x	x	x	x	x	x		Bevorzugter Benchmark zur Beurteilung der Projekteffizienz.	(Bauer, Hayessen, 2009)
K15	Realisierungsquote der Verbesserungsvorschläge	Divers	x	x	x	x	x	x	x	x	x	x		Tatsächlich umgesetzte Verbesserungsvorschläge im Verhältnis zu allen eingereichten Vorschlägen	(Weber, 2011)

ID	Kennzahl / Bezeichnung	Primärer Funktionsbereich	Produktentwicklung (PE)	Finanzwesen (F)	Qualität (Q)	Produktion (OPS)	Rechtsabteilung (R)	Personalwesen (HR)	Sales and Operations Planning (S&OP)	Einkauf & Supply Chain (E/SC)	Sales & Produkt Management (S&PM)	Customer Service (CS)	Anwendung bei TE	Kurzbeschreibung	Literatur / Quelle
K16	SAP (System Applications and Products) Datenqualität	Divers	x	x	x	x		x	x	x	x	x	x	Rate bzgl. Datenqualität. Betrachtet folgende potenzielle Qualitätsprobleme: Fehlende Daten, Unvollständige Daten, Verzögerte Dateneingabe.	(TE Connectivity, 2018) - 5
K17	Sicherheit	Divers	x	x	x	x	x	x	x	x	x	x	x	Anzahl unfallfreier Tage im gesamten Standort	(TE Connectivity, 2018) - 6
K18	Verbesserungsvorschlagsrate	Divers	x	x	x	x	x	x	x	x	x	x		Anzahl der Vorschläge, die über betriebliche Wissensmanagementsysteme von den Mitarbeitern generiert werden. Kennzahl dient als Benchmark zur Aktivierung der Wissensbasis im Unternehmen.	(Bauer, Hayessen, 2009)
K19	ATP-Menge (Available-to-promise)	E/SC								x				Ermittelt für einen bestimmten Artikel oder eine Baugruppe die im Planungshorizont verfügbare Menge in der gesamten Lieferkette. ATP-Menge ist Grundlage für ein Lieferversprechen gegenüber den Kunden.	(Bauer, Hayessen, 2009)
K20	Auftragsdurchlaufzeit	E/SC								x				Durchlaufzeit vom Erkennen des Bedarfs in der Lieferkette über die Materialbereitstellung beim Lieferanten, die Herstellung, bis zur erfolgten Anlieferung beim Endkunden	(Bauer, Hayessen, 2009)
K21	Bestand - Ersatzteile	E/SC				x				x			x	Anzahl der verfügbaren Ersatzteile im Lager	(TE Connectivity, 2018) - 6
K22	Kapazitätsauslastung	E/SC								x				Relation Ist-Auslastung gegenüber Kapazität	(Bauer, Hayessen, 2009)
K23	Kooperationsintensität SCM (Supply Chain Management)	E/SC								x				Benchmark für die Kooperation in der Lieferkette. Relation aus der Anzahl der Kooperationsprojekte gegenüber dem Jahreserlös.	(Bauer, Hayessen, 2009)
K24	Lagerumschlag	E/SC				x			x	x			x	Lagerzeit der Vorräte pro Produkt oder Komponente	(TE Connectivity, 2018) - 6
K25	Lagerumschlag (Werk)	E/SC				x			x	x			x	Lagerzeit der Vorräte auf das gesamte Werk bezogen	(TE Connectivity, 2018) - 5
K26	Lagerumschlagsdauer	E/SC				x			x	x				Relation von Durchschnitts-Lagerbestand zum Jahresverbrauch	(Weber, 2011)
K27	Lean-Faktor Lagerauffüllung	E/SC				x			x	x			x	Relation der Minimum-Lagermenge zu tatsächlicher Lagermenge	(TE Connectivity, 2018) - 5
K28	Lieferketten-Kosten	E/SC								x				Summe aus Planungskosten, Lagerkosten und Transportkosten	(Bauer, Hayessen, 2009)
K29	Mengenabweichung	E/SC				x				x				Erfassung der prozentualen Mengenabweichungen der Aufträge und Bestellungen zwischen Source/Make, Make/Deliver und Deliver/Source.	(Bauer, Hayessen, 2009)

ID	Kennzahl / Bezeichnung	Primärer Funktionsbereich	Produktentwicklung (PE)	Finanzwesen (F)	Qualität (Q)	Produktion (OPS)	Rechtsabteilung (R)	Personalwesen (HR)	Sales and Operations Planning (S&OP)	Einkauf & Supply Chain (E/SC)	Sales & Produkt Management (S&PM)	Customer Service (CS)	Anwendung bei IE	Kurzbeschreibung	Literatur / Quelle
K30	Mengentreue Zulieferer	E/SC				x				x				Grundlage für die mengenmäßige Beurteilung des Zulieferers oder innerbetrieblichen Materialversorgungsbereichs.	(Bauer, Hayessen, 2009)
K31	Mittlere Wiederbeschaffungszeit (Plan)	E/SC				x			x	x				Wiederbeschaffungszeit umfasst die Zeit vom Erkennen des Bedarfs eines zu beschaffenden Artikels bis zur erfolgten Einlagerung. Kennzahl beeinflusst die termingerechte Verfügbarkeit eines Artikels in den nachfolgenden Prozessen (Produktion, Vertrieb).	(Bauer, Hayessen, 2009)
K32	Preisabweichung Zulieferer	E/SC		x		x				x				Beurteilung der Preisdisziplin eines einzelnen oder einer Gruppe von Lieferanten, ausgehend vom Ist-Preis und dem vereinbarten Soll-1preis einer Lieferung.	(Bauer, Hayessen, 2009)
K33	Reichweite des Lagerbestands	E/SC				x				x				Dient vorrangig zur Beurteilung einzelner terminkritischer Materialien in einer konkreten Liefersituation. Reichweite beschreibt, wie lange das Lager bei dem angenommenen Verbrauch lieferfähig ist.	(Bauer, Hayessen, 2009)
K34	Servicegrad	E/SC				x				x				Indikator für die Lieferfähigkeit eines Materialversorgungsbereichs (Materiallager, Zulieferer, Produktionsvorstufe) entsprechend der Anforderungen der Produktion.	(Bauer, Hayessen, 2009)
K35	Servicegrad SCM (Supply Chain Management)	E/SC								x				Drückt aus, welchen Anteil die erfolgreichen Lieferungen an der Gesamtzahl der Anfragen bzw. Kundenaufträge an die Lieferkette hat. Wird auch als Erfüllungsgrad bezeichnet.	(Bauer, Hayessen, 2009)
K36	Terminabweichung Zulieferer	E/SC								x				Beurteilung der Termintreue der Zulieferer	(Bauer, Hayessen, 2009)
K37	Termintreue	E/SC							x	x				Termintreue der in der Lieferkette abgearbeiteten Aufträge	(Bauer, Hayessen, 2009)
K38	Umlaufkapital	E/SC		x						x				Steht für die Kapitalbindung an Materialien in der Lieferkette abzüglich der kurzfristigen Verbindlichkeiten aus Lieferungen und Leistungen. Ausdruck für das in Materialien gebundene Kapital und wesentliche Bestimmungsgröße der Kapitalrendite in den beteiligten Unternehmen.	(Bauer, Hayessen, 2009)
K39	Abschreibungskosten pro Fertigungsstunde	F		x		x								Relation aus Abschreibungskosten und Fertigungsstunden	(Bauer, Hayessen, 2009)
K40	Amortisationszeit	F		x										Zeitspanne, innerhalb derer sich die Investitionssumme durch Rückflüsse amortisiert	(Bauer, Hayessen, 2009)

ID	Kennzahl / Bezeichnung	Primärer Funktionsbereich	Produktentwicklung (PE)	Finanzwesen (F)	Qualität (Q)	Produktion (OPS)	Rechtsabteilung (R)	Personalwesen (HR)	Sales and Operations Planning (S&OP)	Einkauf & Supply Chain (E/SC)	Sales & Produkt Management (S&PM)	Customer Service (CS)	Anwendung bei TE	Kurzbeschreibung	Literatur / Quelle
K41	Anlagendeckung Produktion	F		x										Kennzahl zeigt an, in welchem Umfang das Anlagevermögen durch langfristig verfügbares Kapital gedeckt ist.	(Bauer, Hayessen, 2009)
K42	Anlagenintensität	F		x										Aufschluss über die Wirtschaftlichkeit des Einsatzes der Anlagegüter. Relation von Anlagevermögen zu Gesamtvermögen. Erlaubt Rückschlüsse über die Anpassungsfähigkeit des Unternehmens.	(Vollmuth, Zwettler, 2016)
K43	Anlagevermögen	F		x										Summe der Buchwerte der Anlagen aus der Anlagenbuchhaltung und materialbezogenes Umlaufvermögen (Bestände abzüglich Lieferantenverbindlichkeiten)	(Bauer, Hayessen, 2009)
K44	Arbeitsintensität (Umlaufintensität)	F		x										Relation von Umlaufvermögen zu Gesamtvermögen. Je höher die Intensität, desto höher ist die Wirtschaftlichkeit des Unternehmens.	(Vollmuth, Zwettler, 2016)
K45	Bestand	F		x		x								Bewertung der unfertigen Produkte auf Basis der Auftragskalkulation. Summe der unfertigen Erzeugnisse im Produktionsprozess	(Bauer, Hayessen, 2009)
K46	Betriebskapital Produktion	F		x										Ermittlung der bewerteten Materialbestände abzüglich der Lieferantenverbindlichkeiten	(Bauer, Hayessen, 2009)
K47	Bilanzkurs	F		x										Bemessung des Wertes einer Aktie	(Vollmuth, Zwettler, 2016)
K48	Break-Even-Menge	F		x										Menge, die zum Erreichen eines ausgeglichenen Betriebsergebnisses notwendig ist	(Bauer, Hayessen, 2009)
K49	Cashflow	F		x									x	Indikator für die Ertrags- und Finanzkraft eines Unternehmens	(Vollmuth, Zwettler, 2016)
K50	Cashflow Produktion	F		x										Differenz der Zahlungsströme (Einzahlungen - Auszahlungen) aus der laufenden Geschäftstätigkeit inkl. Berücksichtigung von Cashflow-Maßnahmen der Produktionsinstanzen durch Erhaltungsinvestitionen und Bestände	(Bauer, Hayessen, 2009)
K51	Cashflow-Eigenkapitalrendite	F		x										Zeigt, wie viel Prozent der Umsatzerlöse für Investitionen, Kredittilgung und Gewinnausschüttung zur Verfügung stehen.	(Vollmuth, Zwettler, 2016)
K52	CER (Capital Expenditure Request) Genehmigungszeit	F	x	x		x							x	Zeit von CER Beantragung bis Genehmigung	(TE Connectivity, 2018) - 6
K53	Debitorenbestand	F		x										Umschlagshäufigkeit der Forderungen aus Lieferungen und Leistungen	(Vollmuth, Zwettler, 2016)

ID	Kennzahl / Bezeichnung	Primärer Funktionsbereich	Produktentwicklung (PE)	Finanzwesen (F)	Qualität (Q)	Produktion (UPS)	Rechtsabteilung (R)	Personalwesen (HR)	Sales and Operations Planning (S&OP)	Einkauf & Supply Chain (E/SC)	Sales & Produkt Management (S&PM)	Customer Service (CS)	Anwendung bei TE	Kurzbeschreibung	Literatur / Quelle
K54	Debitorenlaufzeit	F		x									x	Zeit von Rechnungserstellung bis Zahlungseingang	(TE Connectivity, 2018) - 6
K55	Deckungsbeitrag pro Fertigungsstunde	F		x		x								Ermittlung des kurzfristigen Erfolgs eines Geschäfts- oder Produktionsbereichs bezogen auf den Output in Stunden. Relation Deckungsbeitrag zu Fertigungsstunden.	(Bauer, Hayessen, 2009)
K56	Deckungsbeitrag pro Kunde	F		x							x			Ermöglichung einer Kundensegmentierung. Umsätze eines Kunden abzüglich variabler Kosten des Umsatzes	(Bauer, Hayessen, 2009)
K57	Deckungsbeitrag pro Mitarbeiter	F		x		x								Relation zwischen Deckungsbeitrag eines Bereichs und den dort arbeitenden Vollzeitmitarbeitern. Hoher Deckungsbeitrag = Maßstab für Personalprofitabilität.	(Bauer, Hayessen, 2009)
K58	Deckungsgrad 1	F		x										Drückt aus, inwieweit das Anlagevermögen durch Eigenkapital gedeckt ist.	(Vollmuth, Zwettler, 2016)
K59	Deckungsgrad 2	F		x										Drückt aus, inwieweit das Anlagevermögen durch Eigenkapital und langfristiges Fremdkapital gedeckt ist.	(Vollmuth, Zwettler, 2016)
K60	Deckungsgrad 3	F		x										Drückt aus, inwieweit das Anlagevermögen und Vorräte durch Eigenkapital und langfristiges Fremdkapital gedeckt ist.	(Vollmuth, Zwettler, 2016)
K61	Dividendenrendite	F		x										Gibt an, wie hoch die effektive Verzinsung des in der Aktie angelegten Kapitals ist.	(Vollmuth, Zwettler, 2016)
K62	Dynamischer Verschuldungsgrad	F		x										Maßstab für die Möglichkeiten der Schuldentilgung. Fremdkapital/Cashflow * 100	(Vollmuth, Zwettler, 2016)
K63	Eigenkapital	F		x										Anlagevermögen = Summe der Buchwerte der Anlagen aus der Anlagenbuchhaltung. Materialbezogenes Umlaufvermögen = Bestände - Lieferantenverbindlichkeiten	(Bauer, Hayessen, 2009)
K64	Eigenkapitalquote	F		x										Aufschluss über die Kreditwürdigkeit des Unternehmens. Gibt an, wie hoch der Anteil des von den Eignern bzw. Gesellschaftern eingebrachten Kapitals am Gesamtkapital ist. Hohe Eigenkapitalquote = hohe Unabhängigkeit	(Vollmuth, Zwettler, 2016)
K65	Ertragswert	F		x										Aufschluss über den inneren Wert einer Aktie	(Vollmuth, Zwettler, 2016)
K66	Gesamteffizienz	F	x	x	x	x	x	x	x	x	x	x		Relation von Umsatz zur Gesamtmitarbeiterzahl	(Weber, 2011)

ID	Kennzahl / Bezeichnung	Primärer Funktionsbereich	Produktentwicklung (PE)	Finanzwesen (F)	Qualität (Q)	Produktion (OPS)	Rechtsabteilung (R)	Personalwesen (HR)	Sales and Operations Planning (S&OP)	Einkauf & Supply Chain (E/SC)	Sales & Produkt Management (S&PM)	Customer Service (CS)	Anwendung bei TE	Kurzbeschreibung	Literatur / Quelle
K67	Gesamtkapital-rentabilität	F		x										(Gewinn + Zinsen für Fremdkapital) / Gesamtkapital	(Vollmuth, Zwettler, 2016)
K68	Geschäftswertbeitrag	F		x									x	Bewertung der Vorteilhaftigkeit einer Investition	(TE Connectivity, 2018) - 6
K69	Gewinn pro Aktie	F		x									x	Besagt, wie viel Gewinn eine AG bezogen auf eine Aktie erzielt hat. Besondere Form der Eigenkapitalrendite.	(Vollmuth, Zwettler, 2016)
K70	Interner Zinssatz von Investitionen	F		x										Zinssatz, bei dem der Kapitalwert null beträgt.	(Bauer, Hayessen, 2009)
K71	Investitionsgrad	F		x										Jährlicher Indikator für die Substanzerhaltung der Produktionsanlagen	(Bauer, Hayessen, 2009)
K72	Kapitalbindungsdauer	F		x									x	Zeit von Kapitalisierung der Ressourcen bis zum Cashflow.	(TE Connectivity, 2018) - 5
K73	Kapitalrendite	F		x									x	Beurteilung bzgl. Wirtschaftlichem Kapitaleinsatzes im Gesamtunternehmen, in Investitionsprojekten und/oder in Produktionsbereichen	(Bauer, Hayessen, 2009)
K74	Kapitalumschlags-häufigkeit	F		x										Drückt aus, wie oft sich das Gesamtkapital im Jahr umschlägt, d.h. wie produktiv das im Unternehmen befindliche Kapital eingesetzt wird.	(Vollmuth, Zwettler, 2016)
K75	Kapitalverzinsung	F		x									x	Beurteilung der Rendite des in einer Periode gebundenen Kapitals eines Bereichs	(Bauer, Hayessen, 2009)
K76	Kapitalwert	F		x									x	Differenz aus Barwert der Rückflüsse und Investitionssumme	(Bauer, Hayessen, 2009)
K77	Kapital-wertschöpfung	F		x										Operativer Beitrag zum Unternehmenswert	(Bauer, Hayessen, 2009)
K78	Kreditorenumschlag	F		x										Umschlagshäufigkeit der Verbindlichkeiten aus Lieferungen und Leistungen	(Vollmuth, Zwettler, 2016)
K79	Kurs-Gewinn-Verhältnis	F		x										Bewertung von Aktien. Aufschluss darüber, mit dem Wievielfachen des auf eine Aktie entfallenden Gewinns eine Aktie an der Börse bewertet wird.	(Vollmuth, Zwettler, 2016)
K80	Leistung je Arbeitnehmer	F		x										Relation von Umsatz zu Arbeitnehmer	(Vollmuth, Zwettler, 2016)
K81	Liquidität 1. Grades	F		x										Relation der flüssigen Mittel zu den kurzfristigen Verbindlichkeiten	(Vollmuth, Zwettler, 2016)

ID	Kennzahl / Bezeichnung	Primärer Funktionsbereich	Produktentwicklung (PE)	Finanzwesen (F)	Qualität (Q)	Produktion (OPS)	Rechtsabteilung (R)	Personalwesen (HR)	Sales and Operations Planning (S&OP)	Einkauf & Supply Chain (E/SC)	Sales & Produkt Management (S&PM)	Customer Service (CS)	Anwendung bei TE	Kurzbeschreibung	Literatur / Quelle
K82	Liquidität 2. Grades	F		x										Relation der flüssigen Mittel und kurzfristigen Forderungen zu den kurzfristigen Verbindlichkeiten	(Vollmuth, Zwettler, 2016)
K83	Liquidität 3. Grades	F		x										Relation der flüssigen Mittel, kurzfristigen Forderungen und Vorräte zu den kurzfristigen Verbindlichkeiten	(Vollmuth, Zwettler, 2016)
K84	Marge	F		x									x	Gewinnspanne	(TE Connectivity, 2018) - 6
K85	Marktwachstum	F		x							x			(Aktuelles Marktvolumen - Vorjahresvolumen) / Vorjahresvolumen	(Vollmuth, Zwettler, 2016)
K86	Materialkosten pro Stück	F		x		x								Summe aus Materialpreis und anteilige Materialgemeinkosten (Verwaltungskosten für den Beschaffungsprozess + Lagerhaltung)	(Bauer, Hayessen, 2009)
K87	Materialkostenanteil	F		x		x				x				Wird bestimmt durch die Fertigungstiefe. Höherer Anteil bietet die Option, Fixkosten in variable Kosten zu verwandeln. = Möglichkeit der Kostenbeeinflussung und -reagibilität. Aber Achtung: Erhöhung der Abhängigkeit von Lieferanten und potenzieller Knowhow Verlust.	(Bauer, Hayessen, 2009)
K88	Mengenmäßiger Mindestumsatz	F		x										Relation Fixkosten gegenüber Deckungsbeitrag	(Vollmuth, Zwettler, 2016)
K89	Nettorendite Anlagevermögen	F		x										Beurteilung der Rendite des gebundenen Kapitals eines Geschäftsbereichs.	(Bauer, Hayessen, 2009)
K90	Operatives Betriebsergebnis	F		x										Umsatz abzüglich variabler Kosten und Fixkosten	(Bauer, Hayessen, 2009)
K91	Operatives Ergebnis (Betriebsergebnis)	F		x									x	Betriebsergebnis	(TE Connectivity, 2018) - 6
K92	Overhead-Effizienz	F	x	x	x	x	x	x	x	x	x	x		Relation Umsatz zur Anzahl der indirekten Mitarbeiter	(Weber, 2011)
K93	Prognose-genauigkeit	F		x					x		x		x	Genauigkeit der Vorhersage bzgl. des Forecasts in einem bestimmten Zeitrahmen	(TE Connectivity, 2018) - 5
K94	Prozesskostensatz Fertigungsauftragsabwicklung	F		x		x								Benchmarking der Verwaltungsprozesse und Basis für die verursachungsgerechte Kalkulation von Fertigungsaufträgen	(Bauer, Hayessen, 2009)
K95	Rentabilität des investierten Kapitals	F		x									x	Beurteilung der Rentabilität des eingesetzten Kapitals.	(TE Connectivity, 2018) - 6
K96	Selbstkosten pro Stück	F		x		x								Abbild aller am Produkt beteiligten Unternehmensbereiche	(Bauer, Hayessen, 2009)

ID	Kennzahl / Bezeichnung	Primärer Funktionsbereich	Produktentwicklung (PE)	Finanzwesen (F)	Qualität (Q)	Produktion (UPS)	Rechtsabteilung (R)	Personalwesen (HR)	Sales and Operations Planning (S&OP)	Einkauf & Supply Chain (E/SC)	Sales & Produkt Management (S&PM)	Customer Service (CS)	Anwendung bei TE	Kurzbeschreibung	Literatur / Quelle
K97	Stufenweise Deckungsbeiträge	F		x							x			Abgestufte Erfolgsbeurteilung durch Zuordnung von Deckungsbeiträgen zu Erzeugnissen, Erzeugnisgruppen und Unternehmen.	(Bauer, Hayessen, 2009)
K98	Umlaufkapital	F		x									x	Beurteilung der Bonität eines Unternehmens. Umlaufvermögen abzüglich kurzfristiger Verbindlichkeiten.	(Vollmuth, Zwettler, 2016)
K99	Umsatz	F		x					x		x		x	Umsatz	(TE Connectivity, 2018) - 6
K100	Umsatz/Kapital Verhältnis	F		x									x	Verhältnis von generiertem Umsatz zu eingesetztem Kapital	(TE Connectivity, 2018) - 6
K101	Umsatzindex	F		x										Relation des Umsatzes im Ermittlungszeitraum gegenüber dem Umsatz im Basiszeitraum	(Vollmuth, Zwettler, 2016)
K102	Umsatzkosten	F		x									x	Durch produzierte Waren verursachte Kosten. = Herstellungskosten gemäß Umsatzkostenverfahren.	(TE Connectivity, 2018) - 6
K103	Umsatzrentabilität	F		x										Stellt die Verzinsung des Umsatzes im Unternehmen dar. (Gewinn + Zinsen für Fremdkapital) / Umsatz. Gibt Auskunft über den Erfolg der betrieblichen Tätigkeit-	(Vollmuth, Zwettler, 2016)
K104	Variable Fertigungskosten pro Stück	F		x		x								Benchmark für die Kostenstruktur im Fertigungsprozess	(Bauer, Hayessen, 2009)
K105	Variable Selbstkosten pro Stück	F		x		x								Kennzahl für Entscheidungen zur Verfahrenswahl, zum Make or Buy, zur Ermittlung des Segmenterfolgs und zur Break-Even-Analyse.	(Bauer, Hayessen, 2009)
K106	Verschuldungsgrad	F		x										Quote aus Fremdkapital zu Eigenkapital	(Vollmuth, Zwettler, 2016)
K107	Vorratsintensität	F		x		x								Auskunft über den Anteil der Vorratsbestände am Gesamtvermögen. Aufschluss über die Kapitalbindung in den Vorräten an Roh-, Hilfs-, Betriebsstoffen, Halb- und Fertigfabrikaten.	(Vollmuth, Zwettler, 2016)
K108	Wertschöpfung	F		x		x								Differenz von Produktionswert und Vorleistungen	(Vollmuth, Zwettler, 2016)
K109	Zahlungsrückstand	F		x							x		x	Summe aller Zahlungsrückstände seitens der Kunden	(TE Connectivity, 2018) - 6
K110	Zinskosten pro Fertigungsstunde	F		x		x								Bewertung der kalkulatorischen Zinsen in der Produktion	(Bauer, Hayessen, 2009)
K111	Anteil weiblicher Entwicklerinnen	HR	x					x					x	Relation der weiblichen Entwicklerinnen gegenüber der Gesamtzahl der Entwickler	(TE Connectivity, 2018) - 5

ID	Kennzahl / Bezeichnung	Primärer Funktionsbereich	Produktentwicklung (PE)	Finanzwesen (F)	Qualität (Q)	Produktion (OPS)	Rechtsabteilung (R)	Personalwesen (HR)	Sales and Operations Planning (S&OP)	Einkauf & Supply Chain (E/SC)	Sales & Produkt Management (S&PM)	Customer Service (CS)	Anwendung bei TE	Kurzbeschreibung	Literatur / Quelle
K112	Anzahl angestellter weiblicher Absolventen	HR	x	x	x	x	x	x	x	x	x	x	x	Relation neu eingestellter weiblicher Absolventen gegenüber der Gesamtzahl der Einstellungen	(TE Connectivity, 2018) - 5
K113	Anzahl Mitarbeiter mit hohem Potenzial	HR	x	x	x	x	x	x	x	x	x	x	x	Relation der Mitarbeiter mit hoch eingestuftem Potential gegenüber der Gesamtzahl der Mitarbeiter	(TE Connectivity, 2018) - 5
K114	Fehlzeitenquote	HR	x	x	x	x	x	x	x	x	x	x		Relation von Fehlzeiten zu Sollarbeitszeit	(Vollmuth, Zwettler, 2016)
K115	Fluktuation	HR	x	x	x	x	x	x	x	x	x	x		Relation von Personalabgang zu durchschnittlicher Beschäftigungszahl	(Vollmuth, Zwettler, 2016)
K116	Krankheitsquote	HR	x	x	x	x	x	x	x	x	x	x		Gibt Aufschluss über den Gesundheitszustand der Angestellten im zeitlichen Verlauf.	(Weber, 2011)
K117	Talentverlust	HR	x	x	x	x	x	x	x	x	x		x	Prozentsatz der verlorenen Mitarbeiten mit besonderem Talent	(TE Connectivity, 2018) - 5
K118	Überstunden	HR				x		x						Erhöhung der Produktionsmenge durch zeitliche Anpassung (Überstunden, zusätzliche Schichten)	(Weber, 2011)
K119	Unfallhäufigkeit	HR	x	x	x	x	x	x	x	x	x			Quote aus Arbeitsunfällen zu Gesamtmitarbeiterzahl	(Weber, 2011)
K120	Weiterbildungsaufwand Produktion	HR				x		x						Indirekter Indikator für das Know-How des Produktionspersonals	(Bauer, Hayessen, 2009)
K121	Zeit bis Zusage	HR						x					x	Anzahl der Tage von Ausschreibung bis Vertragsunterzeichnung bei Neueinstellung von Mitarbeitern.	(TE Connectivity, 2018) - 5
K122	Abnutzungsgrad Anlagen	OPS		x		x								Überwachung der Substanzerhaltung der Produktionsanlagen	(Bauer, Hayessen, 2009)
K123	Andon Wartezeit	OPS				x							x	Zeit von der Meldung des aktuellen (veränderten) Betriebszustands bis zur abgeschlossenen Behandlung (Korrektur)	(TE Connectivity, 2018) - 6
K124	Anlagen-Beschäftigungsgrad	OPS				x								Drückt aus, welcher Anteil des Kapazitätsangebots der Anlage im Plan oder Ist ausgenutzt wird.	(Bauer, Hayessen, 2009)
K125	Anzahl Material-Kanbans	OPS				x								Repräsentiert die Gesamtmenge im Versorgungsregelkreis. Zu geringe Kanban-Zahlen führen zu Störungen im Produktionsablauf (Abreißen der Kanban-Versorgung), zu viele Kanbans erhöhen die Kapitalbindung und beeinträchtigen den Kanban-Effekt.	(Bauer, Hayessen, 2009)
K126	Arbeiterleistung	OPS				x							x	Quantitative Bemessung der Leistung der Arbeiter	(TE Connectivity, 2017) - 4

ID	Kennzahl / Bezeichnung	Primärer Funktionsbereich	Produktentwicklung (PE)	Finanzwesen (F)	Qualität (Q)	Produktion (OPS)	Rechtsabteilung (R)	Personalwesen (HR)	Sales and Operations Planning (S&OP)	Einkauf & Supply Chain (E/SC)	Sales & Produkt Management (S&PM)	Customer Service (CS)	Anwendung bei TE	Kurzbeschreibung	Literatur / Quelle
K127	Arbeitsplatzauslastung	OPS				x							x	Bewertung der Auslastung von Arbeitsplätzen bemessen an vorgegebenen Output Richtwerten	(TE Connectivity, 2018) - 6
K128	Arbeitsplatzkapazität	OPS				x							x	Bemessung der Kapazität insb. bzgl. Engpass-Plätzen	(TE Connectivity, 2018) - 6
K129	Auftragsreichweite Produktion	OPS				x								Relation von Auftragsbestand zu Kapazitätsangebot	(Bauer, Hayessen, 2009)
K130	Auftragsrückstand	OPS				x								Erfassung aller Aufträge, deren Planendtermin zwar in der Vergangenheit liegt, die aber noch nicht rückgemeldet bzw. im Lager eingegangen sind	(Bauer, Hayessen, 2009)
K131	Ausbringung Fließfertigungsanlagen	OPS				x								Planung und Überwachung von Fließsystemen basierend auf vorgegebener Taktzeit	(Bauer, Hayessen, 2009)
K132	Ausfälle	OPS				x							x	Anzahl der Maschinenausfälle	(TE Connectivity, 2018) - 6
K133	Ausschusskosten	OPS				x								Bewertung des Ausschusses eines Auftrags in einer Produktionsstufe anhand der Herstellkosten	(Bauer, Hayessen, 2009)
K134	Ausschussrate	OPS				x							x	Anzahl Schlechtteile gegenüber Gesamtanzahl produzierter Teile	(TE Connectivity, 2018) - 6
K135	Bedienerlaufzeiten	OPS				x							x	Bemessung der Laufzeiten eines Bedieners in min/Std	(TE Connectivity, 2018) - 6
K136	Belegungszeit Auftrag	OPS				x								Zeit von Rüstvorgang bis zur Freigabe des Produktionssystems für den nächsten Auftrag.	(Bauer, Hayessen, 2009)
K137	Beleuchtungsstärke	OPS				x								Lichtstrom pro Fläche. Wichtige Kenngröße des Beleuchtungsniveaus.	(Bokranz, Landau, 2014)
K138	Benachrichtigungsalarm-Reaktionszeit	OPS				x							x	Zeit von der Meldung des aktuellen (veränderten) Betriebszustands bis zum Start der Behandlung (Korrektur)	(TE Connectivity, 2018) - 6
K139	CER Einsparung	OPS				x							x	Differenz von Plan- und Ist-Ausgaben im CER	(TE Connectivity, 2018) - 1
K140	CNC (Computerized Numerical Control) Programmierkosten pro Fertigungsstunde	OPS				x								Benchmark für den Programmierprozess	(Bauer, Hayessen, 2009)
K141	Durchlaufzeit Produktionsauftrag	OPS				x								Zeit von Auftragsstart bis Auftragsende abzüglich Nichtarbeitstage	(Bauer, Hayessen, 2009)

ID	Kennzahl / Bezeichnung	Primärer Funktionsbereich	Produktentwicklung (PE)	Finanzwesen (F)	Qualität (Q)	Produktion (OPS)	Rechtsabteilung (R)	Personalwesen (HR)	Sales and Operations Planning (S&OP)	Einkauf & Supply Chain (E/SC)	Sales & Produkt Management (S&PM)	Customer Service (CS)	Anwendung bei TE	Kurzbeschreibung	Literatur / Quelle
K142	Durchlaufzeit Produktionsprojekte	OPS				x								Produktionsprojekte sind Planungs- und Entwicklungsvorhaben für neue Verfahren, neue Produkte, Werksgründungen, Investitionen, IT-Vorhaben etc. Ihre effiziente Abwicklung bestimmt langfristig die Wettbewerbsfähigkeit der Produktion.	(Bauer, Hayessen, 2009)
K143	Durchlaufzeitfaktor	OPS				x								Maßstab für den nicht-wertschöpfenden Anteil an der Durchlaufzeit. Relation zwischen Ist-Durchlaufzeit und Ist-Belegungszeit.	(Bauer, Hayessen, 2009)
K144	Durchschnittliche Auftragslosgröße	OPS				x								Hauptstellgröße für die Nutzung von Skalierungseffekten. Relation Auftragslosgrößen zu Auftragsanzahl	(Bauer, Hayessen, 2009)
K145	Durchschnittlicher Lagerbestand	OPS				x								Lagerbestand bindet Kapital und verursacht Lagerkosten. = Stellgröße für den ROI, Working Capital und Betriebsergebnis.	(Bauer, Hayessen, 2009)
K146	Durchschnittliches Maschinenalter	OPS				x								Gibt Hinweise auf die praktizierte Investitionspolitik und die daraus resultierende Substanzerhaltung.	(Bauer, Hayessen, 2009)
K147	Effizienz	OPS				x							x	Bemessung der Maschineneffizienz	(TE Connectivity, 2018) - 6
K148	Einsparungen	OPS	x	x		x				x			x	Summe aller durch Verbesserungen erzielten Einsparungen pro Jahr	(TE Connectivity, 2017) - 4
K149	Energiekosten pro Fertigungsstunde	OPS		x		x								Einsatz als Benchmark für die Energieversorgung. Ziel: energiesensitive Investitionsentscheidungen	(Bauer, Hayessen, 2009)
K150	Fertigungs- und Werkstattfläche	OPS				x								Summe aller Maschinenarbeitsplatzflächen	(Bokranz, Landau, 2014)
K151	Fertigungskosten pro Fertigungsstunde	OPS		x		x								Indikator für die wirtschaftliche Fertigung	(Bauer, Hayessen, 2009)
K152	Fertigungskosten pro Stück	OPS		x		x								Benchmark für den Fertigungsprozess.	(Bauer, Hayessen, 2009)
K153	Fertigungskostenanteil	OPS		x		x								Benchmark für brancheninterne Vergleiche. Wird beeinflusst durch Fertigungstiefe und Umfang der Fremdvergabe.	(Bauer, Hayessen, 2009)
K154	Flächennutzungsgrad	OPS				x								Relation von Werkstattfläche zu Gesamtfläche	(Bokranz, Landau, 2014)
K155	Flexibilität der Anlagen	OPS				x					x			Definiert die Produkt-, Standort- und/oder Skalierungsflexibilität. Flexibilität erhöht die Kundenbindung und erleichtert den Markteintritt bei Neukunden mit abweichenden Produktwünschen.	(Bauer, Hayessen, 2009)

ID	Kennzahl / Bezeichnung	Primärer Funktionsbereich	Produktentwicklung (PE)	Finanzwesen (F)	Qualität (Q)	Produktion (OPS)	Rechtsabteilung (R)	Personalwesen (HR)	Sales and Operations Planning (S&OP)	Einkauf & Supply Chain (E/SC)	Sales & Produkt Management (S&PM)	Customer Service (CS)	Anwendung bei TE	Kurzbeschreibung	Literatur / Quelle
K156	Fluktuationsrate Produktion	OPS				x								Indikator für Motivationsdefizite der Mitarbeiter und für falsche Führungstechnik der Leitungsinstanzen. Gibt Hinweise auf Organisationsdefizite und ungenügende Anreizsysteme.	(Bauer, Hayessen, 2009)
K157	Gesamtproduktivitätsverbesserung	OPS				x							x	Gesamtheitliche Bemessung der Produktivitätsverbesserung in einer ganzen Fabrik	(TE Connectivity, 2018) - 5
K158	Gesamtwirkungsgrad Maschine/ Werkzeug	OPS				x							x	Maschinenindividuelle Errechnung der Effizienz aus den Faktoren Verfügbarkeit, Ausbringung und Qualität. Unproduktive Zeiten für Umrüsten, Störungsbeseitigungen, Reparatur und Wartung mindern den Wert Verfügbarkeit. Ein hoher Ausschusswert sowie geringe Arbeitsgeschwindigkeit verschlechtern die OEE.	(TE Connectivity, 2016) - 3
K159	Gesamtwirkungsgrad Maschine/ Werkzeug (stückmäßig)	OPS				x							x	Anzahl der Gutteile gegenüber aller theoretisch herzustellenden Gutteile	(TE Connectivity, 2018) - 6
K160	Gesamtwirkungsgrad Maschine/ Werkzeug (zeitmäßig)	OPS				x							x	Effektive Produktionszeit gegenüber der verfügbaren Produktionszeit	(TE Connectivity, 2018) - 6
K161	Herstellkosten pro Stück	OPS		x		x								Benchmark für den gesamten Produktionsprozess eines Produkts unabhängig von der jeweiligen Fertigungstiefe	(Bauer, Hayessen, 2009)
K162	Innovationsindex	OPS				x							x	Prozentuale Bewertung; Folgende Punkte werden einbezogen: Quick Change Over, Leakage Test, Cycle Time Reduction, Family Mold Assembly, Endless Lifetime Tooling, Reuse of Sprues, Direct Gating, 53P Molding, Sensors as detection, Sensors as control	(TE Connectivity, 2017) - 5
K163	Instandhaltungsfaktor	OPS				x								Üblicherweise korrelieren die Instandhaltungsaufwendungen mit dem Anlagenkaufpreis. Der Instandhaltungsfaktor eignet sich daher als kapitalsensitiver Benchmark für geplante Investitionen. Kennzahl erlaubt herstellerbezogene bzw. maschinenspezifische Planung von Instandhaltungskosten.	(Bauer, Hayessen, 2009)
K164	Instandhaltungskosten pro Fertigungsstunde	OPS		x		x								Relation von Instandhaltungskosten und Fertigungsstunden. Dient u.a. als Benchmark für einen effizienten Instandhaltungsprozess.	(Bauer, Hayessen, 2009)
K165	IT-Kosten pro Fertigungsstunde	OPS		x		x								Effiziente IT als Mittel zur Optimierung der Material-, Termin- und Kapazitätsplanung.	(Bauer, Hayessen, 2009)
K166	Jedes Teil im Intervall	OPS				x							x	Kennzahl EPEI gibt an, in welchem Zeitraum alle Typenvarianten nacheinander einmal produziert werden können	(Dombrowski, Mielke, 2015)
K167	Kapazitätsauslastung	OPS				x								Relation der tatsächlichen Ausbringungsmenge gegenüber möglicher Ausbringungsmenge	(Vollmuth, Zwettler, 2016)

ID	Kennzahl / Bezeichnung	Primärer Funktionsbereich	Produktentwicklung (PE)	Finanzwesen (F)	Qualität (Q)	Produktion (OPS)	Rechtsabteilung (R)	Personalwesen (HR)	Sales and Operations Planning (S&OP)	Einkauf & Supply Chain (E/SC)	Sales & Produkt Management (S&PM)	Customer Service (CS)	Anwendung bei TE	Kurzbeschreibung	Literatur / Quelle
K168	Kapitalabhängige Kosten pro Fertigungsstunde	OPS		x		x								Frühindikator für eine kritische Wettbewerbssituation bei zurückgehender Beschäftigung.	(Bauer, Hayessen, 2009)
K169	Kapitalbindung Lager	OPS		x		x								Aussagefähigere Kennzahl als der Lagerbestand. Dient zu Controlling-Zwecken.	(Bauer, Hayessen, 2009)
K170	Kleinausfälle	OPS				x							x	Bemessung der Anzahl von Kleinausfällen; Basis: Qualitätsregelkarte	(TE Connectivity, 2018) - 6
K171	Klima und Lüftung	OPS				x								Klima-Indice zur Bewertung eines Hitze- bzw. Kälteklimas auf Basis einer Wärmebilanzgleichung	(Bokranz, Landau, 2014)
K172	Kommissionierzeit	OPS				x								Summe von Zusammenführungszeit und Bearbeitungszeit (Ware / Person)	(Bokranz, Landau, 2014)
K173	Kontrast	OPS				x								Unterschied in der optischen Erscheinung durch unterschiedliche Leuchtdichten oder Farbgestaltung.	(Bokranz, Landau, 2014)
K174	Kooperationsgrad	OPS				x								Ermittlung der Verknüpfung von Arbeitssystemen mittels Berücksichtigung von Material- und Informationsfluss	(Bokranz, Landau, 2014)
K175	Kosten durch schlechte Qualität	OPS	x		x	x							x	Relation der Kosten verursacht durch schlechte Qualität gegenüber den Gesamtkosten aller Verkaufsteile	(TE Connectivity, 2018) - 5
K176	Kostenabweichung Kostenstelle	OPS				x								Beurteilung der Wirtschaftlichkeit einer Kostenstelle	(Bauer, Hayessen, 2009)
K177	Lagerdauer	OPS		x		x								Gibt an, wie lange die Vorräte und das zu ihrer Finanzierung erforderliche Kapital im Durchschnitt gebunden sind.	(Vollmuth, Zwettler, 2016)
K178	Lagerflächennutzungsgrad	OPS				x								Relation von belegter Lagerfläche zur verfügbaren Gesamtlagerfläche	(Weber, 2011)
K179	Lagerkosten Artikel	OPS		x		x								Kostenkomponente der Bestandsführung	(Bauer, Hayessen, 2009)
K180	Lagerkostensatz	OPS		x		x								Benchmark für eine effiziente Lagerung. Zeigt, welcher Prozentsatz eines Lagerwertes jährlich für die Lagerkosten anzusetzen ist.	(Bauer, Hayessen, 2009)
K181	Leerkosten einer Anlage	OPS		x		x								Bewertung der Unterbeschäftigung einer Anlage	(Bauer, Hayessen, 2009)
K182	Leistungsgrad	OPS				x								Evaluierung der Leistung von Arbeitspersonen.	(Bokranz, Landau, 2014)
K183	Leuchtdichte	OPS				x								Helligkeitseindruck, den ein Beobachter von einer Fläche hat	(Bokranz, Landau, 2014)

ID	Kennzahl / Bezeichnung	Primärer Funktionsbereich	Produktentwicklung (PE)	Finanzwesen (F)	Qualität (Q)	Produktion (OPS)	Rechtsabteilung (R)	Personalwesen (HR)	Sales and Operations Planning (S&OP)	Einkauf & Supply Chain (E/SC)	Sales & Produkt Management (S&PM)	Customer Service (CS)	Anwendung bei TE	Kurzbeschreibung	Literatur / Quelle
K184	Lichtstärke	OPS				x								Lichtstrom, der in einem bestimmten Raumwinkel abgegeben wird	(Bokranz, Landau, 2014)
K185	Lohnkosten pro Fertigungsstunde	OPS		x		x								Maßstab für die Personalproduktivität in der Fertigung	(Bauer, Hayessen, 2009)
K186	Maschinenarbeitsplatzfläche	OPS				x								Summe aus Maschinengrundfläche und den Bedien-/Wartungs-/Sicherheitsflächen	(Bokranz, Landau, 2014)
K187	Maschinenbestückung	OPS				x							x	Effizienz der Maschinenbestückung	(TE Connectivity, 2018) - 6
K188	Maschineninstandhaltungskosten	OPS		x		x								Kosten für die Maschineninstandhaltung	(Weber, 2011)
K189	Maschinenkonnektivitätslevel	OPS				x							x	Anzahl über IT verbundener Maschinen	(TE Connectivity, 2018) - 1
K190	Maschinennutzung	OPS				x							x	Zeit der tatsächlichen Maschinennutzung gegenüber der geplanten Nutzungszeit	(TE Connectivity, 2018) - 6
K191	Maschinenreparaturkosten	OPS		x		x								Kosten für die Maschinenreparatur	(Weber, 2011)
K192	Materialproduktivität	OPS		x		x							x	Bemessung der Reduzierung des Materialverbrauchs	(TE Connectivity, 2018) - 6
K193	Maximale Regranulatzugabe	OPS				x							x	Maximal erlaubter Prozentsatz der Wiederverwendung von Granulat aus vergangenen Spritzgussvorgängen	(TE Connectivity, 2018) - 6
K194	Mikroausfälle	OPS				x							x	Anzahl der Mikroausfälle. Gibt Aufschluss über Prozessstabilität.	(TE Connectivity, 2017) - 4
K195	Mittlere Reparaturzeit	OPS				x							x	Durchschnittliche Reparaturzeit aller Reparaturen	(TE Connectivity, 2018) - 6
K196	Mittlere Zeit zwischen Ausfällen	OPS				x							x	Durchschnittliche Zeit zwischen zwei Ausfällen an einer Maschine	(TE Connectivity, 2018) - 6
K197	Nacharbeitskosten	OPS		x	x	x								Indirekter Hinweis auf Störgrößen im Fertigungsprozess	(Bauer, Hayessen, 2009)
K198	Personalaufwandsquote	OPS				x		x						Relation Personalaufwand zu Gesamtleistung	(Vollmuth, Zwettler, 2016)
K199	Personenbedingte Ausfallrate	OPS				x		x						Indikator für Schwachstellen in der Personalführung und Arbeitsorganisation	(Bauer, Hayessen, 2009)
K200	Produktinhaltsanteil	OPS				x							x	Anteil des Materials im finalen Produkt gegenüber dem ursprünglich eingesetzten Rohmaterial	(TE Connectivity, 2016) - 3
K201	Produktionseffizienz	OPS		x		x								Relation Umsatz zur Anzahl der produktiven Mitarbeiter	(Weber, 2011)

ID	Kennzahl / Bezeichnung	Primärer Funktionsbereich	Produktentwicklung (PE)	Finanzwesen (F)	Qualität (Q)	Produktion (OPS)	Rechtsabteilung (R)	Personalwesen (HR)	Sales and Operations Planning (S&OP)	Einkauf & Supply Chain (E/SC)	Sales & Produkt Management (S&PM)	Customer Service (CS)	Anwendung bei TE	Kurzbeschreibung	Literatur / Quelle
K202	Produktionsstunden	OPS				x							x	Gesamtstunden laufender Produktion	(TE Connectivity, 2018) - 6
K203	Produktivität	OPS		x		x							x	Ausbringungsmenge im Verhältnis zur jeweiligen Faktoreinsatzmenge	(Weber, 2011)
K204	Prozessfähigkeit	OPS				x								Vermögen eines Arbeitssystems, Spezifikationen zu einem Qualitätsmerkmal zu erfüllen.	(Bokranz, Landau, 2014)
K205	Qualitätsabweichung Zulieferer	OPS				x			x	x				Beurteilung des Qualitätsniveaus einer einzelnen Lieferung, eines Lieferanten oder eines internen Materialversorgungsbereichs	(Bauer, Hayessen, 2009)
K206	Qualitätskosten pro Fertigungsstunde	OPS		x		x								Qualitätskosten beinhalten Prüfkosten, Fehlerverhütungskosten, Fehlerkosten. Relation Qualitätskosten über Fertigungsstunden.	(Bauer, Hayessen, 2009)
K207	Regranulatnutzung	OPS				x							x	Prozentsatz der Wiederverwendung von Granulat aus vergangenen Spritzgussvorgängen	(TE Connectivity, 2018) - 6
K208	Rückstand	OPS				x								Anzahl der nicht ausgeführten Aufträge	(Weber, 2011)
K209	Rüstanzahl	OPS				x								Minimalanzahl der Rüstungen. Ergibt sich aus Division der Produktionsmenge durch die optimale Losgröße.	(Weber, 2011)
K210	Rüstkosten pro Auftrag	OPS				x								Wesentlicher Erfolgsfaktor einer wirtschaftlichen Produktion	(Bauer, Hayessen, 2009)
K211	Rüstzeit Auftrag	OPS				x							x	Zeitbedarf zur Rüstung eines Auftrags	(TE Connectivity, 2018) - 6
K212	Schall	OPS				x								Bewertung der Schallbelastung durch Frequenz und Schallstärke	(Bokranz, Landau, 2014)
K213	Schnellrüstung	OPS				x							x	Bemessung der Rüstzeit	(TE Connectivity, 2018) - 6
K214	Spielzeit	OPS				x								Summe aus den wegeabhängigen Fahr- und Hubzeiten inkl. Brems- und Beschleunigungszeiten und wegeunabhängigen Verweilzeiten an den Ein- und Auslagerungsplätzen	(Bokranz, Landau, 2014)
K215	Stillstandszeit	OPS				x				x			x	Stillstandzeiten aufgrund Materialmangel, Personalmangel, technischer Probleme, fehlender Aufträge, Rüstzeiten	(Weber, 2011)
K216	Taktzeit	OPS				x								Quotient aus Kapazitätsbestand und Arbeitsmenge je Schicht	(Bokranz, Landau, 2014)
K217	Technische Verfügbarkeit	OPS				x								Relation von Nutzungszeit und Betriebszeit	(Bokranz, Landau, 2014)
K218	Terminabweichung der Produktionsaufträge	OPS				x								Indikator für die Termintreue.	(Bauer, Hayessen, 2009)
K219	Dimensionen / Produktmaße	OPS	x			x								Erlaubte Maßabweichung	(TE Connectivity, 2016) - 3

ID	Kennzahl / Bezeichnung	Primärer Funktionsbereich	Produktentwicklung (PE)	Finanzwesen (F)	Qualität (Q)	Produktion (OPS)	Rechtsabteilung (R)	Personalwesen (HR)	Sales and Operations Planning (S&OP)	Einkauf & Supply Chain (E/SC)	Sales & Produkt Management (S&PM)	Customer Service (CS)	Anwendung bei TE	Kurzbeschreibung	Literatur / Quelle
K220	Umrüstungen	OPS				x							x	Anzahl der Umrüstungen pro Maschine in einem bestimmten Zeitintervall	(TE Connectivity, 2018) - 6
K221	Umschlagshäufigkeit	OPS				x								Schlüsselkennzahl zur Beurteilung der Bestandsführung und Lagerwirtschaft. Sie ermittelt sich aus dem durchschnittlichen Bestand und dem Jahresverbrauch der jeweiligen Lagerposition.	(Bauer, Hayessen, 2009)
K222	Umstellungsproduktivität	OPS				x							x	Bewertung der Produktivität, die durch Umstellungen im Prozess bzw. Produkt entsteht.	(TE Connectivity, 2018) - 6
K223	Vorbereitungszeit	OPS				x							x	Zeitbedarf zur Vorbereitung einer Maschine für den nächsten Auftrag	(TE Connectivity, 2018) - 6
K224	Vorfallsrate (Gesamtaufzeichnung)	OPS				x							x	Anzahl der Produktionsstörungen	(TE Connectivity, 2018) - 5
K225	Vorratsumschlagshäufigkeit	OPS				x			x	x				Beziehung zwischen den Aufwendungen an Roh-, Hilfs- und Betriebsstoffen und dem durchschnittlichen Lagerbestand an Roh-, Hilfs- und Betriebsstoffen	(Vollmuth, Zwettler, 2016)
K226	Werkzeuginstandhaltungskosten	OPS		x		x								Kosten für die Werkzeuginstandhaltung	(Weber, 2011)
K227	Werkzeugkosten pro Fertigungsstunde	OPS		x		x								Dient als Benchmark für das Werkzeugmanagement und beeinflusst die Fertigungskosten des Produkts über den Kostensatz der Kostenstelle.	(Bauer, Hayessen, 2009)
K228	Werkzeugreparaturkosten	OPS		x		x								Kosten für die Werkzeugreparatur	(Weber, 2011)
K229	Zeitgrad	OPS				x								Maß für die Performance aller an einem Auftrag beteiligten Personen im Zusammenwirken mit dem Produktionssystem.	(Bauer, Hayessen, 2009)
K230	Zykluszeit	OPS				x							x	Zeit zum vollständigen Durchlaufen einer (Produktions-)Anlage	(TE Connectivity, 2018) - 6
K231	Entwicklungsanteil NPD (New Product Development)	PE	x										x	Bemessung der Entwicklungsstunden, die für Neuprodukte aufgewendet werden	(TE Connectivity, 2018) - 5
K232	Innovationsrate	PE	x			x					x			Kennzahl zeigt, welcher Anteil des Umsatzes mit neuen Produkten realisiert wird.	(Bauer, Hayessen, 2009)
K233	Produkteinführungszeit	PE	x	x	x	x	x			x	x		x	Bevorzugter Benchmark zur zeitlichen Beurteilung des Innovationsprozesses	(Bauer, Hayessen, 2009)
K234	Pünktlicher PPAP (Production Part Approval Process)	PE	x		x	x				x	x		x	Bemessung der Pünktlichkeit des PPAPs gegenüber des gewünschten Kundentermins	(TE Connectivity, 2018) - 5

ID	Kennzahl / Bezeichnung	Primärer Funktionsbereich	Produktentwicklung (PE)	Finanzwesen (F)	Qualität (Q)	Produktion (OPS)	Rechtsabteilung (R)	Personalwesen (HR)	Sales and Operations Planning (S&OP)	Einkauf & Supply Chain (E/SC)	Sales & Produkt Management (S&PM)	Customer Service (CS)	Anwendung bei TE	Kurzbeschreibung	Literatur / Quelle
K235	Zielfinanzen - Markteinführung	PE	x								x		x	Bewertung der Genauigkeit der Gewinnmarge durch Vergleich der Finanzen zum Zeitpunkt der Kapitalgenehmigung gegenüber SOP (Start of Production)	(TE Connectivity, 2018) - 5
K236	Zuwachs Entwicklungseffizienz	PE	x	x									x	Verhältnis der Entwicklungsausgaben zum gewonnenem Projektneugeschäft	(TE Connectivity, 2018) - 5
K237	Anzahl defekter Lose (pro Million)	Q			x					x			x	Anzahl defekter Lose	(TE Connectivity, 2018) - 5
K238	Kundenbeschwerden	Q			x	x							x	Relation der Anzahl von Kundenbeschwerden gegenüber aller Lieferungen	(TE Connectivity, 2018) - 5
K239	Qualitätsstörungen	Q	x		x	x							x	Anzahl der Qualitätsstörungen. Gibt Aufschluss über die Produkt-/Prozessanfälligkeit.	(TE Connectivity, 2016) - 3
K240	Kundenzufriedenheit (Vertragsprüfung)	R					x				x	x	x	Kundenzufriedenheitsindex bzgl. Zeitdauer der Vertragsprüfung	(TE Connectivity, 2018) - 5
K241	Bedarf	S&OP							x				x	Anzahl bestellter Teile	(TE Connectivity, 2018) - 6
K242	Bedarfsdeckung	S&OP							x				x	Anzahl produzierter Teile gegenüber bestellter Teile	(TE Connectivity, 2018) - 6
K243	Lieferbereitschaft	S&OP				x			x	x				Anzahl der ausgeführten Aufträge in Relation zur Gesamtzahl der Aufträge	(Weber, 2011)
K244	Liefertreue	S&OP				x			x	x			x	Bemessung der Pünktlichkeit der Lieferung zum gewünschten Kundentermin	(TE Connectivity, 2018) - 5
K245	Lieferung - pünktlich & vollständig	S&OP				x			x	x			x	Bemessung der Pünktlichkeit und Vollständigkeit der Lieferung zum gewünschten Kundentermin	(TE Connectivity, 2018) - 5
K246	Termintreue Einzelauftrag	S&OP				x			x	x			x	Bemessung der Pünktlichkeit der Lieferung zum zugesagten Kundentermin	(TE Connectivity, 2018) - 5
K247	Termintreue Gesamt	S&OP				x			x	x				Verhältnis von der Anzahl nicht termingerecht gelieferter Aufträge zur Anzahl aller gelieferten Aufträge	(Weber, 2011)
K248	Vorratsreichweite	S&OP				x			x	x			x	Reichweite des Vorrats in Tagen	(TE Connectivity, 2018) - 5
K249	Vorratstage	S&OP				x			x	x			x	Reichweite des Vorrats in Tagen	(TE Connectivity, 2018) - 6
K250	Einnahmenpipeline	S&PM		x							x		x	Bemessung von Plan- und Istwert der Einnahmen	(TE Connectivity, 2018) - 5
K251	Kundenauftragsreichweite	S&PM		x		x					x			Relation Summe Auftragsmenge x Standardpreis gegenüber Monatsumsatz. Ableitung von Beschaffungsvolumen und erforderliche Produktionskapazität. Frühindikator für die Beschäftigung der Produktion.	(Bauer, Hayessen, 2009)

ID	Kennzahl / Bezeichnung	Primärer Funktionsbereich	Produktentwicklung (PE)	Finanzwesen (F)	Qualität (Q)	Produktion (OPS)	Rechtsabteilung (R)	Personalwesen (HR)	Sales and Operations Planning (S&OP)	Einkauf & Supply Chain (E/SC)	Sales & Produkt Management (S&PM)	Customer Service (CS)	Anwendung bei TE	Kurzbeschreibung	Literatur / Quelle
K252	Kundenindex	S&PM				x					x	x		Relation der Kundenanzahl im aktuellen Jahr gegenüber der Kundenanzahl zum Basiszeitpunkt	(Vollmuth, Zwettler, 2016)
K253	Kundenzufriedenheitsindex	S&PM									x	x	x	Quantitative Bemessung der Zufriedenheit externer Kunden in einem Zeitverlauf	(TE Connectivity, 2018) - 5
K254	Marktsättigungsgrad	S&PM									x			Relation des Angebotsvolumens gegenüber Marktpotenzial	(Vollmuth, Zwettler, 2016)
K255	Preiselastizität	S&PM		x							x			Relation der prozentualen Mengenänderung gegenüber der prozentualen Preisänderung	(Vollmuth, Zwettler, 2016)
K256	Preisindex	S&PM		x							x			Relation des Preises im Ermittlungszeitraum gegenüber dem Preis im Basiszeitraum	(Vollmuth, Zwettler, 2016)
K257	Produktionsbedingte Kundenverluste	S&PM				x			x		x			Indikator für die Kundenbindung	(Bauer, Hayessen, 2009)
K258	Produktionsbedingte Neukunden	S&PM				x			x		x			Erfassung von Neukunden, die wesentlich aufgrund von Produktionsbedingungen gewonnen wurden. Relation produktionsbasierter Neukunden gegenüber Gesamtzahl der Kunden.	(Bauer, Hayessen, 2009)
K259	Produktionsbedingte Reklamationen	S&PM				x			x		x			Teilaspekt der Kundenzufriedenheit	(Bauer, Hayessen, 2009)
K260	Relativer Marktanteil	S&PM		x							x			Relation des eigenen Marktanteils gegenüber dem Marktanteil vom Marktführer	(Vollmuth, Zwettler, 2016)
K261	Terminabweichung Kundenauftrag	S&PM									x			Bewertung der Termineinhaltung	(Bauer, Hayessen, 2009)
K262	Time-to-Cash Kundenauftrag	S&PM		x							x			Durchlaufzeit des Kundenauftrags einschließlich Fakturierungsprozess und Zahlungseingang durch den Kunden	(Bauer, Hayessen, 2009)
K263	Umsatzanteile Produktportfolio	S&PM		x							x			Evaluierung des Produktprogramms nach Marktwachstum und relativem Marktanteil. Relation Umsatz Produktklassifizierung gegenüber Gesamtumsatz	(Bauer, Hayessen, 2009)
K264	Umsatzwachstum	S&PM		x							x		x	Bemessung des jährlichen Umsatzwachstums gegenüber des Marktwachstums.	(TE Connectivity, 2018) - 5

C - Vollständiger Methodenkatalog

		Referenziert in:										
ID	Methode / Technik / Tool	EFQM	Factory Physics	GENESIS	ifaa	MTM	Nadler	REFA	Six Sigma	TE-spezifisch	Sonstige	Literatur / Quelle der Methode / Technik / Tool
M1	20 Keys				x							(ifaa, 2008)
M2	4-C-Analyse-Konzept										x	(Schawel, Billing, 2009)
M3	4-Stufen-Modell zur Rüstzeitreduktion								x			(George, Rowlands, Price, Maxey, 2016)
M4	4W-Checkliste										x	(Brunner, 2017)
M5	53 Points Checklist									x		(TE Connectivity, 2016) - 1
M6	5S (+1) / 5-A-Methode				x				x	x	x	(George, Rowlands, Price, Maxey, 2016)
M7	5-Why Analyse								x			(George, Rowlands, Price, Maxey, 2016)
M8	6-3-5 Methode				x						x	(ifaa, 2008)
M9	6-Hut-Denken										x	(Schawel, Billing, 2009)
M10	6-Stufen Methode nach REFA							x			x	(REFA, 1984)
M11	6-W-Hinterfragetechnik										x	(Gorecki, Pautsch, 2016)
M12	7 Arten der Verschwendung				x							(ifaa, 2008)
M13	7-S-Modell										x	(Schawel, Billing, 2009)
M14	8D Report										x	(Theden, Colsman, 2013)
M15	8-Stufen Prozess für die Umsetzung tiefgreifenden Wandels	x										(Gucanin, 2003)
M16	A3 Report										x	(Gorecki, Pautsch, 2016)
M17	ABC Analyse				x						x	(ifaa, 2008)
M18	Ablaufanalyse							x				(REFA, 1984)
M19	Ablaufprinzipien							x				(REFA, 1984)
M20	Activity Based Costing										x	(Schawel, Billing, 2009)
M21	Affinitätsdiagram				x				x		x	(ifaa, 2008)
M22	AGIL Schema (Adaptation - Goal Attainment - Integration - Latency (maintenance of patterns))	x										(Gucanin, 2003)
M23	Akkordlohn							x				(REFA, 1984)
M24	Alert Notification and Response									x		TE Connectivity (2018) - 1

		Referenziert in:										
ID	Methode / Technik / Tool	EFQM	Factory Physics	GENESIS	ifaa	MTM	Nadler	REFA	Six Sigma	TE-spezifisch	Sonstige	Literatur / Quelle der Methode / Technik / Tool
M25	Alternativen-Bewertung										x	(Schawel, Billing, 2009)
M26	Amortisationsrechnung				x							(ifaa, 2008)
M27	Analyse qualitätsbedingter Verluste										x	(Brunner, 2017)
M28	Andon										x	(Gorecki, Pautsch, 2016)
M29	Anforderungsanalyse							x				(REFA, 1984)
M30	Anforderungsprofile							x				(REFA, 1984)
M31	Anforderungsquantifizierung							x				(REFA, 1984)
M32	Anlageneffektivität										x	(Gorecki, Pautsch, 2016)
M33	Anlagenerhaltung										x	(Gorecki, Pautsch, 2016)
M34	Ansoff-Matrix										x	(Schawel, Billing, 2009)
M35	Anthropometrische Arbeits-platzgestaltung							x				(REFA, 1985)
M36	Arbeitsablaufanalyse				x							(ifaa, 2008)
M37	Arbeitsbeschreibung							x				(REFA, 1984)
M38	Arbeitsenergieumsatz-Rechner				x							(ifaa, 2008)
M39	Arbeitsmittelgestaltung							x				(REFA, 1985)
M40	Arbeitsplatzgestaltung					x						(Bokranz, Landau, 2006)
M41	Arbeitsstrukturierung				x			x				(REFA, 1985)
M42	Arbeitssystemgestaltung					x						(Bokranz, Landau, 2006)
M43	Arbeitsunterweisung				x							(ifaa, 2008)
M44	ARIZ (Algorithmus zur Lösung erfinderischer Auf-gaben)										x	(Schawel, Billing, 2009)
M45	Aspektweise Systembetrach-tung										x	(Schweizer, 2008)
M46	Audits			x								(Wildemann, 1996)
M47	Aufgabenanalyse					x						(Bokranz, Landau, 2006)
M48	Aufgabenstrukturerhebung					x						(Bokranz, Landau, 2006)
M49	Aufgabensynthese					x						(Bokranz, Landau, 2006)
M50	Aus dem System heraus-springen										x	(Schweizer, 2008)
M51	Automation									x		(TE Connectivity, 2017) - 1
M52	Autonome Instandhaltung										x	(Brunner, 2017)
M53	Axiomatic Design										x	(Silverstein, Samuel, DeCarlo, 2012)

		Referenziert in:										
ID	Methode / Technik / Tool	EFQM	Factory Physics	GENESIS	ifaa	MTM	Nadler	REFA	Six Sigma	TE-spezifisch	Sonstige	Literatur / Quelle der Methode / Technik / Tool
M54	Balanced Scorecard				x						x	(ifaa, 2008)
M55	Barcodes									x		(Iwaguchi, Sato, Shinoda, 1997)
M56	Basic Motion Timestudy										x	(Maynard, 1956)
M57	Baumdiagramm										x	(Theden, Colsman, 2013)
M58	BCG (Boston Consulting Group) Matrix										x	(Schawel, Billing, 2009)
M59	Befragung							x				(REFA, 1978)
M60	Benchmarking		x		x				x	x	x	(ifaa, 2008)
M61	Bedarfsanalyse										x	(Schweizer, 2008)
M62	Beschaffungsmanagement										x	(Schawel, Billing, 2009)
M63	Beschwerdemanagement	x										(Gucanin, 2003)
M64	Bestandsreduzierung	x										(Gucanin, 2003)
M65	Betriebsanalyse										x	(Schweizer, 2008)
M66	Betriebsmittelnutzung							x				(REFA, 1984)
M67	Bewegungsablaufgestaltung							x				(REFA, 1985)
M68	Bewegungsstudium							x				(REFA, 1984)
M69	Beyond Budgeting										x	(Schawel, Billing, 2009)
M70	Biomimicry										x	(Silverstein, Samuel, DeCarlo, 2012)
M71	Bionik				x						x	(ifaa, 2008)
M72	Blind- und Fehlleistungen vermeiden										x	(Brunner, 2017)
M73	Boxplot								x			(George, Rowlands, Price, Maxey, 2016)
M74	Brainstorming				x				x		x	(ifaa, 2008)
M75	Brainwriting 6-3-5										x	(Silverstein, Samuel, DeCarlo, 2012)
M76	Break-even-Analyse				x							(ifaa, 2008)
M77	Business Process Reengineering											(Schawel, Billing, 2009)
M78	Cause & Effect Matrix								x			(George, Rowlands, Price, Maxey, 2016)
M79	Capacity Check Dashboard									x		(TE Connectivity, 2017) - 3
M80	Cardboard										x	(Gorecki, Pautsch, 2016)
M81	Cause and Effect Diagram										x	(Silverstein, Samuel, DeCarlo, 2012)
M82	Chaku-Chaku-Zelle										x	(Gorecki, Pautsch, 2016)
M83	Change Management										x	(Schawel, Billing, 2009)

		Referenziert in:										
ID	Methode / Technik / Tool	EFQM	Factory Physics	GENESIS	ifaa	MTM	Nadler	REFA	Six Sigma	TE-spezifisch	Sonstige	Literatur / Quelle der Methode / Technik / Tool
M84	Chi-Quadrat Test								x			(George, Rowlands, Price, Maxey, 2016)
M85	Coaching										x	(Schawel, Billing, 2009)
M86	Cognitive Style										x	(Silverstein, Samuel, DeCarlo, 2012)
M87	Collective Notebook										x	(Schweizer, 2008)
M88	Component Tracking									x		(TE Connectivity, 2017) - 2
M89	Computer Aided Quality									x		(TE Connectivity, 2018) - 1
M90	Concept Tree										x	(Silverstein, Samuel, DeCarlo, 2012)
M91	Conjoint Analysis				x						x	(Silverstein, Samuel, DeCarlo, 2012)
M92	Control Plan										x	(Silverstein, Samuel, DeCarlo, 2012)
M93	Creative Challenge										x	(Silverstein, Samuel, DeCarlo, 2012)
M94	Customer Relationship Management										x	(Schawel, Billing, 2009)
M95	Customer Value Management										x	(Schawel, Billing, 2009)
M96	Cycle Time Monitoring									x		(TE Connectivity, 2017) - 3
M97	Datensammelplan								x			(George, Rowlands, Price, Maxey, 2016)
M98	Deckungsbeitragsrechnung				x			x			x	(REFA, 1984)
M99	Deduktiver Lösungsbaum										x	(Schawel, Billing, 2009)
M100	Define Measure Analyse Improve Control								x			(George, Rowlands, Price, Maxey, 2016)
M101	Delphi-Methode										x	(Schweizer, 2008)
M102	Design of Experiments								x		x	(George, Rowlands, Price, Maxey, 2016)
M103	Design Scorecard										x	(Silverstein, Samuel, DeCarlo, 2012)
M104	Desinvestition										x	(Schawel, Billing, 2009)
M105	Detailkonstruktionsmethoden										x	(Schweizer, 2008)
M106	Dialogsteuerung										x	(Puppe, 1987)
M107	Digital Audits									x		TE Connectivity (2018) - 4
M108	Digital Cycle Time Monitoring									x		(TE Connectivity, 2017) - 3
M109	Digital Factory Playbook									x		(TE Connectivity, 2017) - 4
M110	Digital Factory Portal									x		(TE Connectivity, 2017) - 3
M111	Digital Guided Work Instruction									x		(TE Connectivity, 2017) - 4

		Referenziert in:										
ID	Methode / Technik / Tool	EFQM	Factory Physics	GENESIS	ifaa	MTM	Nadler	REFA	Six Sigma	TE-spezifisch	Sonstige	Literatur / Quelle der Methode / Technik / Tool
M112	Digital Heijunka / e-Heijunka									x		(TE Connectivity, 2017) - 2
M113	Digital Quality Control Process Chart									x		(TE Connectivity, 2017) - 4
M114	Digital Quality Inspection Plan									x		(TE Connectivity, 2017) - 2
M115	Digital Setup Checklist									x		(TE Connectivity, 2017) - 3
M116	Digital Shopfloor Management									x		(TE Connectivity, 2017) - 4
M117	Digital Tiered Accountability									x		(TE Connectivity, 2017) - 4
M118	Digitized Documents on shop floor									x		(TE Connectivity, 2017) - 4
M119	Discrete Event Simulation										x	(Silverstein, Samuel, DeCarlo, 2012)
M120	DNC (Direct Numerical Control; mehrere NC-Anlagen, die mit einem Computer verbunden sind)									x		(TE Connectivity, 2017) - 4
M121	Downtime Pareto									x		(TE Connectivity, 2017) - 3
M122	Durchlaufzeitanalyse		x		x	x						(ifaa, 2008)
M123	Dynamic Preventive Maintenance Calendar									x		(TE Connectivity, 2017) - 4
M124	Dynamische Amortisationsrechnung				x							(ifaa, 2008)
M125	Efficient Consumer Response										x	(Schawel, Billing, 2009)
M126	Einflussgrößenanalyse										x	(Schweizer, 2008)
M127	Eingriffsgrenzendefinition								x			(George, Rowlands, Price, Maxey, 2016)
M128	eKANBAN									x		(TE Connectivity, 2017) - 4
M129	Electronic Bill of Material									x		TE Connectivity (2018) - 4
M130	Electronic Production Part Approval Process									x		(TE Connectivity, 2016) - 2
M131	Eliminierung der 3 MU's										x	(Brunner, 2017)
M132	Employee Experience									x		(TE Connectivity, 2017) - 4
M133	Employee Training									x		(TE Connectivity, 2017) - 4
M134	Empowering Teams									x		(TE Connectivity, 2017) - 4
M135	Engpassanalyse		x									(Pound, Bell, Spearman, 2014)
M136	Engpassmanagement					x						(Bokranz, Landau, 2014)
M137	Entscheidungsanalyse										x	(Schweizer, 2008)
M138	Entscheidungsbaum										x	(Schawel, Billing, 2009)

		Referenziert in:										
ID	Methode / Technik / Tool	EFQM	Factory Physics	GENESIS	ifaa	MTM	Nadler	REFA	Six Sigma	TE-spezifisch	Sonstige	Literatur / Quelle der Methode / Technik / Tool
M139	EPR (Extended Producer Responsibility) Regel-anwendung		x									(Pound, Bell, Spearman, 2014)
M140	Erfahrungskurve										x	(Schawel, Billing, 2009)
M141	Ergonomische Arbeitsplatz-gestaltung							x				(REFA, 1985)
M142	Ergonomische Bewertung von Arbeitsprozessen				x							(ifaa, 2008)
M143	Erholungszeitermittlung							x				(REFA, 1984)
M144	Ersatzstoff-Rechner				x							(ifaa, 2008)
M145	Ethnography										x	(Silverstein, Samuel, DeCarlo, 2012)
M146	Expertensystem										x	(Schweizer, 2008)
M147	Eyes for Waste									x		(TE Connectivity, 2018) - 2
M148	Facility Management										x	(Schawel, Billing, 2009)
M149	Fahnenmethode										x	(TE Connectivity, 2023)
M150	Feedback (Personal- und Teamführung)										x	(Schawel, Billing, 2009)
M151	Feedback Loop to Product Development									x		(TE Connectivity, 2017) - 2
M152	Fehlerbaumanalyse									x		(Edler, Soden, Hankammer, 2015)
M153	Fehlermöglichkeits- und Ein-flussanalyse				x				x		x	(George, Rowlands, Price, Maxey, 2016)
M154	Fehlersammelliste										x	(Theden, Colsman, 2013)
M155	Fehlervermeidung										x	(Gorecki, Pautsch, 2016)
M156	Fertigungssystem-Rechner				x							(ifaa, 2008)
M157	Feuerlöscher-Rechner				x							(ifaa, 2008)
M158	Financial Management										x	(Silverstein, Samuel, DeCarlo, 2012)
M159	Fischgräten-Diagramm (Ishikawa)				x							(Schweizer, 2008)
M160	Flussdiagramm								x			(George, Rowlands, Price, Maxey, 2016)
M161	Forced Association										x	(Silverstein, Samuel, DeCarlo, 2012)
M162	Forschung										x	(Maynard, 1956)
M163	Führung und Zielkonsequenz	x										(Gucanin, 2003)
M164	Führungskultur										x	(Brunner, 2017)
M165	Führungsmodelle										x	(Schawel, Billing, 2009)

		Referenziert in:										
ID	Methode / Technik / Tool	EFQM	Factory Physics	GENESIS	ifaa	MTM	Nadler	REFA	Six Sigma	TE-spezifisch	Sonstige	Literatur / Quelle der Methode / Technik / Tool
M166	Function Structure										x	(Silverstein, Samuel, DeCarlo, 2012)
M167	Functional Analysis										x	(Silverstein, Samuel, DeCarlo, 2012)
M168	Functional Requirements										x	(Silverstein, Samuel, DeCarlo, 2012)
M169	Funkknoten									x		(TE Connectivity, 2017) - 2
M170	Funktionsanalyse							x				(REFA, 1984)
M171	Fuzzy-Logik										x	(Schweizer, 2008)
M172	Gage R&R (Repeatability and Reproducibility)								x			(George, Rowlands, Price, Maxey, 2016)
M173	Gap Assessment									x		(TE Connectivity, 2017) - 4
M174	Gemba										x	(Gorecki, Pautsch, 2016)
M175	Gemeinkostenwertanalyse										x	(Schawel, Billing, 2009)
M176	Genchi Genbutsu										x	(Gorecki, Pautsch, 2016)
M177	Gestaltungsprinzipien							x				(REFA, 1984)
M178	Gewinnvergleichsrechnung				x							(ifaa, 2008)
M179	Glass Wall Management										x	(Brunner, 2017)
M180	Grafische Zeitaufnahme							x				(REFA, 1984)
M181	Gruppenarbeit				x						x	(ifaa, 2008)
M182	Guided Work Instruction									x		(TE Connectivity, 2017) - 2
M183	Hadoop									x		(TE Connectivity, 2017) - 4
M184	Handschriftenanalyse										x	(Schweizer, 2008)
M185	Hansei										x	(Gorecki, Pautsch, 2016)
M186	Harmonized Production Sequencer & Visualizer									x		(TE Connectivity, 2017) - 2
M187	Heben und Tragen - Rechner				x							(ifaa, 2008)
M188	Heijunka									x	x	(Gorecki, Pautsch, 2016)
M189	Heuristic Redefinition										x	(Silverstein, Samuel, DeCarlo, 2012)
M190	Histogramm								x		x	(George, Rowlands, Price, Maxey, 2016)
M191	HIT (Heuristic Ideation Technique) Matrix										x	(Silverstein, Samuel, DeCarlo, 2012)
M192	HLS & PEP (Hydra Leitstand und Personal-Einsatz-Planung)									x		(HYDRA, 2006)
M193	Hoshin Kanri										x	(Brunner, 2017)

ID	Methode / Technik / Tool	Referenziert in:										Literatur / Quelle der Methode / Technik / Tool
		EFQM	Factory Physics	GENESIS	ifaa	MTM	Nadler	REFA	Six Sigma	TE-spezifisch	Sonstige	
M194	Hydra DNC (distributed numerical control)									x		(TE Connectivity, 2017) - 2
M195	Hydra Label Printing									x		(TE Connectivity, 2017) - 2
M196	Hydra MES (Manufacturing Execution System)									x		(HYDRA, 2006)
M197	Hypothesentest								x			(George, Rowlands, Price, Maxey, 2016)
M198	Idea Sorting and Refinement										x	(Silverstein, Samuel, DeCarlo, 2012)
M199	IDEALS Konzept						x				x	(Nadler, 1969)
M200	Ideenfindungsmethoden							x				(REFA, 1984)
M201	Imaginary Brainstorming										x	(Silverstein, Samuel, DeCarlo, 2012)
M202	Impact Analysis Chart									x		(TE Connectivity, 2016) - 3
M203	Informationstechnische Arbeitsplatzgestaltung							x				(REFA, 1985)
M204	Innovationsmanagement										x	(Schawel, Billing, 2009)
M205	Interne Analyse										x	(Vollmuth, 1997)
M206	Interne Leistungsverrech-nung										x	(Schawel, Billing, 2009)
M207	Interview							x			x	(REFA, 1984)
M208	Investitionsrechnung										x	(Schweizer, 2008)
M209	IT-Kostenoptimierung										x	(Schawel, Billing, 2009)
M210	Jidoka										x	(Brunner, 2017)
M211	Job Mapping										x	(Silverstein, Samuel, DeCarlo, 2012)
M212	Job Scoping										x	(Silverstein, Samuel, DeCarlo, 2012)
M213	Jobs to be done										x	(Silverstein, Samuel, DeCarlo, 2012)
M214	Just in time										x	(Brunner, 2017)
M215	Kaizen									x	x	(Gorecki, Pautsch, 2016)
M216	KANBAN				x						x	(ifaa, 2008)
M217	Kano-Analyse								x			(George, Rowlands, Price, Maxey, 2016)
M218	Kapazitätsplanung		x									(Pound, Bell, Spearman, 2014)
M219	Kapitalwertmethode				x							(ifaa, 2008)
M220	Kennzahlenermittlung							x				(REFA, 1984)
M221	Kennzahlensystem										x	(Vollmuth, 1997)
M222	Key Performance Indicators										x	(Gorecki, Pautsch, 2016)

		Referenziert in:										
ID	Methode / Technik / Tool	EFQM	Factory Physics	GENESIS	ifaa	MTM	Nadler	REFA	Six Sigma	TE-spezifisch	Sonstige	Literatur / Quelle der Methode / Technik / Tool
M223	KJ (Jiro Kawakita) Methode										x	(Silverstein, Samuel, DeCarlo, 2012)
M224	Kleinzeitverfahren							x				(REFA, 1984)
M225	Klima und Arbeitsschwere				x							(ifaa, 2008)
M226	Klimarechner				x							(ifaa, 2008)
M227	Kompaktverfahren Psychische Belastung				x							(ifaa, 2017)
M228	Komplexitätsmanagement										x	(Schawel, Billing, 2009)
M229	Komponententausch										x	(Theden, Colsman, 2013)
M230	Konfidenzintervalle								x			(George, Rowlands, Price, Maxey, 2016)
M231	Konfliktmanagement										x	(Schawel, Billing, 2009)
M232	Konkretisierung										x	(Mayer, 1979)
M233	Konkurrenzanalyse										x	(Schweizer, 2008)
M234	Kontinuierlicher Materialfluss										x	(Brunner, 2017)
M235	Kontrollblatt								x			(George, Rowlands, Price, Maxey, 2016)
M236	Kopfstandmethode										x	(Schweizer, 2008)
M237	Korrelationsanalyse								x			(George, Rowlands, Price, Maxey, 2016)
M238	Korrelationsdiagramm										x	(Theden, Colsman, 2013)
M239	Kostenanalyse / Wertanalyse										x	(Schweizer, 2008)
M240	Kostensenkungsziele	x									x	(Gucanin, 2003)
M241	Kostenträgerrechnung (Kalkulation)							x				(REFA, 1985)
M242	Kostenvergleichsrechnung				x			x				(REFA, 1985)
M243	Kosten-Wirksamkeitsanalyse				x							(ifaa, 2008)
M244	Kraftfeldanalyse				x							(ifaa, 2008)
M245	Krisenmanagement										x	(Schawel, Billing, 2009)
M246	Kundenorientierung	x										(Gucanin, 2003)
M247	KVP Workshop				x							(ifaa, 2008)
M248	Langfristige Philosophie										x	(Brunner, 2017)
M249	Lärm-Rechner				x							(ifaa, 2008)
M250	Lastenaufzugs-Rechner				x							(ifaa, 2008)
M251	Laufzettel								x			(George, Rowlands, Price, Maxey, 2016)

		Referenziert in:										
ID	Methode / Technik / Tool	EFQM	Factory Physics	GENESIS	ifaa	MTM	Nadler	REFA	Six Sigma	TE-spezifisch	Sonstige	Literatur / Quelle der Methode / Technik / Tool
M252	Launch Management										x	(Schawel, Billing, 2009)
M253	Leaders as coaches									x		(TE Connectivity, 2017) - 4
M254	Lean Design for Six Sigma								x			(Creveling, Slutsky, Antis, 2003)
M255	Lehrgespräch							x				(REFA, 1984)
M256	Leistungsabstimmung							x				(REFA, 1984)
M257	Leistungsgradbeurteilung				x							(ifaa, 2008)
M258	Leistungskontrolle		x									(Pound, Bell, Spearman, 2014)
M259	Leitmerkmalmethoden-Rechner				x							(ifaa, 2008)
M260	Lernkontrolle							x				(REFA, 1984)
M261	Lernziele							x				(REFA, 1984)
M262	Leuchten-Rechner				x							(ifaa, 2008)
M263	Look Out Take Out									x		(TE Connectivity, 2017) - 4
M264	Machine Based Label Print									x		(TE Connectivity, 2017) - 4
M265	Machine Event Codes									x		TE Connectivity (2018) - 4
M266	Machine Network									x		(TE Connectivity, 2017) - 4
M267	Machine Oriented PIM Board / Machine Group PIM Board									x		(TE Connectivity, 2017) - 2
M268	Maintenance Management System									x		(TE Connectivity, 2017) - 3
M269	Maschine Group Visual Dashboard									x		(TE Connectivity, 2017) - 4
M270	Material Flow Optimization									x		(TE Connectivity, 2017) - 4
M271	Material Replenishment and Flow									x		(TE Connectivity, 2017) - 4
M272	Materialflussanalyse					x		x			x	(REFA, 1984)
M273	Materialflussplanung				x							(ifaa, 2008)
M274	Matrixdiagramm										x	(Theden, Colsman, 2013)
M275	Measurement Systems Analysis								x		x	(George, Rowlands, Price, Maxey, 2016)
M276	Meeting-Vorbereitung										x	(Schawel, Billing, 2009)
M277	Mehrstellenarbeit							x				(REFA, 1978)
M278	Mensch-Maschine-Schnittstelle					x						(Bokranz, Landau, 2006)
M279	MES initiated SAP maintenance order									x		(TE Connectivity, 2017) - 4

		Referenziert in:										
ID	Methode / Technik / Tool	EFQM	Factory Physics	GENESIS	ifaa	MTM	Nadler	REFA	Six Sigma	TE-spezifisch	Sonstige	Literatur / Quelle der Methode / Technik / Tool
M280	Messgrößenauswahlmatrix								x			(George, Rowlands, Price, Maxey, 2016)
M281	Metaplantechnik										x	(Schweizer, 2008)
M282	Methodenschulung			x								(Wildemann, 1996)
M283	Milk Run										x	(Gorecki, Pautsch, 2016)
M284	Mindmapping				x	x					x	(ifaa, 2008)
M285	Minifirmen innerhalb des Unternehmens										x	(Brunner, 2017)
M286	Mistake Proofing										x	(Silverstein, Samuel, DeCarlo, 2012)
M287	Mitarbeiterentwicklung und -beteiligung	x		x								(Gucanin, 2003)
M288	Mittelanalyse										x	(Schweizer, 2008)
M289	Mobile MES Apps									x		(TE Connectivity, 2017) - 4
M290	Model Based Design									x		TE Connectivity (2018) - 3
M291	Moderation				x						x	(ifaa, 2008)
M292	Morphologischer Kasten / Morphologie				x						x	(Silverstein, Samuel, DeCarlo, 2012)
M293	Motion Time Analysis										x	(Maynard, 1956)
M294	MTM-Planungskonzept				x							(ifaa, 2008)
M295	Muda										x	(Brunner, 2017)
M296	Multimomentaufnahme				x	x		x				(Bokranz, Landau, 2006)
M297	Multiprojektmanagement										x	(Schawel, Billing, 2009)
M298	Multi-Vari-Karten										x	(Theden, Colsman, 2013)
M299	Multivoting								x			(George, Rowlands, Price, Maxey, 2016)
M300	Negation und Neukonzeption										x	(Schweizer, 2008)
M301	Netzplantechnik				x						x	(ifaa, 2008)
M302	Nine Windows										x	(Silverstein, Samuel, DeCarlo, 2012)
M303	Normalverteilung								x			(George, Rowlands, Price, Maxey, 2016)
M304	Nutzenanalyse										x	(Schweizer, 2008)
M305	Nutzenorientierte Wirtschaftlichkeitsschätzung				x							(ifaa, 2008)
M306	Nutzwertanalyse				x						x	(ifaa, 2008)
M307	OEE Visualization									x		(TE Connectivity, 2017) - 3

		Referenziert in:										
ID	Methode / Technik / Tool	EFQM	Factory Physics	GENESIS	ifaa	MTM	Nadler	REFA	Six Sigma	TE-spezifisch	Sonstige	Literatur / Quelle der Methode / Technik / Tool
M308	Offshoring										x	(Schawel, Billing, 2009)
M309	On-demand reports									x		(TE Connectivity, 2017) - 4
M310	One-Piece-Flow-Zellen										x	(Brunner, 2017)
M311	Online Learning Management System									x		(TE Connectivity, 2017) - 2
M312	Operator Document Visualization									x		(TE Connectivity, 2017) - 2
M313	Operator Performance Dashboard									x		(TE Connectivity, 2017) - 3
M314	Organisationsanalyse										x	(Schweizer, 2008)
M315	Osborn-Checkliste / Osborn-Methode				x						x	(ifaa, 2008)
M316	Outcome Expectations										x	(Silverstein, Samuel, DeCarlo, 2012)
M317	Outsourcing										x	(Schawel, Billing, 2009)
M318	Paarweiser Vergleich				x				x		x	(ifaa, 2008)
M319	Paretodiagramm								x		x	(George, Rowlands, Price, Maxey, 2016)
M320	Partnerschaften	x									x	(Gucanin, 2003)
M321	Pausenregelung							x				(REFA, 1978)
M322	PDCA Zyklus	x							x		x	(Gorecki, Pautsch, 2016)
M323	Physiologische Arbeitsplatzgestaltung							x				(REFA, 1985)
M324	Pilotierung			x					x		x	(George, Rowlands, Price, Maxey, 2016)
M325	Plankostenrechnung							x				(REFA, 1985)
M326	Plant Champions									x		(TE Connectivity, 2018) - 1
M327	Planungsregel-Optimierung		x									(Pound, Bell, Spearman, 2014)
M328	Planzeiten				x							(ifaa, 2008)
M329	Planzeitenermittlung							x				(REFA, 1984)
M330	Poka Yoke				x				x	x	x	(George, Rowlands, Price, Maxey, 2016)
M331	Portfolio-Analyse				x						x	(ifaa, 2008)
M332	Positions-Kontrollblatt								x			(George, Rowlands, Price, Maxey, 2016)
M333	Prämienlohn							x				(REFA, 1984)
M334	Predictive Maintenance									x		(TE Connectivity, 2018) - 1
M335	Preventive Maintenance									x		(TE Connectivity, 2017) - 2

		Referenziert in:										
ID	Methode / Technik / Tool	EFQM	Factory Physics	GENESIS	ifaa	MTM	Nadler	REFA	Six Sigma	TE-spezifisch	Sonstige	Literatur / Quelle der Methode / Technik / Tool
M336	Problem- und Themenspeicher				x							(ifaa, 2008)
M337	Problementscheidungsplan				x						x	(ifaa, 2008)
M338	Process Behaviour Charts										x	(Silverstein, Samuel, DeCarlo, 2012)
M339	Process Capability										x	(Silverstein, Samuel, DeCarlo, 2012)
M340	Process Data Capturing									x		(TE Connectivity, 2017) - 4
M341	Process Improvement Management (PIM) Boards									x		(TE Connectivity, 2016) - 3
M342	Process Map										x	(Silverstein, Samuel, DeCarlo, 2012)
M343	Process Master Data Management									x		(TE Connectivity, 2017) - 2
M344	Process Parameter Visualization									x		(TE Connectivity, 2017) - 2
M345	Production Dasboard									x		(TE Connectivity, 2017) - 3
M346	Produktionsgerechte Konstruktion				x	x						(ifaa, 2008)
M347	Produktions-programmplanung				x							(ifaa, 2008)
M348	Programmiertes Lernen							x				(REFA, 1984)
M349	Progressive Abstraktion				x							(ifaa, 2008)
M350	Project Charter										x	(Silverstein, Samuel, DeCarlo, 2012)
M351	Projektgruppen	x										(Gucanin, 2003)
M352	Projektmanagement										x	(Schawel, Billing, 2009)
M353	Prototyping										x	(Silverstein, Samuel, DeCarlo, 2012)
M354	Provocation and Movement										x	(Silverstein, Samuel, DeCarlo, 2012)
M355	Prozessagent									x		(TE Connectivity, 2017) - 3
M356	Prozessanalyse				x							(ifaa, 2008)
M357	Prozessaudit/Systemaudit				x							(ifaa, 2008)
M358	Prozessaufnahme								x			(George, Rowlands, Price, Maxey, 2016)
M359	Prozessbeobachtung								x			(George, Rowlands, Price, Maxey, 2016)
M360	Prozessfähigkeitsanalyse				x				x			(George, Rowlands, Price, Maxey, 2016)
M361	Prozessmanagement basierend auf Fakten	x										(Gucanin, 2003)
M362	Prozesszeiten				x							(ifaa, 2008)

		Referenziert in:										
ID	Methode / Technik / Tool	EFQM	Factory Physics	GENESIS	ifaa	MTM	Nadler	REFA	Six Sigma	TE-spezifisch	Sonstige	Literatur / Quelle der Methode / Technik / Tool
M363	Prozesszeitenberechnung							x				(REFA, 1984)
M364	Prüflisten							x				(REFA, 1984)
M365	Prüfmittelüberwachung				x							(ifaa, 2008)
M366	Psychoanalyse										x	(Schweizer, 2008)
M367	Pugh Matrix								x		x	(George, Rowlands, Price, Maxey, 2016)
M368	Pull Prinzip										x	(Gorecki, Pautsch, 2016)
M369	QHAR-Prinzip (Question – Hypothesis – Analyses – Resources)										x	(Schawel, Billing, 2009)
M370	Qualifikationsmatrix				x							(ifaa, 2008)
M371	Qualitätsgespräche	x										(Gucanin, 2003)
M372	Qualitätsregelkarte										x	(Theden, Colsman, 2013)
M373	Qualitätsverbesserungsteam										x	(Brunner, 2017)
M374	Qualitätszirkel	x									x	(Gucanin, 2003)
M375	Quality Control Process Chart									x		(TE Connectivity, 2017) - 2
M376	QFD (Quality Function Deployment)	x			x							(Gucanin, 2003)
M377	Quickstorming										x	(Schweizer, 2008)
M378	RADAR	x			x						x	(Theden, Colsman, 2013)
M379	Random Stimulus										x	(Silverstein, Samuel, DeCarlo, 2012)
M380	Rapid Prototyping										x	(Silverstein, Samuel, DeCarlo, 2012)
M381	Real-time process monitoring / control and real-time analytics									x		(TE Connectivity, 2017) - 3
M382	Real-time QCPC									x		(TE Connectivity, 2017) - 4
M383	Recipe Management									x		(TE Connectivity, 2017) - 4
M384	REFA Planungstechnik				x							(ifaa, 2008)
M385	REFA Zeitaufnahme				x							(ifaa, 2008)
M386	Regelkarte								x			(George, Rowlands, Price, Maxey, 2016)
M387	Regression								x			(George, Rowlands, Price, Maxey, 2016)
M388	Relationendiagramm				x						x	(ifaa, 2008)
M389	Residuenanalyse								x			(George, Rowlands, Price, Maxey, 2016)

		Referenziert in:										
ID	Methode / Technik / Tool	EFQM	Factory Physics	GENESIS	ifaa	MTM	Nadler	REFA	Six Sigma	TE-spezifisch	Sonstige	Literatur / Quelle der Methode / Technik / Tool
M390	Resource Optimization										x	(Silverstein, Samuel, DeCarlo, 2012)
M391	Ressourcenmanagement	x	x									(Gucanin, 2003)
M392	RFID (Radio-Frequenz-Identifikation) Transponder									x		(TE Connectivity, 2017) - 3
M393	Risikoanalyse					x					x	(Bokranz, Landau, 2006)
M394	Risikomanagement										x	(Schawel, Billing, 2009)
M395	Robust Design										x	(Silverstein, Samuel, DeCarlo, 2012)
M396	Rolling Top 5									x		(TE Connectivity, 2017) - 3
M397	Rüstzeitminimierung				x						x	(ifaa, 2008)
M398	Scenario Planning										x	(Silverstein, Samuel, DeCarlo, 2012)
M399	Scenario-Writing										x	(Schweizer, 2008)
M400	Schlanke Fertigung										x	(Brunner, 2017)
M401	Schlanke Strukturen										x	(Brunner, 2017)
M402	Schlüsselprozessauswahl	x										(Gucanin, 2003)
M403	Scrap Escalation									x		(TE Connectivity, 2017) - 4
M404	Selbstaufschreibung				x	x		x				(REFA, 1984)
M405	Selbstkostenrechnung							x				(REFA, 1984)
M406	Selbstmanagement der Mitarbeiter										x	(Brunner, 2017)
M407	Sensitivitätsanalyse										x	(Schweizer, 2008)
M408	Sensitivitätsmodell (Vesters Papiercomputer)										x	(Schweizer, 2008)
M409	Separation Principles										x	(Silverstein, Samuel, DeCarlo, 2012)
M410	Serial Number Traceability									x		(TE Connectivity, 2017) - 2
M411	Service Blueprinting				x							(ifaa, 2008)
M412	Shainin Methode										x	(Brunner, 2017)
M413	Share-of-Wallet-Analyse										x	(Schawel, Billing, 2009)
M414	Shop Stock										x	(Gorecki, Pautsch, 2016)
M415	Sicherheitsstudie							x				(REFA, 1984)
M416	Sicherheitstechnische Arbeitsplatzgestaltung							x				(REFA, 1985)
M417	Simplification									x		(TE Connectivity, 2017) - 1
M418	Simultaneous Engineering				x							(ifaa, 2008)

		Referenziert in:										
ID	Methode / Technik / Tool	EFQM	Factory Physics	GENESIS	ifaa	MTM	Nadler	REFA	Six Sigma	TE-spezifisch	Sonstige	Literatur / Quelle der Methode / Technik / Tool
M419	Single Minute Exchange of Die										x	(Gorecki, Pautsch, 2016)
M420	SIPOC (Supplier – Input – Process – Output – Customer)								x			(George, Rowlands, Price, Maxey, 2016)
M421	Situationsanalyse										x	(Schweizer, 2008)
M422	Six Sigma				x				x		x	(ifaa, 2008)
M423	Six Thinking Modes										x	(Silverstein, Samuel, DeCarlo, 2012)
M424	Skill Management									x		(TE Connectivity, 2017) - 3
M425	Small Train										x	(Gorecki, Pautsch, 2016)
M426	Social Responsibility	x										(Gucanin, 2003)
M427	Soziotechnische Analyse										x	(Schweizer, 2008)
M428	Spaghettidiagramm								x			(George, Rowlands, Price, Maxey, 2016)
M429	Sparepart Management /Sparepart Tracker									x		(TE Connectivity, 2017) - 2
M430	Stakeholder Management										x	(Silverstein, Samuel, DeCarlo, 2012)
M431	Standardarbeitsblatt				x							(ifaa, 2008)
M432	Standardization									x		(TE Connectivity, 2017) - 1
M433	Stark- und Schwachstellenanalyse										x	(Schweizer, 2008)
M434	Statistische Prozessregelung				x	x					x	(ifaa, 2008)
M435	Statistische Versuchsplanung nach Shainin										x	(Theden, Colsman, 2013)
M436	Stellenbeschreibung				x							(ifaa, 2008)
M437	Stichprobe								x			(George, Rowlands, Price, Maxey, 2016)
M438	Storyline										x	(Schawel, Billing, 2009)
M439	Strategie-Abgleich (Produktionsstrategie / Geschäftsstrategie)		x									(Pound, Bell, Spearman, 2014)
M440	Strategie-Entwicklung										x	(Schawel, Billing, 2009)
M441	Strategische Allianz										x	(Schawel, Billing, 2009)
M442	Streudiagramm								x		x	(George, Rowlands, Price, Maxey, 2016)
M443	Structured Abstraction										x	(Silverstein, Samuel, DeCarlo, 2012)
M444	Substance Field Analysis										x	(Silverstein, Samuel, DeCarlo, 2012)

		Referenziert in:										
ID	Methode / Technik / Tool	EFQM	Factory Physics	GENESIS	ifaa	MTM	Nadler	REFA	Six Sigma	TE-spezifisch	Sonstige	Literatur / Quelle der Methode / Technik / Tool
M445	Substitute Combine Adapt Modify Put Eliminate Reverse										x	(Silverstein, Samuel, DeCarlo, 2012)
M446	Summarische und analytische Arbeitsbewertung							x				(REFA, 1984)
M447	Supermarkt										x	(Gorecki, Pautsch, 2016)
M448	Supplier Input Process Output Customer										x	(Silverstein, Samuel, DeCarlo, 2012)
M449	SWOT-Analyse (Strenghts – Weaknesses – Opportunities – Threats)				x						x	(ifaa, 2008)
M450	Synektik				x						x	(ifaa, 2008)
M451	Systeme vorbestimmter Zeiten							x				(REFA, 1984)
M452	Systems Engineering										x	(Schweizer, 2008)
M453	Taguchi's orthogonale Versuchspläne										x	(Brunner, 2017)
M454	Taktabstimmung							x				(REFA, 1985)
M455	Taktzeitdiagramm								x			(George, Rowlands, Price, Maxey, 2016)
M456	Task Dashboard									x		TE Connectivity (2018) - 2
M457	Task Force Teams	x										(Gucanin, 2003)
M458	Tätigkeitsanalyse										x	(Schweizer, 2008)
M459	Tätigkeitsstruktur							x				(REFA, 1984)
M460	Teamwork										x	(Gorecki, Pautsch, 2016)
M461	Technology Roadmap									x		(TE Connectivity, 2017) - 3
M462	Teilautonome Arbeitsgruppen	x										(Gucanin, 2003)
M463	Teilkostenrechnung							x				(REFA, 1985)
M464	TiCon Analyse					x						(Bokranz, Landau, 2006)
M465	Tiered Accountability Board									x		(TE Connectivity, 2017) - 3
M466	Tool Asset Tracking									x		(TE Connectivity, 2017) - 4
M467	Tool Shop Visualization									x		(TE Connectivity, 2017) - 3
M468	Tool Spare Parts Tracking									x		(TE Connectivity, 2017) - 4
M469	Tool Tracer Card									x		(TE Connectivity, 2017) - 2
M470	Tooling Management									x		(TE Connectivity, 2017) - 3
M471	Total Process Improvement										x	(Brunner, 2017)

		Referenziert in:										
ID	Methode / Technik / Tool	EFQM	Factory Physics	GENESIS	ifaa	MTM	Nadler	REFA	Six Sigma	TE-spezifisch	Sonstige	Literatur / Quelle der Methode / Technik / Tool
M472	Total Productive Maintenance				x				x			(George, Rowlands, Price, Maxey, 2016)
M473	Total Quality Control										x	(Brunner, 2017)
M474	Total Quality Management	x									x	(Gucanin, 2003)
M475	TPS-Haus (Toyota-Produktionssystem)										x	(Brunner, 2017)
M476	Transformation Idealer Lösungselemente durch Matrizen der Assoziations- und Gemeinsamkeitenbildung										x	(Silverstein, Samuel, DeCarlo, 2012)
M477	Trend Prediction										x	(Silverstein, Samuel, DeCarlo, 2012)
M478	TRIZ (Theory of Inventive Problem Solving)				x						x	(ifaa, 2008)
M479	Truck Preparation Area										x	(Gorecki, Pautsch, 2016)
M480	t-test								x			(George, Rowlands, Price, Maxey, 2016)
M481	Turnaround Management										x	(Schawel, Billing, 2009)
M482	Umfragen								x			(George, Rowlands, Price, Maxey, 2016)
M483	Umweltaudit	x										(Gucanin, 2003)
M484	Unternehmensethik										x	(Brunner, 2017)
M485	Unternehmens-kulturmanagement										x	(Schawel, Billing, 2009)
M486	Unterricht							x				(REFA, 1984)
M487	Unterrichtsmedien							x				(REFA, 1984)
M488	Unterweisung							x				(REFA, 1984)
M489	Ursachenanalyse										x	(Schweizer, 2008)
M490	Ursache-Wirkungs-Diagramm								x		x	(George, Rowlands, Price, Maxey, 2016)
M491	U-Zelle										x	(Gorecki, Pautsch, 2016)
M492	Value Quotient										x	(Silverstein, Samuel, DeCarlo, 2012)
M493	Value Stream Mapping								x	x	x	(George, Rowlands, Price, Maxey, 2016)
M494	Variablensuche										x	(Theden, Colsman, 2013)
M495	Varianzanalyse								x			(George, Rowlands, Price, Maxey, 2016)
M496	Vergleich A zu B										x	(Theden, Colsman, 2013)
M497	Vergleichen und Schätzen				x			x				(REFA, 1984)

		Referenziert in:										
ID	Methode / Technik / Tool	EFQM	Factory Physics	GENESIS	ifaa	MTM	Nadler	REFA	Six Sigma	TE-spezifisch	Sonstige	Literatur / Quelle der Methode / Technik / Tool
M498	Verlustkostenfunktion von Taguchi										x	(Brunner, 2017)
M499	Vernetztes Denken (Ganzheitliches Problemlösen)										x	(Schweizer, 2008)
M500	Verschwendungsvermeidung			x								(Wildemann, 1996)
M501	Versorgungsplanung					x						(Bokranz, Landau, 2006)
M502	Verteilzeitaufnahme/-analyse					x		x				(Bokranz, Landau, 2006)
M503	Vibrations-Rechner				x							(ifaa, 2008)
M504	Videoanalyse					x						(Bokranz, Landau, 2006)
M505	Vier-Stufen-Methode							x				(REFA, 1984)
M506	Visitor Schedule									x		TE Connectivity (2018) - 4
M507	Visual Real Data / Visual Real Time Board									x		(TE Connectivity, 2017) - 2
M508	Visualisierungstechniken				x							(ifaa, 2008)
M509	Visuelle Prozesskontrollen								x			(George, Rowlands, Price, Maxey, 2016)
M510	Voice of Business									x		(TE Connectivity, 2017) - 1
M511	Voice of Customer								x	x		(George, Rowlands, Price, Maxey, 2016)
M512	Vollständiger Versuch										x	(Theden, Colsman, 2013)
M513	Vom Groben zum Detail										x	(Schweizer, 2008)
M514	Vorgabezeitenermittlung							x				(REFA, 1984)
M515	Vorgehen nach Kepner und Tregoe										x	(Schweizer, 2008)
M516	Vorschlagswesen	x			x						x	(Gucanin, 2003)
M517	Walt-Disney-Methode										x	(Schawel, Billing, 2009)
M518	Wearables									x		TE Connectivity (2018) - 4
M519	Wertanalyse				x							(ifaa, 2008)
M520	Wertanalyse								x			(George, Rowlands, Price, Maxey, 2016)
M521	Wertorientierte Führung										x	(Schawel, Billing, 2009)
M522	Wertschöpfungsanalyse (added value)										x	(Gorecki, Pautsch, 2016)
M523	Wertstromanalyse					x						(Bokranz, Landau, 2006)
M524	Wertstromdesign				x							(ifaa, 2008)
M525	Wertvorstellungsanalyse										x	(Schweizer, 2008)

		Referenziert in:										
ID	Methode / Technik / Tool	EFQM	Factory Physics	GENESIS	ifaa	MTM	Nadler	REFA	Six Sigma	TE-spezifisch	Sonstige	Literatur / Quelle der Methode / Technik / Tool
M526	Wertzuwachskurve										x	(Gorecki, Pautsch, 2016)
M527	Wirkungsnetzanalyse (Analyse der Vernetzung)										x	(Schweizer, 2008)
M528	Wirtschaftlichkeitsrechnung					x						(Bokranz, Landau, 2014)
M529	Wissensmanagement	x									x	(Gucanin, 2003)
M530	Wissensbilanz				x							(ifaa, 2008)
M531	Work Cell Design										x	(Silverstein, Samuel, DeCarlo, 2012)
M532	Work Flow									x		TE Connectivity (2018) - 4
M533	Work in Process Analyse		x									(Pound, Bell, Spearman, 2014)
M534	Work on the right things									x		(TE Connectivity, 2016) - 3
M535	Work-Factor System										x	(Maynard, 1956)
M536	Workshop			x							x	(Wildemann, 1996)
M537	xPlant Dashboard									x		(TE Connectivity, 2017) - 3
M538	Zeitanalyse								x		x	(George, Rowlands, Price, Maxey, 2016)
M539	Zeitaufnahme							x				(REFA, 1984)
M540	Zeitbanddarstellung							x				Schröter; Erfahrungsaustausch; 17.03.2018
M541	Zeitklassenverfahren				x			x				(REFA, 1984)
M542	Zeitlohn							x				(REFA, 1984)
M543	Zeitreihendiagramm								x			(George, Rowlands, Price, Maxey, 2016)
M544	Zellen- Work in Process										x	(Gorecki, Pautsch, 2016)
M545	Zentralisierung/ Dezentralisierung von Aufgaben					x						(Bokranz, Landau, 2006)
M546	Zielkostenmanagement (Target Costing)				x						x	(ifaa, 2008)
M547	Zielpräferenzmatrix										x	(Schweizer, 2008)
M548	Zielvereinbarung							x			x	(REFA, 1984)
M549	Zinsfußmethode				x							(ifaa, 2008)
M550	Zoning										x	(Gorecki, Pautsch, 2016)
M551	Zufallstechniken				x							(ifaa, 2008)

D - Octave Skript „O_load" Version 1

Kurzbeschreibung: Skript zur Datensichtung. Wählt die jeweilige Datei und den jeweiligen Messwert aus und stellt diese als Plot dar.

```
## for i=1:length(files)
i=1; % Auswahl der Datei
    load(files(i).name);
    Blockgr=37;
    Startwert=1; % Auswahl des Messwertes... zwischen 1 und 36
      plot(Messwert(Startwert:Blockgr:length(Messwert)),'-k');
      hold on;
      plot(UTG(Startwert:Blockgr:length(Messwert)),'-r');
      plot(OTG(Startwert:Blockgr:length(Messwert)),'-r');
## end
```

E - Octave Skript „O_load" Version 2

Kurzbeschreibung: Erweitertes Skript zur Datensichtung. Wählt die jeweilige Datei und den jeweiligen Messwert aus und stellt diese als Plot mit zeitlicher Abfolge und Störungslücken dar.

```
## for i=1:length(files)
i=1; % Auswahl der Datei
    load(files(i).name);
    Blockgr=37;
    Startwert=1; % Messwerte... zwischen 1 und 36.
    x_Jahr=datenum((Startwert:Blockgr:length(Messwert)),1)
    x_Monat=datenum((Startwert:Blockgr:length(Messwert)),2)
    x_Tag=datenum((Startwert:Blockgr:length(Messwert)),3)
    x_Uhrzeit=datenum((Startwert:Blockgr:length(Messwert)),4)

x_Minuten=datenum((Startwert:Blockgr:length(Messwert)),5)+datenum((Startwe
rt:Blockgr:length(Messwert)),6)/60;
     plot(x_Minuten,Messwert(Startwert:Blockgr:length(Messwert)),'ok');
     hold on;
     plot(x_Minuten,UTG(Startwert:Blockgr:length(Messwert)),'-r');
     plot(x_Minuten,OTG(Startwert:Blockgr:length(Messwert)),'-r');
     lines=length(Messwert(Startwert:Blockgr:length(Messwert)));
      title(['Startwert = ' num2str(Startwert) ', um '
num2str(x_Uhrzeit(1)) ' Uhr'])
      xlabel('time [min]')
      ylabel('measurement value [a.u.]')
      grid on;
## end
```

F - Octave Skript "O_Correlation"

Kurzbeschreibung: Grafische Darstellung der Korrelation je eines beliebigen Messwertepaares (zu definieren in ‚Block1' und ‚Block2').

```
## for i=1:length(files)
i=1; % Auswahl der Datei
    load(files(i).name);
    Blockgr=37;
    Block1=5; % Messwerte... zwischen 1 und 36
    Block2=6; % Messwerte... zwischen 1 und 36
    x_Jahr1=datenum((Block1:Blockgr:length(Messwert)),1)
    x_Monat1=datenum((Block1:Blockgr:length(Messwert)),2)
    x_Tag1=datenum((Block1:Blockgr:length(Messwert)),3)
    x_Uhrzeit1=datenum((Block1:Blockgr:length(Messwert)),4)

x_Minuten1=datenum((Block1:Blockgr:length(Messwert)),5)+datenum((Block1:Bl
ockgr:length(Messwert)),6)/60;
    x_Jahr2=datenum((Block2:Blockgr:length(Messwert)),1)
    x_Monat2=datenum((Block2:Blockgr:length(Messwert)),2)
    x_Tag2=datenum((Block2:Blockgr:length(Messwert)),3)
    x_Uhrzeit2=datenum((Block2:Blockgr:length(Messwert)),4)

x_Minuten2=datenum((Block2:Blockgr:length(Messwert)),5)+datenum((Block1:Bl
ockgr:length(Messwert)),6)/60;

    x1=Messwert(Block1:Blockgr:length(Messwert));
    x2=Messwert(Block2:Blockgr:length(Messwert));
    plot(x1,x2,'x');
```

G - Octave Skript „O_Korrkoeff“

Kurzbeschreibung: Berechnung des Korrelationskoeffizienten auf zwei Arten: Zum einen wird eine CSV Datei erzeugt. Diese CSV-Dateien sind Matrizen, die für die verschiedenen Zeitbereiche alle Korrelationskoeffizienten als Matrix anzeigen. Zum anderen werden Plots zum zeitabhängigen Korrelationskoeffizienten für das jeweilige Wertepaar des Octave Skriptes (zu definieren in ‚Korr1‘ und ‚Korr2‘) berechnet und ausgegeben.

```
clear all;

%% Gleitender Mittelwert

    i=1; % Auswahl der Datei
    Blockgr=37;
    Fensterbreite=5;
    %%
load(files(i).name);
Datensatz=struct;

Korr1=24;
Korr2=25;

for j=1:36
  Messgroesse=j
    x_Jahr=datenum((Messgroesse:Blockgr:length(Messwert)),1);
    x_Monat=datenum((Messgroesse:Blockgr:length(Messwert)),2);
    x_Tag=datenum((Messgroesse:Blockgr:length(Messwert)),3);
    x_Uhrzeit=datenum((Messgroesse:Blockgr:length(Messwert)),4);

x_Minuten=datenum((Messgroesse:Blockgr:length(Messwert)),5)+datenum((Messg
roesse:Blockgr:length(Messwert)),6)/60;
    %%
    MWeinzel=Messwert(Messgroesse:Blockgr:length(Messwert));
     UTGeinzel=UTG(Messgroesse:Blockgr:length(Messwert));
     OTGeinzel=OTG(Messgroesse:Blockgr:length(Messwert));
    Datensatz(j).OTG=OTGeinzel;
    Datensatz(j).UTG=UTGeinzel;
    Datensatz(j).MW=MWeinzel;
endfor

      jumps=find(diff(x_Minuten)>1);

    for k=1:length(jumps)+1
```

```
        if k==1
          start=1;
          ende=jumps(k);
        elseif k>1 && k<length(jumps)+1
          start=jumps(k-1)+1;
          ende=jumps(k);
        elseif k==3
          start=jumps(k-1)+1;
          ende=length(x_Minuten);
        endif
          for j=start:ende
              if j>start+Fensterbreite-1
                MWstart=j-Fensterbreite;
              elseif j<=start+Fensterbreite-1
                MWstart=start;
              endif
          endfor

            for l=[1:11,13:30,32:36]
              for m=[1:11,13:30,32:36]
                if m>l

%%r_ges(l,m,k)=sum(MWdev(l,:).*MWdev(m,:))/sqrt(sum(MWdev(l,:).^2).*sum(MW
dev(m,:).^2));

temp=corrcoef(Datensatz(l).MW(start:ende),Datensatz(m).MW(start:ende));
                    r_octave(l,m,k)=temp(1,2);
                elseif m=l
                  r_octave(l,m,k)=1;
                endif
              endfor
            endfor
            clear r_t
          for j=start+1:ende
            if j<start+1+Fensterbreite

temp2=corrcoef(Datensatz(Korr1).MW(start:j),Datensatz(Korr2).MW(start:j));
            else
              temp2=corrcoef(Datensatz(Korr1).MW(j-
Fensterbreite:j),Datensatz(Korr2).MW(j-Fensterbreite:j));
            endif
              r_t(j-start+1,1)=temp2(1,2);
          endfor
          x=x_Minuten(start:ende);
          figure;
```

```
        plot(x,r_t);
        grid on;
        title(['Crosscorrelation Coefficient between' num2str(Korr1) '
and ' num2str(Korr2) ' in ' files(i).name(1:end-12)], 'Interpreter',
'none');
        xlabel('time / min');
        ylabel('P [a.u.]');
    endfor

    for k=1:length(jumps)+1
      dlmwrite([files(i).name(1:end-4) '_KorrKoeff_' num2str(k)
'.csv'],r_octave(:,:,k))
    endfor
```

H - Octave Skript „O_Prognosis“

Kurzbeschreibung: Skript, welches den aktuellen Wert nimmt und über die letzten x Werte (Definiert als Fensterbreite) die Prognose ermittelt, wann (bei linearem Verhalten) die Messdaten aus dem Toleranzfenster (UTG/OTG) hinauslaufen würden. → Anzahl der noch zu produzierenden Teile bis zur potenziellen Störung.

```
clear all;

    i=5; % Auswahl der Datei
    i2=i;
    Blockgr=37;
    Fensterbreite=5;

load(files(i).name);
Datensatz=struct;

for j=1:36
  Messgroesse=j
    x_Jahr=datenum((Messgroesse:Blockgr:length(Messwert)),1);
    x_Monat=datenum((Messgroesse:Blockgr:length(Messwert)),2);
    x_Tag=datenum((Messgroesse:Blockgr:length(Messwert)),3);
    x_Uhrzeit=datenum((Messgroesse:Blockgr:length(Messwert)),4);

x_Minuten=datenum((Messgroesse:Blockgr:length(Messwert)),5)+datenum((Messg
roesse:Blockgr:length(Messwert)),6)/60;
    %%
    MWeinzel=Messwert(Messgroesse:Blockgr:length(Messwert));
     UTGeinzel=UTG(Messgroesse:Blockgr:length(Messwert));
     OTGeinzel=OTG(Messgroesse:Blockgr:length(Messwert));
    Datensatz(j).OTG=OTGeinzel;
    Datensatz(j).UTG=UTGeinzel;
    Datensatz(j).MW=MWeinzel;
    Datensatz(j).Prognose=NaN(length(MWeinzel),6);
    endfor

    jumps=find(diff(x_Minuten)>1);

    for k=1:length(jumps)+1
        if k==1
          start=1;
          ende=jumps(k);
        elseif k>1 && k<length(jumps)+1
          start=jumps(k-1)+1;
```

```
          ende=jumps(k);
        elseif k==3
          start=jumps(k-1)+1;
          ende=length(x_Minuten);
        endif

          for l=[2:11,13:30,32:36]
            for i=start+Fensterbreite:ende
              Datensatz(l).Prognose(i,1)=start;
              Datensatz(l).Prognose(i,2)=ende;
              Fiterg=polyfit([1:1:Fensterbreite],Datensatz(l).MW(i-
Fensterbreite+1:i)',1);
              Datensatz(l).Prognose(i,3)=Fiterg(1); %Steigung
              Datensatz(l).Prognose(i,4)=(Datensatz(l).OTG(i)-
Datensatz(l).MW(i))/Fiterg(1);
              Datensatz(l).Prognose(i,5)=(Datensatz(l).UTG(i)-
Datensatz(l).MW(i))/Fiterg(1);
              Daten-
satz(l).Prognose(i,6)=sign(sign(Datensatz(l).Prognose(i,4))+1)*Datensatz(l
).Prognose(i,4)+ ...

sign(sign(Datensatz(l).Prognose(i,5))+1)*Datensatz(l).Prognose(i,5);
            endfor
          x=x_Minuten(start:ende);
          figure;
          plot(x,Datensatz(l).Prognose(start:ende,6));
          grid on;
          title(['Prognosis of Meausrend' num2str(l) ' in '
files(i2).name(1:end-12)], 'Interpreter', 'none');
          xlabel('time / min');
          ylabel('samples to failure [%]');
          ylim([0 100])
          endfor

    endfor
```

I - Octave Skript „O_Prognosis_Traffic_Lights“

Kurzbeschreibung: Ermittelt und stellt die Anzahl aller Messwerte dar, die zeitgleich aus dem Toleranzfenster hinauslaufen würden. Die Y-Achse ist dabei skaliert auf die maximal mögliche Anzahl je nach Betrachtung (definiert in ‚jr‘).

```
clear all;

    i=5; % Auswahl der Datei
    i2=i;
    Blockgr=37;
    Fensterbreite=15;

load(files(i).name);
Datensatz=struct;

jr=[2:11,13:30,32:36];


%% Ampelsystem Definition rot: <=10
%% gelb: <= 20

EG_G=20;
EG_R=10;

%%
for j=1:length(jr)
  Messgroesse=jr(j);
    x_Jahr=datenum((Messgroesse:Blockgr:length(Messwert)),1);
    x_Monat=datenum((Messgroesse:Blockgr:length(Messwert)),2);
    x_Tag=datenum((Messgroesse:Blockgr:length(Messwert)),3);
    x_Uhrzeit=datenum((Messgroesse:Blockgr:length(Messwert)),4);

x_Minuten=datenum((Messgroesse:Blockgr:length(Messwert)),5)+datenum((Messg
roesse:Blockgr:length(Messwert)),6)/60;
    %%
    MWeinzel=Messwert(Messgroesse:Blockgr:length(Messwert));
     UTGeinzel=UTG(Messgroesse:Blockgr:length(Messwert));
     OTGeinzel=OTG(Messgroesse:Blockgr:length(Messwert));
    Datensatz(j).OTG=OTGeinzel;
    Datensatz(j).UTG=UTGeinzel;
    Datensatz(j).MW=MWeinzel;
    Datensatz(j).Prognose=NaN(length(MWeinzel),6);
endfor
```

```
    jumps=find(diff(x_Minuten)>1);

    for k=1:length(jumps)+1
        if k==1
          start=1;
          if isempty(jumps)==0
          ende=jumps(k);
          else
          ende=length(x_Minuten);
          endif
        elseif k>1 && k<length(jumps)+1
          start=jumps(k-1)+1;
          ende=jumps(k);
        elseif k==3
          start=jumps(k-1)+1;
          ende=length(x_Minuten);
        endif

          for l=1:length(jr)
            for i=start+Fensterbreite-1:ende
              Datensatz(l).Prognose(i,1)=start;
              Datensatz(l).Prognose(i,2)=ende;
              Fiterg=polyfit([1:1:Fensterbreite],Datensatz(l).MW(i-
Fensterbreite+1:i)',1);
              Datensatz(l).Prognose(i,3)=Fiterg(1); %Steigung
              Datensatz(l).Prognose(i,4)=(Datensatz(l).OTG(i)-
Datensatz(l).MW(i))/Fiterg(1);
              Datensatz(l).Prognose(i,5)=(Datensatz(l).UTG(i)-
Datensatz(l).MW(i))/Fiterg(1);
              Daten-
satz(l).Prognose(i,6)=sign(sign(Datensatz(l).Prognose(i,4))+1)*Datensatz(l
).Prognose(i,4)+ ...

sign(sign(Datensatz(l).Prognose(i,5))+1)*Datensatz(l).Prognose(i,5);
            endfor
          x=x_Minuten(start:ende);
##          figure;
##          plot(x,Datensatz(l).Prognose(start:ende,6));
##          grid on;
##          title(['Prognosis of Meausrend' num2str(jr(l)) ' in '
files(i2).name(1:end-12)], 'Interpreter', 'none');
##          xlabel('time / min');
##          ylabel('samples to failure [%]');
##          ylim([0 100])
          endfor
```

```
  endfor

  Ampel=zeros(length(Datensatz(1).Prognose),2);

  for i=1:length(jr)
    Datensatz(i).Prognose(:,7:8)=0;
    Datensatz(i).Prognose(Datensatz(i).Prognose(:,6)<=EG_G,7)=1;
    Datensatz(i).Prognose(Datensatz(i).Prognose(:,6)<=EG_R,8)=1;
    Ampel(:,1)=Ampel(:,1)+Datensatz(i).Prognose(:,7);
    Ampel(:,2)=Ampel(:,2)+Datensatz(i).Prognose(:,8);
  endfor

  figure;
  title(['Prognosis of all Meausrends in ' files(i2).name(1:end-12)],
'Interpreter', 'none');
  subplot(2,1,1)
  plot(x_Minuten,Ampel(:,1),'oy');
  xlabel('Time / minutes')
  ylabel('yellow warnings / #');
  xlim([0 60]);
  ylim([0 length(jr)]);
    subplot(2,1,2)
  plot(x_Minuten,Ampel(:,2),'or');
  xlabel('Time / minutes')
  ylabel('red warnings / #');
  xlim([0 60]);
  ylim([0 length(jr)]);
```

J - Skript „Testload“

Kurzbeschreibung: Skript zur Datensichtung, welches alle Messwerte über die Zeit für alle Carriers und Kavitäten darstellt.

```
%%
##time=(YY-YY(1))+(MM-MM(1))+(DD-DD(1));

num_years=length(unique(YY));
num_months=length(unique(MM));
num_days=length(unique(DD));

years=unique(YY);
months=unique(MM);
days=unique(DD);

Kavitaet=1;
Carrier=1;
for j=1:num_years*num_months*num_days

idx2=find(MM==months);
idx1=find(YY==years);
idx3=find(DD==days(j));

da-
ta=[YY(idx3),MM(idx3),DD(idx3),hh(idx3),mm(idx3),ss(idx3),hh(idx3)*3600+mm
(idx3)*60+ss(idx3),CarrierPos(idx3),ConnectorPos(idx3),...
XTip(idx3),XShoulder(idx3),XMin(idx3),XMax(idx3),Y(idx3),YMin(idx3),YMax(i
dx3),Z(idx3),ZMin(idx3),ZMax(idx3),DivZ(idx3),DivZMin(idx3),DivZMax(idx3)]
;
idx4=find(data(:,9)==Kavitaet);
idx5=find(data(:,8)==Carrier);
idx6=intersect(idx4,idx5);
figure;
plot(data(idx6,7)/3600,data(idx6,10),'o',data(idx6,7)/3600,data(idx6,11),'
x',...
data(idx6,7)/3600,data(idx6,12),'-r',data(idx6,7)/3600,data(idx6,13),'-
r');
xlabel('time / hours');
ylabel('distance / mm');
grid on;
title(['Cavity = ' num2str(Kavitaet) ' ,Carrier = ' num2str(Carrier) '
,date = ' num2str(days(j)) '.' num2str(months) '.' num2str(years)])
legend('X Tip', 'X Shoulder');
ylim([data(1,12)*1.5,data(1,13)*1.5])
```

```
figure;
plot(data(idx6,7)/3600,data(idx6,14),'o',...
data(idx6,7)/3600,data(idx6,15),'-r',data(idx6,7)/3600,data(idx6,16),'-
r');
xlabel('time / hours');
ylabel('distance / mm');
grid on;
title(['Cavity = ' num2str(Kavitaet) ' ,Carrier = ' num2str(Carrier) '
,date = ' num2str(days(j)) '.' num2str(months) '.' num2str(years)])
legend('Y');
ylim([data(1,15)*1.5,data(1,16)*1.5])

figure;
plot(data(idx6,7)/3600,data(idx6,17),'x',...
data(idx6,7)/3600,data(idx6,18),'-r',data(idx6,7)/3600,data(idx6,19),'-
r');
xlabel('time / hours');
ylabel('distance / mm');
grid on;
title(['Cavity = ' num2str(Kavitaet) ' ,Carrier = ' num2str(Carrier) '
,date = ' num2str(days(j)) '.' num2str(months) '.' num2str(years)])
legend('Z');
ylim([data(1,18)*1.5,data(1,19)*1.5])

figure;
plot(data(idx6,7)/3600,data(idx6,20),'x',...
data(idx6,7)/3600,data(idx6,21),'-r',data(idx6,7)/3600,data(idx6,22),'-
r');
xlabel('time / hours');
ylabel('distance / mm');
grid on;
title(['Cavity = ' num2str(Kavitaet) ' ,Carrier = ' num2str(Carrier) '
,date = ' num2str(days(j)) '.' num2str(months) '.' num2str(years)])
legend('Div Z');
ylim([data(1,21)*1.5,data(1,22)*1.5])
endfor
```

K - Octave Skript „Assy_Korrkoeff "

Kurzbeschreibung: Erzeugung mehrerer Matrizen mit entsprechenden Korrelationskoeffizienten.

```
Korrelationslaenge=10000;

data=[XTip,XShoulder,Y,Z,DivZ];
for i=1:5
  for j=1:5

temp=corrcoef(data(1:Korrelationslaenge,i),data(1:Korrelationslaenge,j)
);
          r_octave(i,j)=temp(1,2);
           dlmwrite([files(1).name(1:end-4)
'_KorrKoeff_XTipXShoulderYZDivZ_' '.csv'],r_octave(:,:))
  endfor
endfor

for i=1:max(ConnectorPos)
[idx]=find(ConnectorPos==i);
  if isnan(idx)==0
    XTip_ConnPos(:,i)=XTip(idx);
    XShoulder_ConnPos(:,i)=XShoulder(idx);
    Y_ConnPos(:,i)=Y(idx);
    Z_ConnPos(:,i)=Z(idx);
    DivZ_ConnPos(:,i)=DivZ(idx);
  else

  endif

endfor

for i=1:24
  for j=1:24

temp=corrcoef(XTip_ConnPos(1:Korrelationslaenge,i),XTip_ConnPos(1:Korre
lationslaenge,j));
          r_octave(i,j)=temp(1,2);

  endfor
endfor
dlmwrite([files(1).name(1:end-4) '_KorrKoeff_XTip_ConnectorPos'
'.csv'],r_octave(:,:))
for i=1:24
```

```
  for j=1:24

temp=corrcoef(XShoulder_ConnPos(1:Korrelationslaenge,i),XShoulder_ConnP
os(1:Korrelationslaenge,j));
         r_octave(i,j)=temp(1,2);


  endfor
endfor
dlmwrite([files(1).name(1:end-4) '_KorrKoeff_XShoulder_ConnectorPos'
'.csv'],r_octave(:,:))
for i=1:24
  for j=1:24

temp=corrcoef(Y_ConnPos(1:Korrelationslaenge,i),Y_ConnPos(1:Korrelation
slaenge,j));
         r_octave(i,j)=temp(1,2);


  endfor
endfor
dlmwrite([files(1).name(1:end-4) '_KorrKoeff_Y_ConnectorPos'
'.csv'],r_octave(:,:))
for i=1:24
  for j=1:24

temp=corrcoef(Z_ConnPos(1:Korrelationslaenge,i),Z_ConnPos(1:Korrelation
slaenge,j));
         r_octave(i,j)=temp(1,2);


  endfor
endfor
dlmwrite([files(1).name(1:end-4) '_KorrKoeff_Z_ConnectorPos'
'.csv'],r_octave(:,:))
for i=1:24
  for j=1:24

temp=corrcoef(DivZ_ConnPos(1:Korrelationslaenge,i),DivZ_ConnPos(1:Korre
lationslaenge,j));
         r_octave(i,j)=temp(1,2);


  endfor
endfor
dlmwrite([files(1).name(1:end-4) '_KorrKoeff_DivZ_ConnectorPos'
'.csv'],r_octave(:,:))

%%
for i=1:max(CarrierPos)
[idx]=find(CarrierPos==i);
```

```
  if isnan(idx)==0
    XTip_CarrierPos(:,i)=XTip(idx);
    XShoulder_CarrierPos(:,i)=XShoulder(idx);
    Y_CarrierPos(:,i)=Y(idx);
    Z_CarrierPos(:,i)=Z(idx);
    DivZ_CarrierPos(:,i)=DivZ(idx);
  else

  endif

endfor

for i=1:5
  for j=1:5

temp=corrcoef(XTip_CarrierPos(1:Korrelationslaenge,i),XTip_CarrierPos(1
:Korrelationslaenge,j));
         r_octave(i,j)=temp(1,2);

  endfor
endfor
dlmwrite([files(1).name(1:end-4) '_KorrKoeff_XTip_CarrierPos'
'.csv'],r_octave(:,:))
for i=1:5
  for j=1:5

temp=corrcoef(XShoulder_CarrierPos(1:Korrelationslaenge,i),XShoulder_Ca
rrierPos(1:Korrelationslaenge,j));
         r_octave(i,j)=temp(1,2);

  endfor
endfor
dlmwrite([files(1).name(1:end-4) '_KorrKoeff_XShoulder_CarrierPos'
'.csv'],r_octave(:,:))
for i=1:5
  for j=1:5

temp=corrcoef(Y_CarrierPos(1:Korrelationslaenge,i),Y_CarrierPos(1:Korre
lationslaenge,j));
         r_octave(i,j)=temp(1,2);

  endfor
endfor
dlmwrite([files(1).name(1:end-4) '_KorrKoeff_Y_CarrierPos'
'.csv'],r_octave(:,:))
for i=1:5
```

```
  for j=1:5

temp=corrcoef(Z_CarrierPos(1:Korrelationslaenge,i),Z_CarrierPos(1:Korre
lationslaenge,j));
        r_octave(i,j)=temp(1,2);


  endfor
endfor
dlmwrite([files(1).name(1:end-4) '_KorrKoeff_Z_CarrierPos'
'.csv'],r_octave(:,:))
for i=1:5
  for j=1:5

temp=corrcoef(DivZ_CarrierPos(1:Korrelationslaenge,i),DivZ_CarrierPos(1
:Korrelationslaenge,j));
        r_octave(i,j)=temp(1,2);


  endfor
endfor
dlmwrite([files(1).name(1:end-4) '_KorrKoeff_DivZ_CarrierPos'
'.csv'],r_octave(:,:))
```

L - Octave Skript „Ampel"

Kurzbeschreibung: Skript zur Berechnung und Darstellung der Anzahl aller Messwerte, die zeitgleich aus dem Toleranzfenster hinauslaufen würden. Die Y-Achse ist dabei skaliert auf die maximal mögliche Anzahl (5).

```
data=[XTip,XShoulder,Y,Z,DivZ];
data_OTG=[XMax, XMax, YMax,ZMax,DivZMax];
data_UTG=[XMin, XMin, YMin,ZMin,DivZMin];
Parameter=[AutoId,CarrierBarcode,CarrierPos,CavityNo,ConnectorPos];
timestamp=mm+ss/60+hh*60+DD*24*60-
(mm(1)+ss(1)/60+hh(1)*60+DD(1)*24*60);
%% Define Selection on Correlation:

Carri-
erBarcode_Sel=[1,2,3,4,5,6,7,8,9,10,11,12,13,14,15,16,17,18,19,20];

CarrierPos_Sel=[1,2,3,4];%[1,2,3,4,5];

CavityNo_Sel=[1,2];

Connector-
Pos_Sel=[1,2,3,4,6,7,9,10,11,12,13,14,15,17,18,19,20,22,23,24];%[1,2,3,
4,6,7,9,10,11,12,13,14,15,17,18,19,20,22,23,24];

Selection=zeros(length(Parameter),4);

for i=1:length(CarrierBarcode_Sel)
  Selection(CarrierBarcode==CarrierBarcode_Sel(i),1)=1;
endfor

for i=1:length(CarrierPos_Sel)
  Selection(CarrierPos==CarrierPos_Sel(i),2)=1;
endfor

for i=1:length(CavityNo_Sel)
  Selection(CavityNo==CavityNo_Sel(i),3)=1;
endfor

for i=1:length(ConnectorPos_Sel)
  Selection(ConnectorPos==ConnectorPos_Sel(i),4)=1;
endfor

Selection(:,5)=sum(Selection,2);
```

```
[idx]=find(Selection(:,5)==4);
idx=idx(25000:50000);

data2=data(idx,:);
data2_OTG=data_OTG(idx,:);
data2_UTG=data_UTG(idx,:);
ts2=timestamp(idx);
%%
    Fensterbreite=15;

    %% Ampelsystem Definition rot: <=10
    %% gelb: <= 20
    EG_G=40;
    EG_R=30;
    %%
      jumps=find(diff(ts2)>10);

    for k=1:length(jumps)+1
        if k==1
            start=1;
          if isempty(jumps)==0
          ende=jumps(k);
          else
          ende=length(data2);
          endif
        elseif k>1 && k<length(jumps)+1
          start=jumps(k-1)+1;
          ende=jumps(k);
        elseif k==length(jumps)+1
          start=jumps(k-1)+1;
          ende=length(data2);
        endif

         for l=1:size(data2,2)
 %          Datensatz(l).Prognose=NaN(length(data2),6);
           for i=start+Fensterbreite-1:ende
             Datensatz(l).Prognose(i,1)=start;
             Datensatz(l).Prognose(i,2)=ende;
             Fiterg=polyfit([1:1:Fensterbreite]',data2(i-
 Fensterbreite+1:i)',l);
             Datensatz(l).Prognose(i,3)=Fiterg(1); %Steigung
             Datensatz(l).Prognose(i,4)=(data_OTG(i,l)-
 data(i,l))/Fiterg(1);
```

```
              Datensatz(l).Prognose(i,5)=(data_UTG(i,l)-
data(i,l))/Fiterg(1);
              Daten-
satz(l).Prognose(i,6)=sign(sign(Datensatz(l).Prognose(i,4))+1)*Datensat
z(l).Prognose(i,4)+ ...

sign(sign(Datensatz(l).Prognose(i,5))+1)*Datensatz(l).Prognose(i,5);
            endfor
          endfor
     endfor
  Ampel=zeros(length(Datensatz(1).Prognose),2);

  for i=1:size(data2,2)
    Datensatz(i).Prognose(:,7:8)=0;
    Datensatz(i).Prognose(Datensatz(i).Prognose(:,6)<=EG_G,7)=1;
    Datensatz(i).Prognose(Datensatz(i).Prognose(:,6)<=EG_R,8)=1;
    Datensatz(i).Prognose(Datensatz(i).Prognose(:,1)==0,7:8)=0;
    Ampel(:,1)=Ampel(:,1)+Datensatz(i).Prognose(:,7);
    Ampel(:,2)=Ampel(:,2)+Datensatz(i).Prognose(:,8);
   endfor

h=figure;
  title(['Prognosis of all Meausrends in ' files(1).name(1:end-12)],
'Interpreter', 'none');
  subplot(2,1,1)
  plot(ts2,Ampel(:,1),'oy');
  xlabel('Zeit / min')
  ylabel('# Gelbe Ampel');
%  xlim([0 60]);
  ylim([0 size(data2,2)]);
      set(gca,'fontsize',16)
  set(gca,'linewidth',4)

  subplot(2,1,2)
  plot(ts2,Ampel(:,2),'or');
  xlabel('Zeit / min')
  ylabel('# Rote Ampel');
%  xlim([0 60]);
  ylim([0 size(data2,2)]);
    set(gca,'fontsize',16)
  set(gca,'linewidth',4)

  print(h,'test.png')
```

M - Matrix aller Korrelationskoeffizienten – Erforschung der Schwachstellenanalytik; Berechnete Durchschnittswerte aller Korrelationskoeffizienten aller störungsfreien Dateien

Messwerte	1	2	3	4	5	6	7	8	9	10	11	12	13	14	15	16	17	18
1	1,00	0,00	0,00	0,00	0,00	0,00	0,00	0,00	0,00	0,00	0,00	0,00	0,00	0,00	0,00	0,00	0,00	0,00
2	0,00	1,00	0,22	0,12	-0,16	-0,11	-0,16	0,28	0,10	0,06	0,00	0,00	0,07	0,13	0,00	-0,02	-0,04	0,01
3	0,00	0,00	1,00	0,06	-0,11	-0,03	-0,10	-0,09	-0,06	0,01	0,00	0,00	-0,12	-0,02	0,00	0,00	-0,02	-0,07
4	0,00	0,00	0,00	1,00	-0,70	-0,55	-0,66	0,12	-0,11	0,00	0,00	0,00	0,01	0,04	0,00	0,02	-0,07	0,00
5	0,00	0,00	0,00	0,00	1,00	**0,68**	**0,86**	-0,01	0,16	-0,02	0,00	0,00	0,10	-0,02	-0,01	-0,02	0,09	0,04
6	0,00	0,00	0,00	0,00	0,00	1,00	**0,61**	-0,04	0,06	-0,02	0,00	0,00	0,04	-0,02	0,01	-0,01	0,07	0,01
7	0,00	0,00	0,00	0,00	0,00	0,00	1,00	-0,09	0,23	-0,02	0,00	0,00	0,06	-0,04	0,00	-0,01	0,09	0,02
8	0,00	0,00	0,00	0,00	0,00	0,00	0,00	1,00	0,03	0,05	-0,02	0,00	**0,51**	0,36	0,06	-0,07	0,01	0,13
9	0,00	0,00	0,00	0,00	0,00	0,00	0,00	0,00	1,00	0,01	-0,01	0,00	0,07	0,04	0,00	0,00	0,00	0,03
10	0,00	0,00	0,00	0,00	0,00	0,00	0,00	0,00	0,00	1,00	0,00	0,00	0,00	0,02	0,00	0,00	-0,01	0,01
11	0,00	0,00	0,00	0,00	0,00	0,00	0,00	0,00	0,00	0,00	1,00	0,00	-0,01	-0,01	-0,01	0,00	0,01	0,00
12	0,00	0,00	0,00	0,00	0,00	0,00	0,00	0,00	0,00	0,00	0,00	0,00	0,00	0,00	0,00	0,00	0,00	0,00
13	0,00	0,00	0,00	0,00	0,00	0,00	0,00	0,00	0,00	0,00	0,00	0,00	1,00	0,46	0,09	-0,05	0,21	0,19
14	0,00	0,00	0,00	0,00	0,00	0,00	0,00	0,00	0,00	0,00	0,00	0,00	0,00	1,00	0,05	-0,05	-0,28	0,11
15	0,00	0,00	0,00	0,00	0,00	0,00	0,00	0,00	0,00	0,00	0,00	0,00	0,00	0,00	1,00	0,14	0,06	0,02
16	0,00	0,00	0,00	0,00	0,00	0,00	0,00	0,00	0,00	0,00	0,00	0,00	0,00	0,00	0,00	1,00	0,02	-0,01
17	0,00	0,00	0,00	0,00	0,00	0,00	0,00	0,00	0,00	0,00	0,00	0,00	0,00	0,00	0,00	0,00	1,00	0,03
18	0,00	0,00	0,00	0,00	0,00	0,00	0,00	0,00	0,00	0,00	0,00	0,00	0,00	0,00	0,00	0,00	0,00	1,00
19	0,00	0,00	0,00	0,00	0,00	0,00	0,00	0,00	0,00	0,00	0,00	0,00	0,00	0,00	0,00	0,00	0,00	0,00
20	0,00	0,00	0,00	0,00	0,00	0,00	0,00	0,00	0,00	0,00	0,00	0,00	0,00	0,00	0,00	0,00	0,00	0,00
21	0,00	0,00	0,00	0,00	0,00	0,00	0,00	0,00	0,00	0,00	0,00	0,00	0,00	0,00	0,00	0,00	0,00	0,00
22	0,00	0,00	0,00	0,00	0,00	0,00	0,00	0,00	0,00	0,00	0,00	0,00	0,00	0,00	0,00	0,00	0,00	0,00
23	0,00	0,00	0,00	0,00	0,00	0,00	0,00	0,00	0,00	0,00	0,00	0,00	0,00	0,00	0,00	0,00	0,00	0,00
24	0,00	0,00	0,00	0,00	0,00	0,00	0,00	0,00	0,00	0,00	0,00	0,00	0,00	0,00	0,00	0,00	0,00	0,00
25	0,00	0,00	0,00	0,00	0,00	0,00	0,00	0,00	0,00	0,00	0,00	0,00	0,00	0,00	0,00	0,00	0,00	0,00
26	0,00	0,00	0,00	0,00	0,00	0,00	0,00	0,00	0,00	0,00	0,00	0,00	0,00	0,00	0,00	0,00	0,00	0,00
27	0,00	0,00	0,00	0,00	0,00	0,00	0,00	0,00	0,00	0,00	0,00	0,00	0,00	0,00	0,00	0,00	0,00	0,00
28	0,00	0,00	0,00	0,00	0,00	0,00	0,00	0,00	0,00	0,00	0,00	0,00	0,00	0,00	0,00	0,00	0,00	0,00
29	0,00	0,00	0,00	0,00	0,00	0,00	0,00	0,00	0,00	0,00	0,00	0,00	0,00	0,00	0,00	0,00	0,00	0,00
30	0,00	0,00	0,00	0,00	0,00	0,00	0,00	0,00	0,00	0,00	0,00	0,00	0,00	0,00	0,00	0,00	0,00	0,00
31	0,00	0,00	0,00	0,00	0,00	0,00	0,00	0,00	0,00	0,00	0,00	0,00	0,00	0,00	0,00	0,00	0,00	0,00
32	0,00	0,00	0,00	0,00	0,00	0,00	0,00	0,00	0,00	0,00	0,00	0,00	0,00	0,00	0,00	0,00	0,00	0,00
33	0,00	0,00	0,00	0,00	0,00	0,00	0,00	0,00	0,00	0,00	0,00	0,00	0,00	0,00	0,00	0,00	0,00	0,00
34	0,00	0,00	0,00	0,00	0,00	0,00	0,00	0,00	0,00	0,00	0,00	0,00	0,00	0,00	0,00	0,00	0,00	0,00
35	0,00	0,00	0,00	0,00	0,00	0,00	0,00	0,00	0,00	0,00	0,00	0,00	0,00	0,00	0,00	0,00	0,00	0,00
36	0,00	0,00	0,00	0,00	0,00	0,00	0,00	0,00	0,00	0,00	0,00	0,00	0,00	0,00	0,00	0,00	0,00	0,00

Messwerte	19	20	21	22	23	24	25	26	27	28	29	30	31	32	33	34	35	36
1	0,00	0,00	0,00	0,00	0,00	0,00	0,00	0,00	0,00	0,00	0,00	0,00	0,00	0,00	0,00	0,00	0,00	0,00
2	-0,02	0,00	0,37	0,15	0,02	0,02	-0,02	-0,01	0,21	0,01	-0,07	0,04	0,00	0,16	0,14	0,02	0,01	-0,02
3	0,01	0,00	0,01	0,03	0,12	0,02	-0,07	-0,01	0,00	0,01	0,02	0,00	0,00	0,00	-0,03	-0,04	0,00	-0,04
4	-0,17	0,00	0,07	0,03	0,23	-0,18	-0,22	-0,13	0,13	0,00	0,08	0,00	0,00	0,07	0,10	0,07	0,08	-0,27
5	0,15	0,00	-0,08	-0,01	-0,26	0,28	0,33	0,19	-0,05	0,02	-0,15	0,03	0,00	-0,03	-0,06	-0,05	-0,09	0,33
6	0,12	0,00	-0,08	-0,06	-0,16	0,18	0,22	0,14	-0,04	0,00	-0,06	-0,01	0,00	-0,01	-0,06	-0,05	-0,07	0,24
7	0,14	0,00	-0,09	-0,01	-0,24	0,23	0,29	0,16	-0,10	0,01	-0,20	0,01	0,00	-0,06	-0,08	-0,06	-0,08	0,31
8	-0,05	0,00	0,20	0,00	-0,09	0,18	0,15	0,09	**0,76**	0,01	0,11	0,04	0,00	**0,55**	0,48	0,10	0,04	0,03
9	0,00	0,00	0,02	0,07	-0,05	0,04	0,07	0,02	0,02	0,01	-0,51	0,02	0,00	0,04	0,05	0,03	0,06	0,00
10	-0,01	0,00	0,02	0,01	-0,01	0,00	0,00	0,00	0,03	0,01	0,00	0,09	0,00	0,02	0,02	0,01	0,01	0,00
11	0,00	0,00	0,00	0,00	0,00	0,00	0,00	0,00	-0,01	-0,02	0,00	-0,01	0,00	-0,03	-0,01	-0,01	0,00	0,00
12	0,00	0,00	0,00	0,00	0,00	0,00	0,00	0,00	0,00	0,00	0,00	0,00	0,00	0,00	0,00	0,00	0,00	0,00
13	-0,04	0,00	0,11	0,05	-0,06	0,08	0,09	0,03	0,43	0,00	-0,01	0,02	0,00	**0,58**	**0,54**	0,04	-0,02	0,18
14	0,03	0,00	0,10	-0,02	-0,03	0,08	0,06	0,03	0,32	0,01	0,02	0,00	0,00	0,50	**0,58**	0,05	0,01	0,00
15	-0,01	0,00	0,00	-0,02	-0,01	0,02	0,01	0,01	0,06	0,00	0,01	-0,01	0,00	0,06	0,04	0,01	0,00	0,01
16	-0,01	0,00	-0,02	0,01	0,01	-0,02	-0,01	-0,01	-0,06	0,01	-0,01	-0,02	0,00	-0,06	-0,06	0,00	0,01	-0,04
17	-0,02	0,00	-0,02	0,00	-0,01	0,00	0,00	0,00	0,03	0,00	0,00	0,01	0,00	0,02	0,00	-0,02	-0,03	0,00
18	-0,02	0,00	0,04	0,04	-0,05	0,03	0,05	0,01	0,10	0,02	-0,03	0,02	0,00	0,12	0,12	0,02	0,00	0,05
19	1,00	0,00	-0,14	-0,07	-0,23	0,25	0,29	0,16	-0,06	-0,02	-0,20	-0,02	0,00	0,00	-0,01	-0,02	-0,02	0,05
20	0,00	1,00	0,00	0,00	0,00	0,00	0,00	0,00	0,00	0,00	0,00	0,00	0,00	0,00	0,00	0,00	0,00	0,00
21	0,00	0,00	1,00	0,27	0,03	-0,06	-0,09	-0,07	0,26	0,00	0,08	0,05	0,00	0,10	0,11	0,03	0,02	-0,03
22	0,00	0,00	0,00	1,00	-0,03	-0,06	-0,02	-0,06	-0,08	-0,01	-0,09	0,03	0,00	-0,05	-0,01	0,02	-0,01	0,02
23	0,00	0,00	0,00	0,00	1,00	-0,54	-0,74	-0,37	0,04	0,01	-0,11	-0,02	0,00	-0,03	-0,03	-0,01	0,02	-0,11
24	0,00	0,00	0,00	0,00	0,00	1,00	**0,75**	0,45	0,14	0,01	0,13	0,03	0,00	0,12	0,10	0,01	-0,01	0,07
25	0,00	0,00	0,00	0,00	0,00	0,00	1,00	**0,51**	0,05	0,01	0,13	0,02	0,00	0,08	0,06	0,01	-0,02	0,10
26	0,00	0,00	0,00	0,00	0,00	0,00	0,00	1,00	0,05	0,01	0,16	0,00	0,00	0,06	0,04	0,01	-0,01	0,05
27	0,00	0,00	0,00	0,00	0,00	0,00	0,00	0,00	1,00	0,01	0,07	0,04	0,00	**0,50**	0,43	0,07	0,03	0,01
28	0,00	0,00	0,00	0,00	0,00	0,00	0,00	0,00	0,00	1,00	-0,01	-0,01	0,00	0,01	0,00	-0,01	0,00	-0,01
29	0,00	0,00	0,00	0,00	0,00	0,00	0,00	0,00	0,00	0,00	1,00	-0,01	0,00	0,09	0,06	0,01	0,02	-0,08
30	0,00	0,00	0,00	0,00	0,00	0,00	0,00	0,00	0,00	0,00	0,00	1,00	0,00	0,00	0,03	0,03	0,00	0,01
31	0,00	0,00	0,00	0,00	0,00	0,00	0,00	0,00	0,00	0,00	0,00	0,00	0,00	0,00	0,00	0,00	0,00	0,00
32	0,00	0,00	0,00	0,00	0,00	0,00	0,00	0,00	0,00	0,00	0,00	0,00	0,00	1,00	**0,69**	0,06	0,01	0,02
33	0,00	0,00	0,00	0,00	0,00	0,00	0,00	0,00	0,00	0,00	0,00	0,00	0,00	0,00	1,00	0,08	0,01	-0,01
34	0,00	0,00	0,00	0,00	0,00	0,00	0,00	0,00	0,00	0,00	0,00	0,00	0,00	0,00	0,00	1,00	0,09	-0,07
35	0,00	0,00	0,00	0,00	0,00	0,00	0,00	0,00	0,00	0,00	0,00	0,00	0,00	0,00	0,00	0,00	1,00	-0,10
36	0,00	0,00	0,00	0,00	0,00	0,00	0,00	0,00	0,00	0,00	0,00	0,00	0,00	0,00	0,00	0,00	0,00	1,00

N - Auszug der Prognosecharts unter Variation der Fensterbreite - Erforschung der Schwachstellenanalytik; Output des Octave Skripts „O_Prognosis"

Datei	Block	Messwert	Fensterbreite 5	Fensterbreite 10	Fensterbreite 15	Fensterbreite 20	Fensterbreite 30	Fensterbreite 50
5	2	24	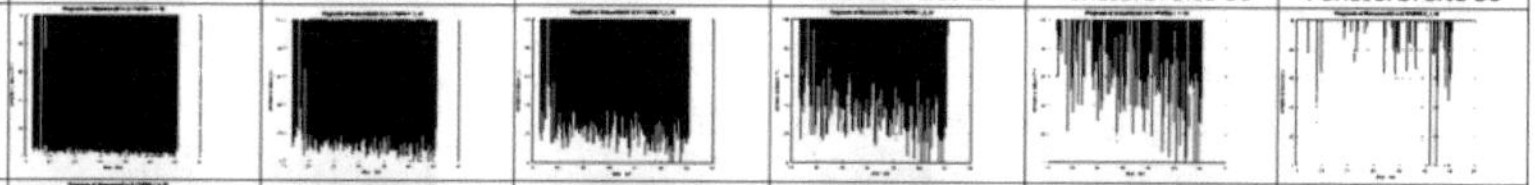					
32	1	5	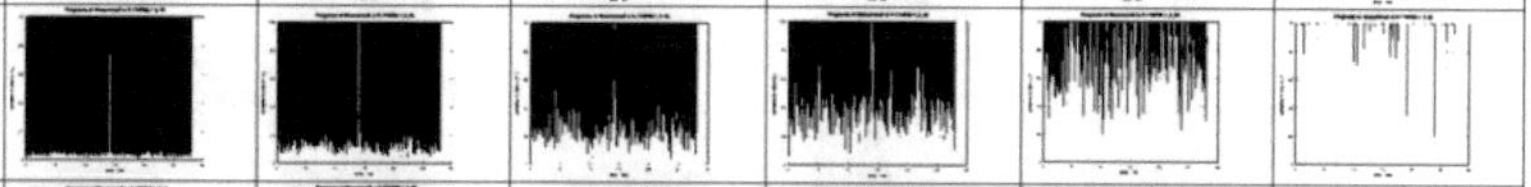					
32	1	6	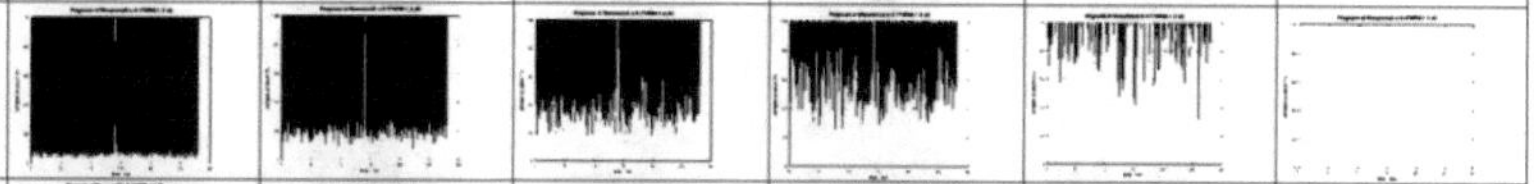					
32	1	7	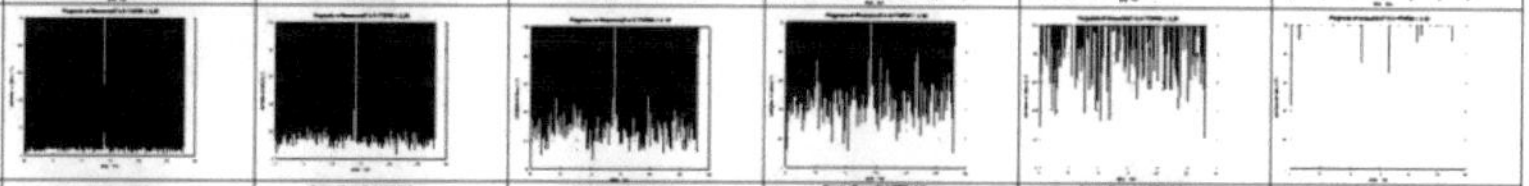					
36	3	5	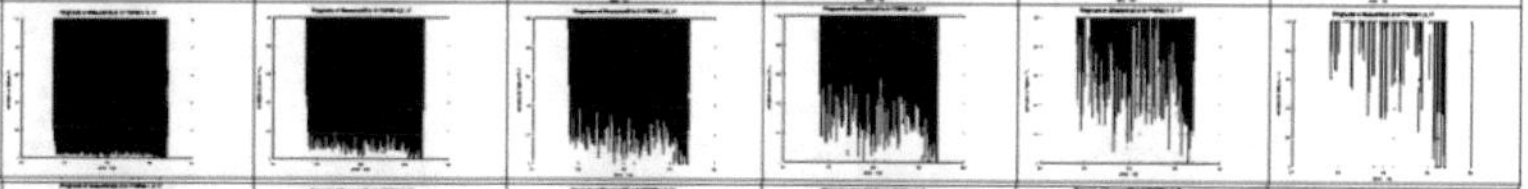					
36	3	32	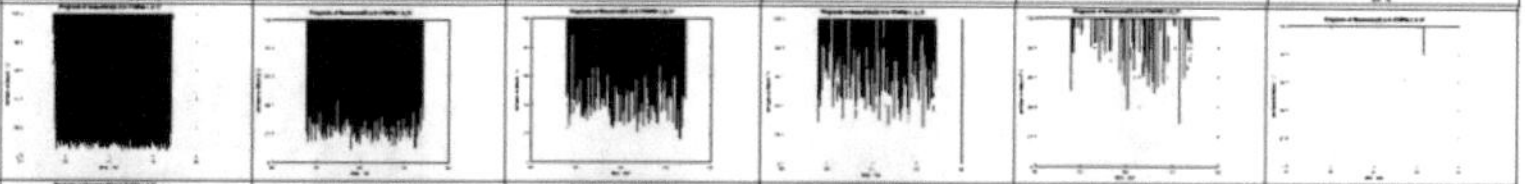					
59	1	8	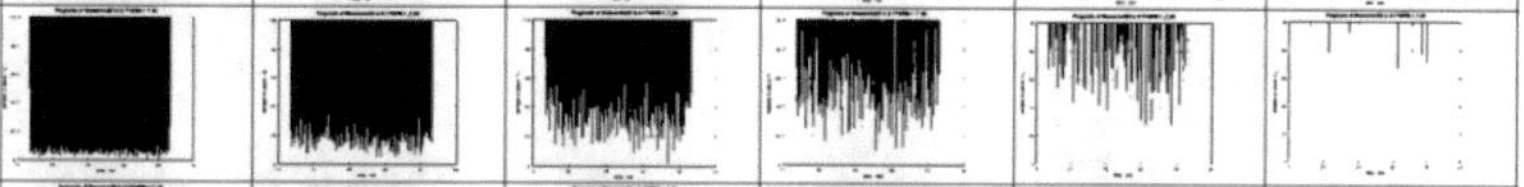					
59	1	24	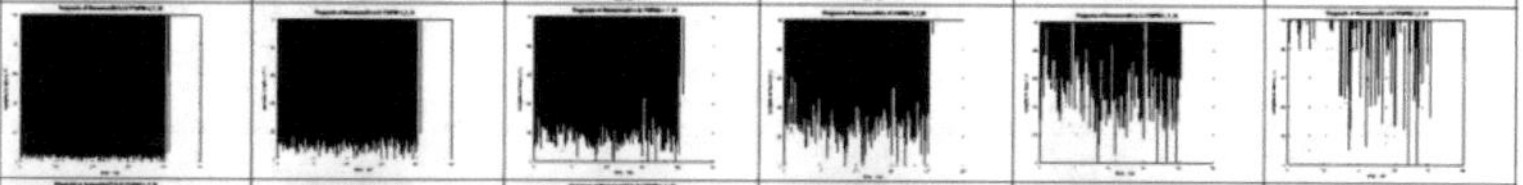					
59	1	27	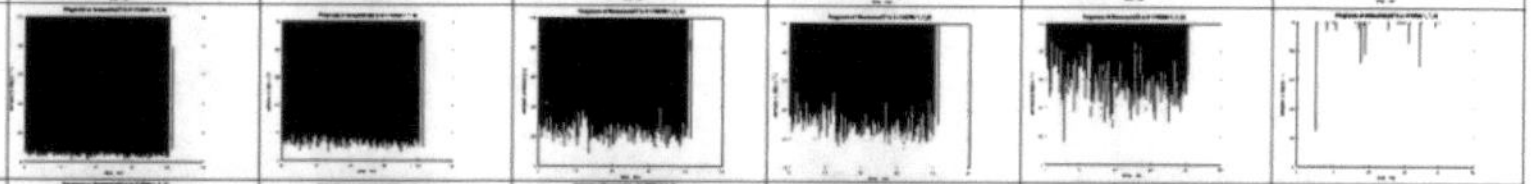					
60	2	13	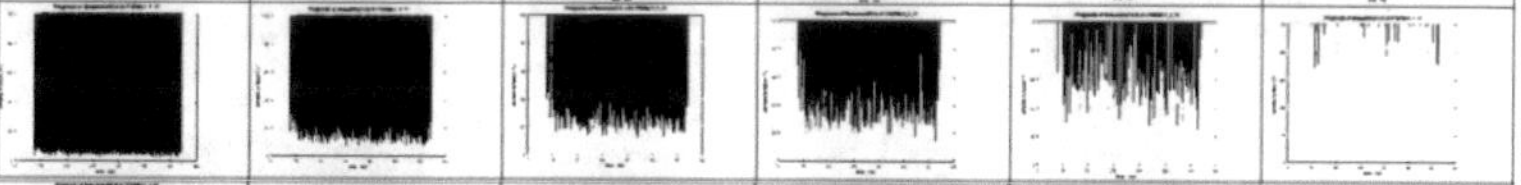					
60	2	24	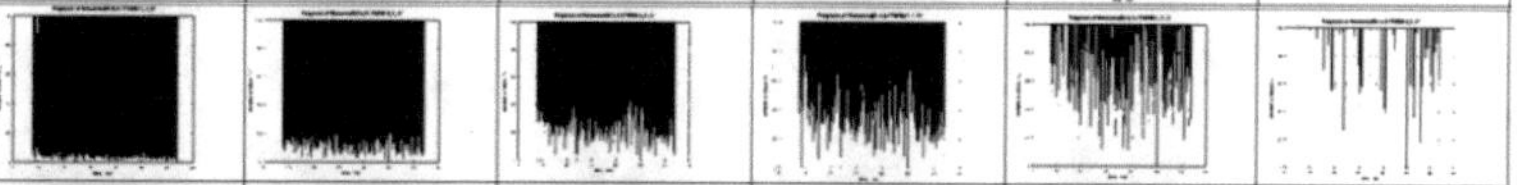					
60	2	27	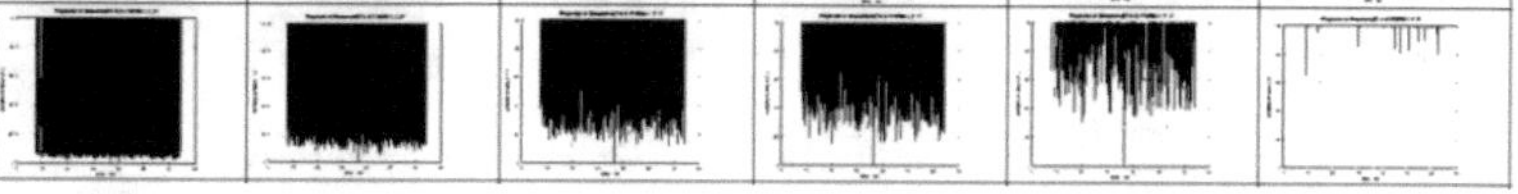					

O - Auszug der Ampel-Prognose – Erforschung der Schwachstellenanalytik; Output des Octave Skripts „O_Prognosis_Traffic_Lights"

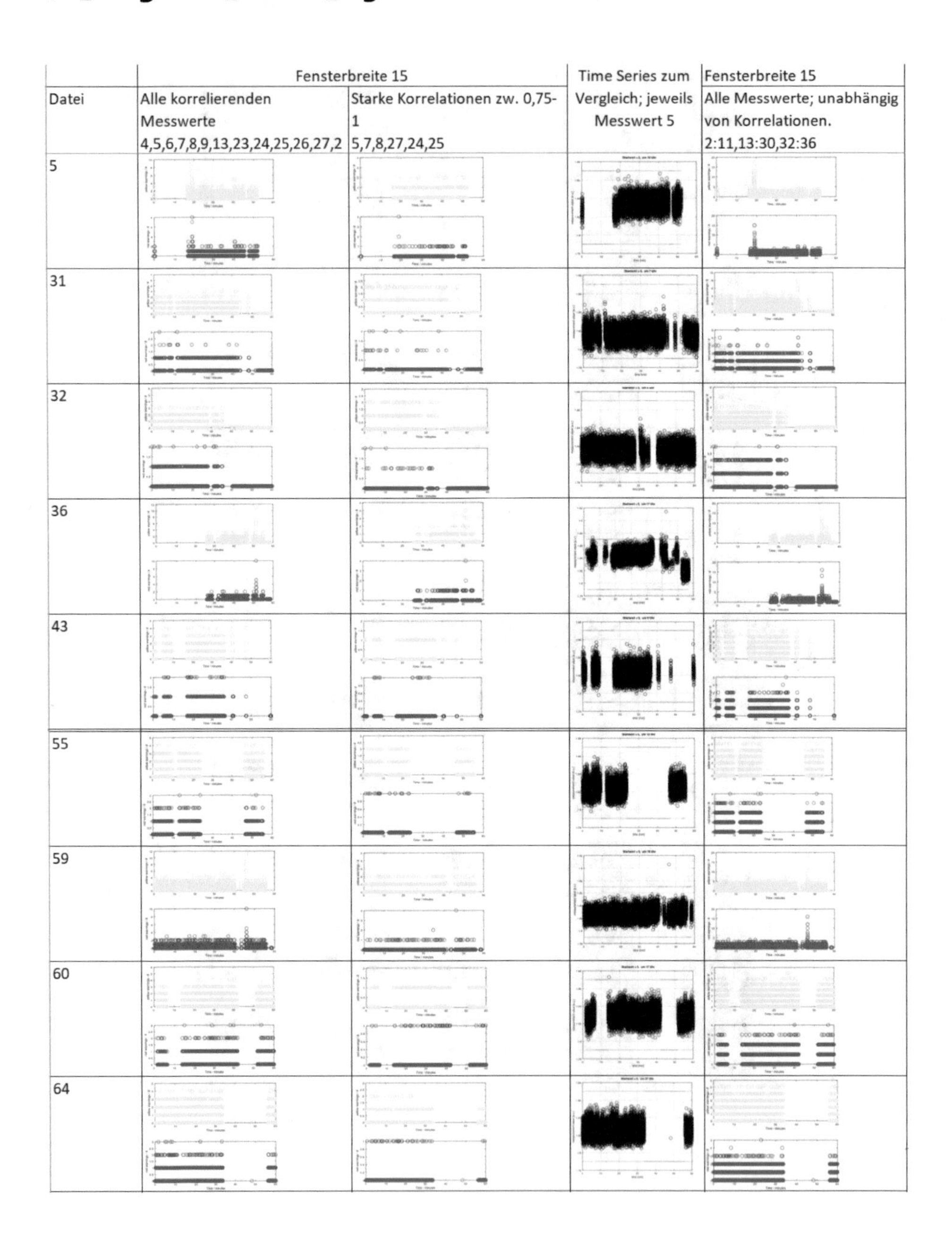

	Fensterbreite 15		Time Series zum Vergleich; jeweils Messwert 5	Fensterbreite 15
Datei	Alle korrelierenden Messwerte 4,5,6,7,8,9,13,23,24,25,26,27,2	Starke Korrelationen zw. 0,75-1 5,7,8,27,24,25		Alle Messwerte; unabhängig von Korrelationen. 2:11,13:30,32:36
5				
31				
32				
36				
43				
55				
59				
60				
64				

P - Dokumentation der Erwartungen und Ergebnis der Ampelprognose – Verifizierung der Schwachstellenanalytik; Output des Octave Skripts „O_Prognosis_Traffic_Lights“

Definition der Erwartung:

<=1 Messwert auffällig = grün

2 Messwerte auffällig = gelb

>2 Messwerte auffällig = rot

Auffällige Messwerte sind rot schattiert.

Dateinr.	Messwert 5	Messwert 7	Messwert 8	Messwert 24	Messwert 25	Messwert 27	Erwartung	Ampelprognose Bild	Ampel	Deckt sich die Erwartung mit der Prognose?
V1							rot		rot	ja
V2							gelb		rot	nein
V3							rot		rot	ja
V4							zu wenig Daten		rot	n/a
V5							zu wenig Daten		rot	n/a
V6							zu wenig Daten		rot	n/a
V7	n/a	n/a	n/a	n/a	n/a	n/a	zu wenig Daten	n/a	n/a	n/a

Dateinr.	Messwert 5	Messwert 7	Messwert 8	Messwert 24	Messwert 25	Messwert 27	Erwartung	Ampelprognose Bild	Ampel	Deckt sich die Erwartung mit der Prognose?
V8	n/a	n/a	n/a	n/a	n/a	n/a	zu wenig Daten	n/a	n/a	n/a
V9							rot		rot	ja
V10							rot		gelb	nein
V11							grün		grün	ja
V12							grün		grün	ja
V13							rot		rot	ja
V14							grün		grün	ja

Dateinr.	Messwert 5	Messwert 7	Messwert 8	Messwert 24	Messwert 25	Messwert 27	Erwartung	Ampelprognose Bild	Ampel	Deckt sich die Erwartung mit der Prognose?
V15							grün		grün	ja
V16							grün		grün	ja
V17							rot		gelb	nein
V18							grün		gelb	nein
V19							zu wenig Daten		gelb	n/a
V20							rot		rot	ja. 2 sehr kurze Störungen um 03:09 und 03:19
V21							rot		gelb	nein

Dateinr.	Messwert 5	Messwert 7	Messwert 8	Messwert 24	Messwert 25	Messwert 27	Erwartung	Ampelprognose Bild	Ampel	Deckt sich die Erwartung mit der Prognose?
V22	n/a	n/a	n/a	n/a	n/a	n/a	zu wenig Daten	n/a	n/a	n/a
V23	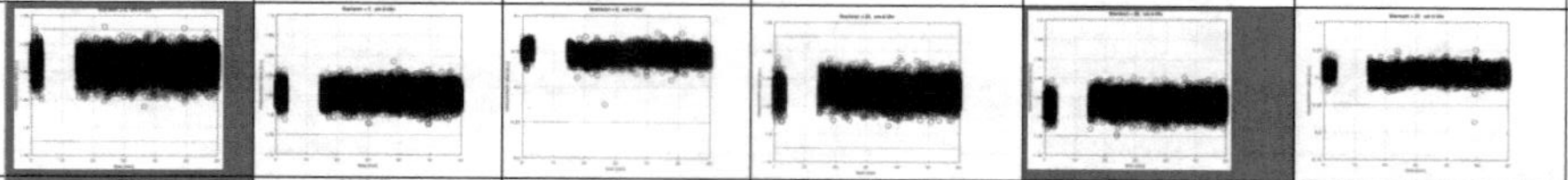						gelb	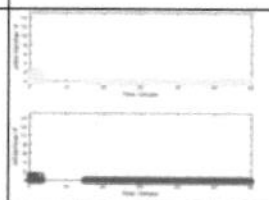	grün	nein. Komponenten-wechsel laut Störungsprotokoll.
V24	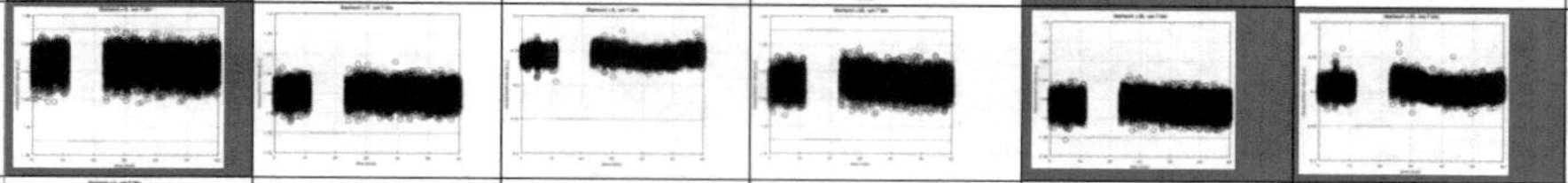						rot	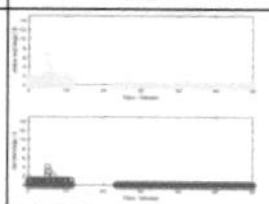	gelb	nein. "Sonstiges" laut Störungsprotokoll. Nicht weiter spezifiziert.
V25	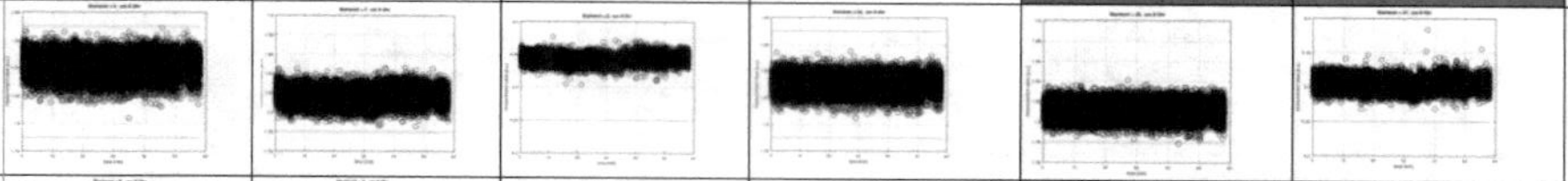						grün	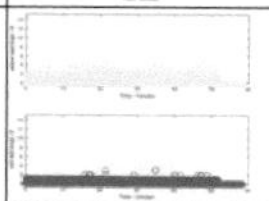	grün	ja
V26	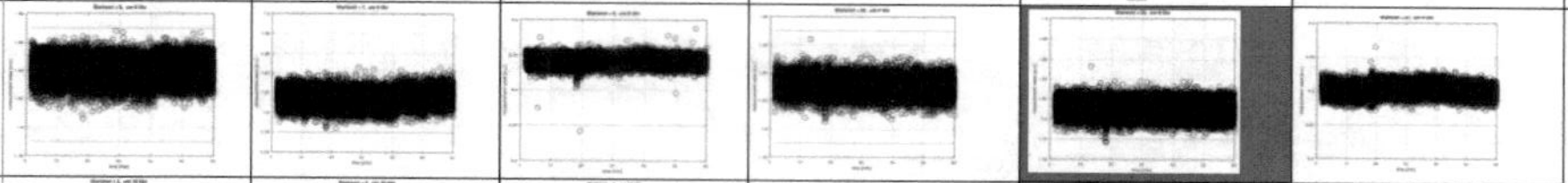						grün	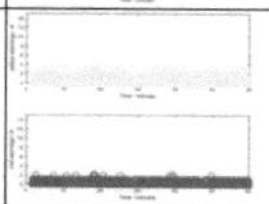	grün	ja
V27	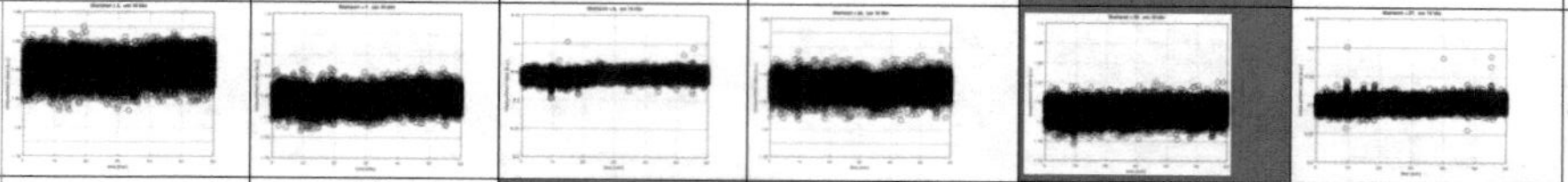						grün	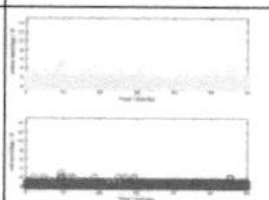	grün	ja
V28	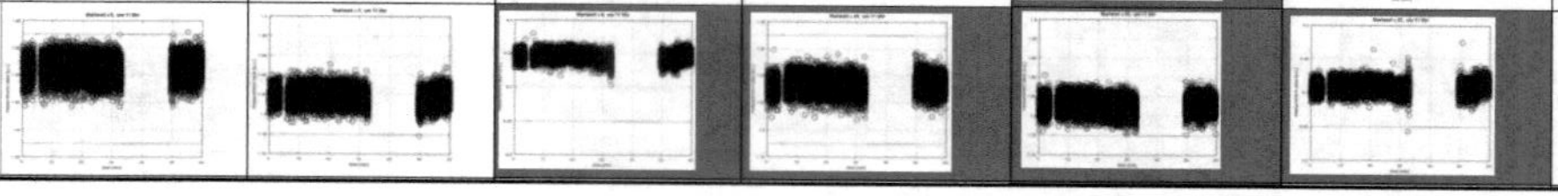						rot	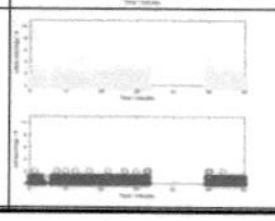	gelb	nein; Laut Protokoll Reparatur Peripherie

Dateinr.	Messwert 5	Messwert 7	Messwert 8	Messwert 24	Messwert 25	Messwert 27	Erwartung	Ampelprognose Bild	Ampel	Deckt sich die Erwartung mit der Prognose?
V29							grün		gelb	nein
V30							rot		grün	nein
V31							grün		grün	ja
V32							grün		grün	ja
V33							grün		grün	ja
V34							grün		grün	ja
V35							gelb		gelb	ja

Dateinr.	Messwert 5	Messwert 7	Messwert 8	Messwert 24	Messwert 25	Messwert 27	Erwartung	Ampelprognose Bild	Ampel	Deckt sich die Erwartung mit der Prognose?
V36							rot		rot	ja
V37							gelb		grün	nein. laut Protokoll Reparatur Peripherie
V38							rot		rot	ja; auch siehe Folgedatei. Ampel zeigt weitere Ausschläge vor Störung.
V39							rot		rot	ja. **--> Verweis auf "Sprünge"**
V40							grün		grün	ja
V41							gelb		gelb	ja
V42							gelb		gelb	ja

Dateinr.	Messwert 5	Messwert 7	Messwert 8	Messwert 24	Messwert 25	Messwert 27	Erwartung	Ampelprognose Bild	Ampel	Deckt sich die Erwartung mit der Prognose?
V43	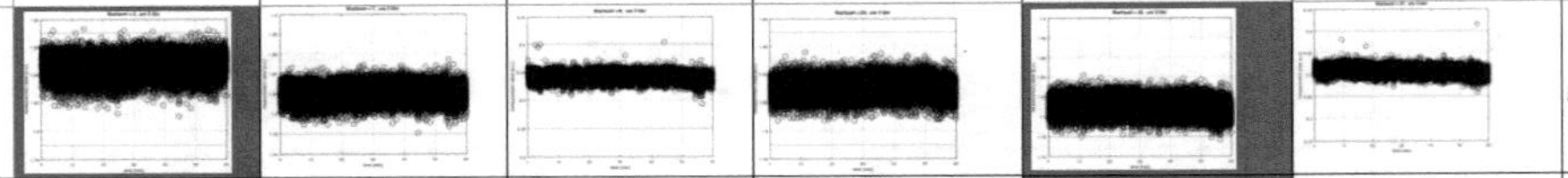						gelb	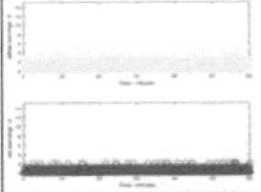	gelb	ja
V44	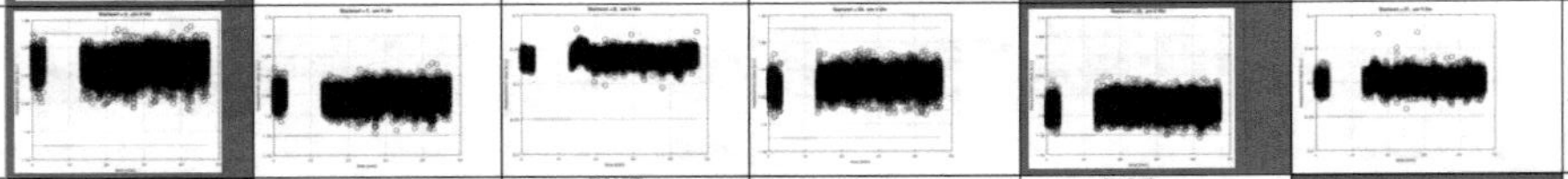						gelb	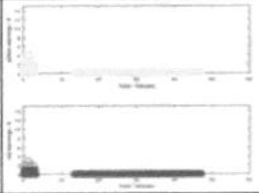	grün	nein
V45	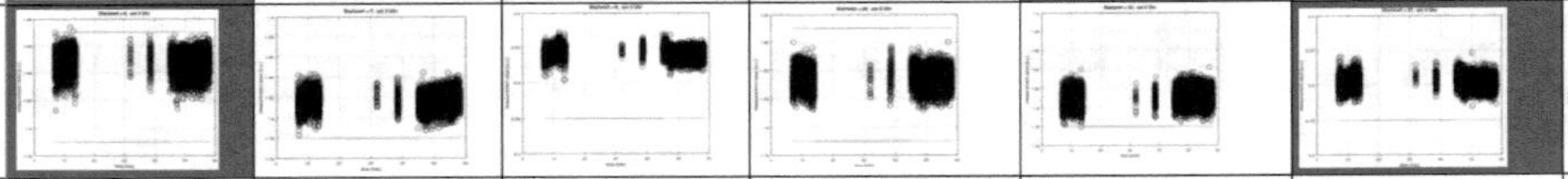						gelb	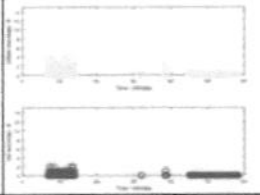	gelb	ja
V46	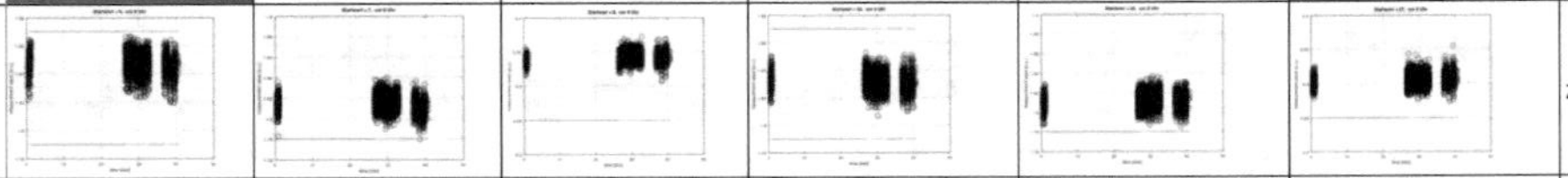						zu wenig Daten	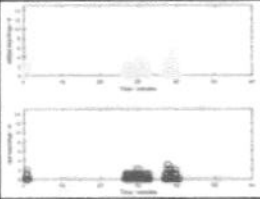	gelb	n/a
V47	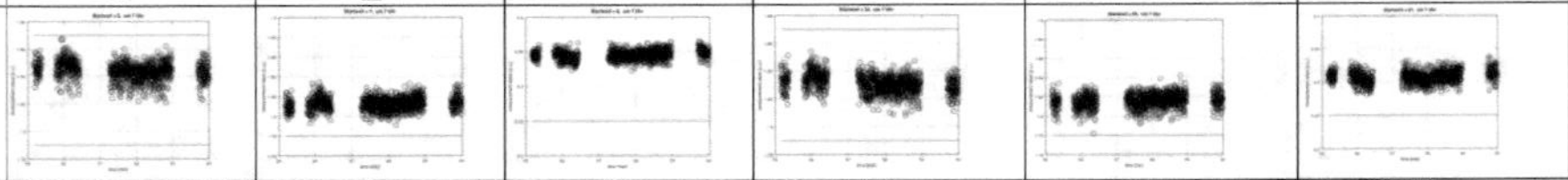						grün	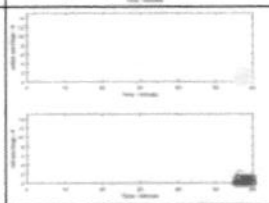	grün	ja
V48	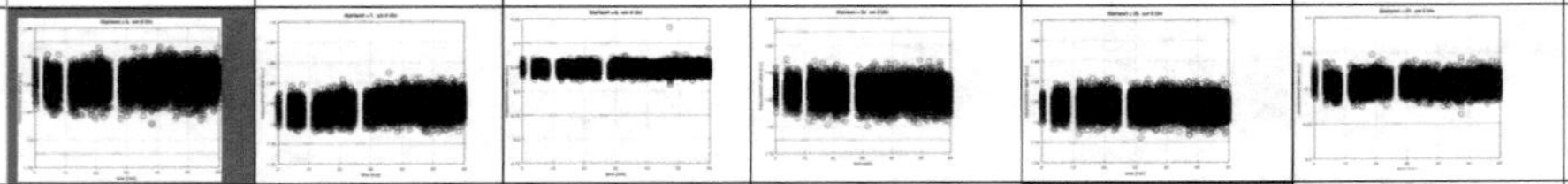						grün	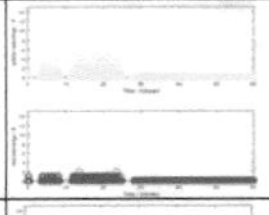	grün	ja
V49	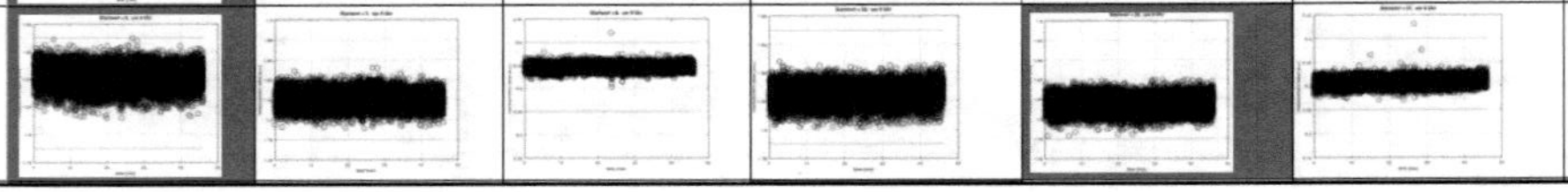						gelb	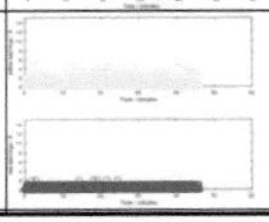	gelb	ja

Dateinr.	Messwert 5	Messwert 7	Messwert 8	Messwert 24	Messwert 25	Messwert 27	Erwartung	Ampelprognose Bild	Ampel	Deckt sich die Erwartung mit der Prognose?
V50							gelb		gelb	ja
V51	n/a	n/a	n/a	n/a	n/a	n/a	zu wenig Daten	n/a	n/a	n/a

Q - Auszug Ampelprognose unter Variation der Fensterbreite und Ampeldefinition - Erprobung der Schwachstellenanalytik; Output des Octave Skripts „Ampel"

CarrierBarcode_Sel=[1,2,3,4,5,6,7,8,9,10,11,12,13,14,15,16,17,18,19,20]
CarrierPos_Sel=[1,2,3,4]
CavityNo_Sel=[1,2]
ConnectorPos_Sel=[1,2,3,4,6,7,9,10,11,12,13,14,15,17,18,19,20,22,23,24]

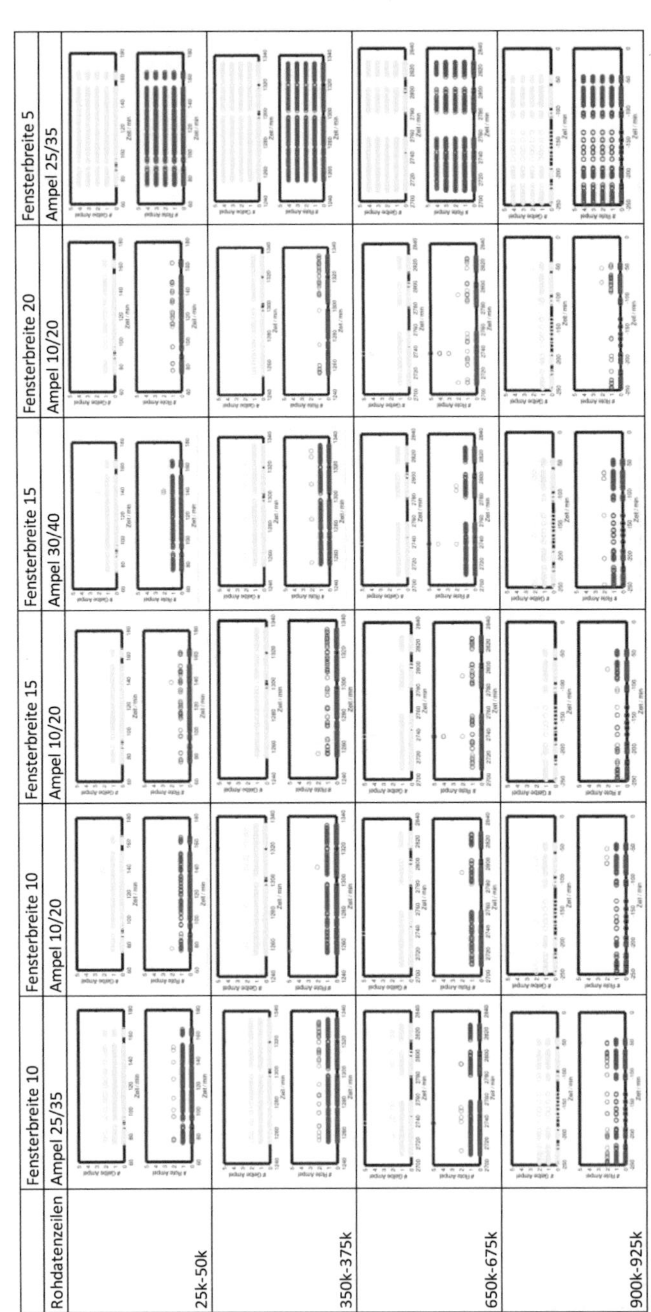

Widmung und Danksagung

Diese Arbeit widme ich meinen Kindern.

Möget ihr stets strebsam sein und mögen all eure Träume in Erfüllung gehen.

Mein besonderer Dank gilt meinem Doktorvater

Prof. Dr. Sascha Stowasser

für die exzellente wissenschaftliche, kontinuierliche und motivierende Betreuung meiner Dissertation in den letzten Jahren.

Ich danke von ganzem Herzen

Prof. Dr. Klaus Schröter

für den Anstoß dieser Arbeit und vor allem für die vielen fachlichen und persönlichen Gespräche bei gutem grünem Tee.

Danke an meinen Vorgesetzten

Hr. Rolf Jetter,

der meine nebenberufliche Promotion stets unterstützte.

Namentlich danken möchte ich auch meinen wertgeschätzten Kollegen

Dr. Michael Ludwig, **Dr. Frank Ostendorf**,

Hr. Jan Hartmann und **Hr. Christian Malchow**

für die hervorragenden fachlichen Inputs insbesondere bei der Verifizierung und Prozessierung der Kataloge und Daten. Auch allen Kollegen aus den TE Werken Speyer und Wört aus den Bereichen ME, Produktion und Qualität sei herzlich gedankt für ihre Beiträge zur Generierung der Forschungs- und Erprobungsdaten und Beantwortung jeglicher Fragen.

Ganz besonders danke ich meinem Ehemann

Hr. Michael Wittek

für den stetigen Zuspruch und Rückhalt während meiner gesamten Promotion.

J. Schweiger, *Präventive Schwachstellenanalytik mit Methodenzuweisung zur Produktivitätsoptimierung von Fertigungsbetrieben der Automobilzulieferindustrie*, ifaa-Edition, https://doi.org/10.1007/978-3-662-68769-7

Printed in the United States
by Baker & Taylor Publisher Services